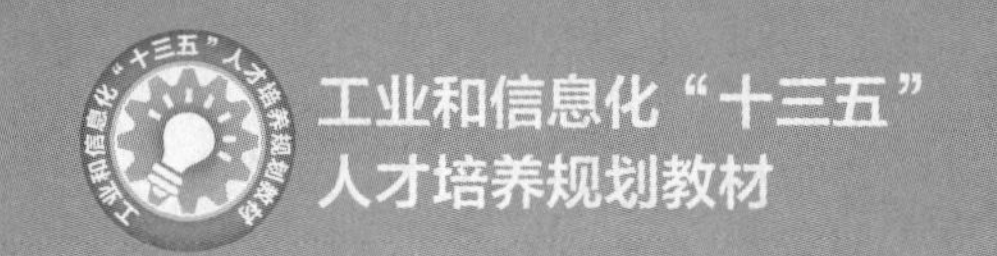

动态网页设计

第2版

Dynamic Web Design

张德芬 邓之宏 ◎ 著

人民邮电出版社

北京

图书在版编目（CIP）数据

动态网页设计 / 张德芬，邓之宏著. -- 2版. -- 北京 : 人民邮电出版社，2018.2(2018.8重印)
工业和信息化“十三五”人才培养规划教材
ISBN 978-7-115-47451-3

Ⅰ. ①动… Ⅱ. ①张… ②邓… Ⅲ. ①网页制作工具一程序设计一教材 Ⅳ. ①TP393.092.2

中国版本图书馆CIP数据核字(2018)第010350号

内容提要

本书面向 ASP.NET 初学者，以 Dreamweaver CS6 为开发环境，介绍了使用 ASP.NET 进行动态网页开发的方法和步骤。具体内容包括网站规划与设计，HTML 语法基础，C#语法基础，ASP.NET 控件，ASP.NET 常用内置对象，数据库访问技术及网站发布、优化与推广。全书以留言板和新闻发布系统的设计为例，详细介绍 ASP.NET 在网站建设中的应用并给出了使用动态模板建站的具体步骤。全书案例翔实，内容讲述循序渐进、图文并茂。

本书可以作为高职高专院校、成人高校和部分本科院校网页设计课程的教材，也可以作为 ASP.NET 的培训教材或自学参考书，还适合软件项目开发人员和广大计算机爱好者自学使用。

◆ 著　　　　张德芬　邓之宏
责任编辑　祝智敏
责任印制　马振武
◆ 人民邮电出版社出版发行　　北京市丰台区成寿寺路 11 号
邮编　100164　　电子邮件　315@ptpress.com.cn
网址　http://www.ptpress.com.cn
三河市君旺印务有限公司印刷
◆ 开本：787×1092　1/16
印张：17　　　　2018 年 2 月第 2 版
字数：400 千字　　2018 年 8 月河北第 2 次印刷

定价：49.80 元

读者服务热线：(010) 81055256　印装质量热线：(010) 81055316
反盗版热线：(010) 81055315
广告经营许可证：京东工商广登字 20170147 号

第2版前言　FOREWORD

ASP.NET 技术不断发展，应用日益广泛。Windows 平台版本不断更新，网页开发工具也升级为 Adobe Dreamweaver CS6。为了更好地适应这些变化和应用，本书在第 1 版的基础上进行了更新和补充，主要修订如下：

1. 全面改写第 2 章“搭建 ASP.NET 开发和运行环境”内容：以 Windows 7 操作系统为平台，介绍 IIS 服务器的配置和管理；以 Dreamweaver CS6 为开发工具，介绍站点以及 ASP.NET 网页的设计。

2. 采用应用广泛的 C#语言替换 VB.NET 语言。

3. 由于编程语言的变化以及开发工具的版本升级，重写教材所有章节中的实例，修改为 C#代码，开发环境采用 Dreamweaver CS6。

4. 在第 9 章“ASP.NET 开发实训”中增加“使用动态模板建站”综合实训内容。

5. 增加第 10 章“网站发布管理”及第 11 章“网站优化与推广”。

本书具有如下特点。

1. 入门容易。以 Dreamweaver CS6 为工具，以网页设计为出发点，从静态网页设计逐步过渡到 ASP.NET 动态网页开发，学习门槛低，简单易学。

2. 实操性强。每章均设计典型的动态网页开发案例，案例由简到繁，最终实现小型的动态网站。

3. 图解翔实。全书内容讲解清晰，案例实用，图文并茂，通俗易懂。

4. 资源丰富。教材配套资源包括 PPT 课件、微视频、案例源代码及习题答案，可通过人邮社区免费下载。

本书由张德芬老师统稿并编写第 2～8 章及第 9 章第 1、2 小节，邓之宏老师编写第 1、10、11 章及第 9 章第 3 小节。本书修订过程中，还得到了教务处、软件学院和商管学院老师的帮助，在此表示感谢！

本书的出版离不开深圳信息职业技术学院质量工程的资金资助。本书也是深圳信息职业技术学院广东省“一流校”重大项目的建设成果。

编者

2017 年 10 月

目录 CONTENTS

1 Chapter

第1章 网站规划与设计

本章导读：

随着网络技术及相关电子技术的迅速发展和普及，电子商务企业不断增多。利用互联网开展电子商务、进行网络营销已成为时尚。电子商务网站是企业开展电子商务活动的平台，电子商务网站的建设是企业能否顺利开展网络营销的前提。企业通过建立自己的电子商务网站，可以发布商品信息、提供咨询服务、接收客户反馈，从而扩大企业知名度，树立良好的企业形象。电子商务网站实际上是网页的集合，但电子商务网站的设计与管理则是一个系统工程，不仅需要在建设前对电子商务网站进行良好的规划与设计，而且需要在建设过程中与建设后进行合理的优化、管理和维护。

本章要点：

- 企业网站需求调研的步骤
- 企业网站技术可行性分析
- 企业网站经济可行性分析
- 企业网站规划书的内容
- 企业网站内容设计
- 企业网站功能设计
- 企业网站形象设计
- 企业网站结构设计

1.1 网站规划概述

建设网站之前，首先要进行网站规划。企业网站的规划是指从战略高度，对网站建设、运营进行的全盘谋略与策划，包括总体规划和详细规划。一个网站的成功与否与建站前的网站规划有着极为重要的关系。在建立网站前应明确建设网站的目的，确定网站的功能，确定网站规模、投入费用，进行必要的市场分析等。只要有详细的规划，就能避免网站在建设中出现很多问题，使网站建设顺利进行。

1.2 网站需求调研

1.2.1 企业网站需求调研的含义

需求调研是需求分析的关键步骤。需求分析来自于软件工程概念，是指对要解决的问题进行详细的分析，弄清楚问题的要求，包括需要输入什么数据，要得到什么结果，最后应输出什么。企业网站项目的确立是建立在各种各样的需求上面的，这种需求往往来自于客户的实际需求或者是出于公司自身发展的需要。面对网站建设所涉及的公司内外的客户，项目负责人对客户需求的理解程度，在很大程度上决定了此类网站开发项目的成败。因此如何更好地了解、分析、明确用户需求，并且能够准确、清晰地以文档的形式表达给参与项目开发的每个成员，保证开发过程按照满足用户需求为目的的正确项目开发方向进行，是每个网站开发项目管理者需要面对的问题。为了有效地进行需求分析，必须做好需求调研工作。

1.2.2 企业网站需求调研的意义

需求调研是企业网站开发的开始阶段。需求调研产生的需求分析报告是网站设计阶段的输入。需求调研的质量对于企业网站建设来说，是极其重要的，决定了企业网站的质量。怎样从客户那里听取用户需求、分析用户需求就成为调研人员最重要的任务。只有明确了网站建设所要实现的功能及想要达到的目的，才能使后续的网站规划与设计有基本的依据。

网站的需求调研主要解决的问题是明确网站的使用者建设网站的主要目的、核心的业务流程、网站建设的技术条件、用户群之间的关系等。在这里，网站的使用者是多种多样的：可能是消费者、企业，也可能是行业领导机构。即使是企业，也会因为分工不同而有不同的使用者。各种不同的使用者对网站建设都有不同的期望，他们希望得到什么或者网站能提供什么都是他们所关心的，也是在调研阶段应该明确的。

除此以外，电子商务网站的调研还必须对竞争对手进行调查分析，了解竞争对手网站的主要业务、网站的基本架构、营运策略等，从而学习竞争对手的长处，吸取竞争对手的经验，突出自己的优势。

1.2.3 企业网站需求调研的步骤

1. 制订调研计划

（1）制订调研目标。调研目标应该是十分明确的，但实际工作中电子商务网站的需求调研往往不能一次完成，还需要分阶段进行。另外，调研目标也需要分阶段不断深入与细化，才能解决详细的需求问题。一般情况下，前期的调研着眼于网站的总体框架，后期的调研才注重各种分项需求。

（2）确定调研对象。调研对象是指电子商务网站的使用者、管理者和相关群体，调研对象应该越明确越好。因此，如果调研是面向某个单位的，应该让这个单位尽可能地明确具体要调研的部门或者员工，只有通过调研人员与调研对象的直接沟通，才能取得第一手的资料。

（3）确定调研方法。目前被广泛采用的调研方法有许多种，如问卷调查、访谈、座谈、查阅企业的有关资料、现场考察与实践等。为了达到调研的总体目标，应该根据每次调研的目标、调研对象等因素采用不同的调研方法。

（4）确定调查时间、人员、资金预算。为了有效地进行调研，必须十分重视调研时间表的制订，而调研时间表的制订必须建立在与调研对象充分沟通的基础上。调研时间表包括调研计划的制订、调研准备、调研、资料整理、撰写调研报告以及向领导汇报等时间安排。调研人员数量是根据调研工作量与调研时间表的安排而确定的。通常，调研人员由领队、调研员、需求分析人员等组成调研小组，项目小组每个成员、客户甚至是开发方的部门经理的参与也是必要的。调研的资金预算主要包括调研所需要的交通费、人力资源费用、耗材费等。

（5）设计调研表。当调研正式开始之前，应该设计好具有针对性的调研问题列表。对于每一个调研对象，分别列出需要调研的问题。调研表大体包括以下内容：

1）网站当前以及今后可能出现的功能需求。

2）客户对网站的性能（如访问速度）的要求和可靠性的要求。

3）确定网站维护的要求。

4）网站的实际运行环境。

5）网站页面总体风格以及美工效果。

6）主页面和次级页面数量，是否需要多种语言版本等。

7）内容管理及录入任务的分配。

8）各种页面特殊效果及其数量（JS、Flash 等）。

9）项目完成时间及进度。

10）明确项目完成后的维护责任。

2. 实施需求调研

（1）调研准备。在制定了调研计划的基础上，对调研小组的每个成员进行分工，让每个调研人员了解调研计划与分阶段的调研目标，由此制作出调研的相关表格。

（2）需求调研。需求调研是将调研计划付诸实施的行为，这一工作是以调研计划为指导，将事先设计好的调研表中所列的问题与调研对象进行沟通，明确业务流程与调研对象的期望，搜集相关的文字资料与数字资料。在这一过程中，需要反复与调研对象就调研内容与时间进行沟通与协调，以提前准备好需要调研小组讲解的内容，保证调研的正常进行。

（3）调研资料的整理。调研过程搜集的资料是杂乱的或者是重复无用的，这就需要按照调研的目的进行归类整理，使资料系统化与条理化。这一过程需要运用多种技术手段与统计方法，去粗存精，从大量资料中找出有价值的信息。

3. 撰写调研报告

调研报告是对调研成果的文字反映，其主要内容包括调研目标、调研过程、调研方法、调研总结，也就是对网站建设相关问题的现状与建设期望进行描述，让需求分析与网站设计人员有个基本依据。调研报告除了正文以外，应该将调研过程中各种详细记录以附件的形式作为调研报告的一部分，因为各种记录中包含了各种原始需求信息，应作为需求分析的重要参考。

值得注意的是，电子商务网站需求调研往往需要分多次完成，每次调研的目标、方法与成果都不同，需要每次制订相应的调研计划，经过具体的调研并通过整理形成调研报告，在此基础上再形成需求分析说明书。在调研的基础上，分析人员可以开展对网站的需求分析。通过分析，要发现网站建设者最关注的需求，确立需求的优先级别，并可以制作用户界面原型，使用户对建成后的网站能更直观地了解。

1.3 网站建设可行性分析

电子商务网站的可行性分析包括技术可行性分析、经济可行性分析和可实施性分析。

1.3.1 技术可行性分析

1. 网站建设技术的选择

目前的网站建设技术有很多，除了原有的 HTML 技术外，还出现了许多动态网站建设技术。早期的动态网页主要采用公用网关接口（Common Gateway Interface，CGI）技术。可以使用不同的程序编写适合的 CGI 程序，如 Visual Basic、Delphi 或 C/C++等。虽然 CGI 技术已经发展成熟而且功能强大，但由于编程困难、效率低下、修改复杂，所以有逐渐被新技术取代的趋势。目前，流行的新技术主要有 PHP（即 Hypertext Preprocessor）、ASP（Active Server Pages）、ASP.NET、JSP（Java Server Pages）等。以上几种技术在制作动态网页上各有特色。作为微软.NET 框架的重要组成部分，ASP.NET 已逐步代替 ASP 成为网站建设中常用的动态网页技术。

2. 服务器操作系统的选择

服务器操作系统，一般指的是安装在网站服务器上的操作系统软件，是企业 IT 系统的基础架构平台。服务器操作系统主要分三大流派：Windows、UNIX 和 Linux。

Windows 服务器操作系统是由全球最大的操作系统开发商——Microsoft 公司开发的。Windows 7 是目前市场上应用最多的服务器操作系统。

UNIX 服务器操作系统由 AT&T 公司和 SCO 公司共同推出，主要支持大型的文件系统服务、数据服务等应用。由于一些出众的服务器厂商生产的高端服务器产品只支持 UNIX 操作系统，因而在很多人的眼中，UNIX 成为高端操作系统的代名词。目前市场上流行的主要有 SCO SVR、BSD UNIX、Sun Solaris、IBM-AIX。

Linux 服务器操作系统是在 Posix 和 UNIX 的基础上开发出来的，支持多用户、多任务、多线程、多 CPU。Linux 的开放源代码政策，使得基于其平台的开发与使用无须支付给任何单位和个人版权费用，成为后来很多操作系统厂家创业的基石，同时也成为国内外很多保密机构服务器操作系统采购的首选。目前国内主流市场中使用的主要有 Novell 的中文版 SUSE Linux 9.0、小红帽系列、红旗 Linux 系列等。

3. 数据库的选择

目前主流的数据库技术主要有 Access、SQL Server、MySQL、Oracle 四种。这四种数据库各有千秋，其中 Access 适合小型企业用，SQL Server 和 MySQL 适合大中型企业用，Oracle

适合大型企业用。简要介绍如下：

（1）Access。Access 是一种桌面数据库，只适合数据量少的应用，在处理少量数据和单机访问的数据库时是很好的，效率也很高。但 Access 数据库有一定的极限，如果数据达到 100MB 左右，很容易造成服务器 IIS 假死，或者消耗掉服务器的内存导致服务器崩溃，提示“Service Unavailable”。

（2）SQL Server。SQL Server 是基于服务器端的中型的数据库，适合大容量数据的应用，在功能和管理和也要比 Access 强得多。在处理海量数据的效率、后台开发的灵活性和可扩展性等方面非常强大。SQL Server 还有更多的扩展，可以使用存储过程，数据库大小无限制。

（3）MySQL。MySQL 短小精悍，是和 Access 一样的文件型数据库，但比 Access 强百倍，是真正多用户、多任务的数据库系统，从 Linux 上移植过来，安全性非常好。MySQL 是跨多平台的数据库管理软件，可运行于 Linux、Windows NT、UNIX 等系统，支持命令和图形化管理，对于一般的数据库应用足以应付了，占用系统资源较少、速度较快，而且是开源的。

（4）Oracle。Oracle 各方面都比较成熟，但对硬件要求较高，用于数据完整性、安全性要求较高的场合，能在所有主流平台上运行，完全支持所有的工业标准，采用完全开放策略。Oracle 可以使客户选择最适合的解决方案，对开发商提供全力支持。但其操作和设置比较复杂，适用于有一定操作经验的用户。

在选择数据库时，也要结合网站建设的技术。一般而言，两者采用的组合为 PHP+MySQL、ASP.NET/ASP +Access/SQL、JSP+MySQL/Oracle/MS SQL。

1.3.2 经济可行性分析

电子商务网站的经济可行性分析是指对电子商务网站建设与运行阶段的投入与产出进行评估。电子商务网站在建设过程中需要投入大量的人力、物力和财力。人员、技术、设备和材料等的投入构成了电子商务网站的建设成本，其中在规划、分析、设计与构建过程中的投入是投资的主要部分。一般情况下，将电子商务网站的成本分为构建开发成本与运行管理成本两部分。表 1.1 列出了电子商务网站的成本构成。

表 1.1 企业网站的成本构成

<table>
<tr><td rowspan="7">构建开发成本</td><td rowspan="5">开发费用</td><td>调查研究费用</td></tr>
<tr><td>业务分析费用</td></tr>
<tr><td>方案设计费用</td></tr>
<tr><td>设计、制作费用</td></tr>
<tr><td>人员培训费用</td></tr>
<tr><td rowspan="2">设备设施费用</td><td>域名、主机费用</td></tr>
<tr><td>软硬件费用</td></tr>
<tr><td rowspan="5">运行管理成本</td><td rowspan="4">运行费用</td><td>网站推广与人员费用</td></tr>
<tr><td>安全保证费用</td></tr>
<tr><td>设备折旧与耗材费用</td></tr>
<tr><td>技术资料与咨询费用</td></tr>
<tr><td>维护费用</td><td>数据更新维护费用</td></tr>
</table>

续表

<table>
<tr><td rowspan="4">运行管理成本</td><td rowspan="2">维护费用</td><td>系统纠错维护费用</td></tr>
<tr><td>完善性维护费用</td></tr>
<tr><td rowspan="2">管理费用</td><td>行政管理费用</td></tr>
<tr><td>监督审查费用</td></tr>
</table>

电子商务网站构建的费用主要包括域名使用的费用、硬件的费用、主机托管的费用，系统软件、开发工具及开发费用等。网站的开发费用是比较难以准确计算的。一般来说，开发费用的成本是按照员工工资、各项费用和利润来计算的，即总价 = 工资 + 费用 + 利润。

目前，网站开发费用有多种计算方法。如果参考电子商务服务商的报价，网站开发费用的常见计算方法有三种：套餐法、时间法和项目评估法。套餐法也称页面法，即指定明确的页面数、图像数、链接数和功能等。这种办法最通用，但不是一种好的计算办法。因为按照页面计价，开发商对有关开发费用的解释很含糊。时间法就是按照每小时成本计算的方法。但是这种方法经常遭到质疑和拒绝，因而实行起来比较困难。项目评估法是将整个项目分解成一个一个小的工作，评估每个工作的技能难度，计算其完成时间，再根据每小时成本计价。表 1.2 列出了某网络公司页面设计报价，表 1.3 列出了某网络公司程序设计报价。

表 1.2　某网络公司页面设计报价单

项　　目	内　　容	价格（元）
网站形象设计	以树立企业良好形象为主的首页视觉设计	500～2000
网站优惠套餐	基本型套餐（适合小型企业）	1000
	标准型套餐（适合中、小型企业）	3000
	豪华型套餐（适合大、中型企业）	6000
	定制型套餐（适合各种企业）	面议
静态页面制作	标准页（包括图片、文字，A4 纸大小）	50/页
Banner 广告条（468×60）	静态	100/个
	动态	200/个
Flash 动画效果	标准效果：150 元/秒；纯手工绘制：250 元/秒	面议
Java 或 JavaScript 程序效果	例如：导航条下拉、图片切换等	100/种
图片处理	扫描、处理成可在网页中使用的格式，量大面议	10/张

表 1.3　某网络公司程序设计报价单

项　　目	内　　容	价格（元）
在线会员注册/管理系统	收集网站潜在浏览客户的基本信息，数据库将记录浏览者的基本信息以便于网站统计分析	2000～3000
产品发布及查询系统	分门别类地展示，产品有图文介绍，网站管理员可以对产品的类别、产品的详细介绍进行方便的管理	2000～4000
客户反馈系统	用户可以通过填写表格在线发送他们对贵公司产品的订购信息、商务要求、来样订做和建议反馈等信息反馈到后台	500～1000

续表

项　　目	内　　容	价格（元）
邮件订阅系统	邮件订阅使企业信息能快速发布，使最新产品消息等能更快地发到客户邮箱上。通过邮件订阅系统，客户可以迅速了解到他们各自订阅的内容	2000～4000
网上购物系统	在网络上建立一个虚拟的购物商场，集会员、产品、订购、新闻等系统于一体	8000～15000
网上调查系统	用户调查是企业实施市场策略的重要手段之一。通过开展行业问卷调查，可以迅速了解社会不同层次、不同行业的人员需求，客观地收集需求信息	500～3000
网上招聘系统	使客户可在其网站上增加在线招聘的功能，通过后台管理界面将企业招聘信息加入数据库，再通过可定制的网页模板将招聘信息发布出去	1000～2000
留言本系统	是企业实现与客户信息交流的基本手段，使客户可以及时地与企业交流信息；企业则可以收集到来自客户的宝贵意见	500～1000
计数器	相对于访问统计系统更简单，可用于统计网站的刷新流量。该系统操作更简单，运行更稳定	免费
其他订制服务	根据客户所需订制具体的服务	面议

企业构建网站的目的及提供的功能不同，需要支付的费用差别也很大。表 1.4 列出了几种典型的网站类型所对应的建站价格。

表 1.4　不同网站类型的参考报价

网站类型	网站功能	价格（元）
经济型网站	模板网站，便宜，质量一般。运用已经做好的网站模板，只需要根据需要更新网站内容即可	300～2000
标准型网站	定制型网站，没有营销能力，作为企业的网上名片存在，像政府部门和以展示信息为目的企业都用得上	2000～4000
营销型网站	销售产品/服务的网站，需要切合主流的信息去设计。根据用户体验可以添加很多功能，像在线支付、用户咨询入口以及与其他平台的对接等	3000～40000
信息类型网站	电子商务平台，提供各种各样的信息。因为数据量太大，所以要求更严格，包含数据统计、供求关系管理、会员管理、站内推广管理等的技术性要求都很高	4000～150000

1.3.3　企业网站可实施性分析

电子商务网站的可实施性分析主要是从项目的社会环境、法律法规依据、企业管理水平、各级领导重视程度、对实施项目的技术人员要求等方面做出分析。说明项目实施对企业商务活动、目标客户以及合作伙伴（供应商、代理商）会产生哪些影响，分析这些影响是否会成为项目实施的障碍。可实施性分析主要还是采用定性的分析方法进行。

1.4　网站规划书的内容

网站规划是指在网站建设前对市场进行分析、确定网站目的和功能，并根据需要对网站建设中的技术、内容、费用、测试、维护等做出规划。网站规划对网站建设起到计划和指导作用，对网站内容和维护起到定位作用。网站规划书应该尽可能涵盖网站规划中的各个方面，网站规划书的写作要科学、认真、实事求是，要能全面、完整、系统地体现网站开发过程中各项工作的要求和标准。网站规划书包含的内容如下。

1. 项目概述

简要说明项目的要点，介绍整个项目的大体情况，明确建站的主要目的，包括以下内容。

（1）项目名称。

（2）项目背景。

（3）项目的目标。

（4）项目的内容（包括实现的主要功能和采用的相应技术）。

（5）项目的投资规模、建设周期。

（6）项目的收益。

2. 项目需求分析

根据需求调研得到的结果，从企业、市场、行业等方面分析电子商务能为企业解决哪些问题，带来哪些商业机会，说明企业开展电子商务的必要性。

（1）企业业务分析：从企业自身业务角度分析电子商务的需求情况。

1）企业简介：简要介绍企业的概况，包括企业名称、主要业务、所属行业，行业的概况、特点及发展趋势，企业拥有的资源和优势、商务模式、业务流程等情况。

2）存在的问题：目前存在哪些方面的问题，可从工作效率、信息传递速度、客户服务效果等方面考虑。

3）企业的电子商务需求：说明电子商务能否解决目前存在的问题，产生新的商机，以及企业自身有哪些电子商务需求。

（2）市场分析：从企业目标客户角度分析电子商务的需求情况。

1）企业的目标市场：说明企业目标市场的范围。

2）目标市场的特点：分析企业目标客户的特点，如个人客户的上网情况、企业客户的信息化情况。

3）目标市场的电子商务需求：说明目标市场有哪些电子商务需求，电子商务是否更能满足目标客户要求，稳固现有客户群？是否能发掘新的目标客户群？潜力有多大？

（3）竞争对手分析：列出主要的竞争对手，分析其电子商务开展情况及效果，说明竞争对手可供借鉴的内容，以及本企业的竞争优势。

3. 项目可行性分析

从技术、经济和业务等方面分析项目实施的可行性。

（1）技术可行性：根据当前技术发展状况，结合项目特点，从技术角度分析项目的可行性。

（2）经济可行性：定性或定量分析项目带来的经济价值，结合企业可使用资源状况，分析项目运作的经济可行性。

（3）业务实施可行性：说明项目实施对企业商务活动、目标客户以及合作伙伴（供应商、代理商）会产生哪些影响，分析这些影响是否成为项目实施的障碍。

4. 项目总体规划

（1）网站目标定位：说明网站的业务领域和服务对象，以及网站建设所要达到的目的，明确网站不同阶段要达到的目标。网站的目标应重点体现出其价值性，对创业型网站还应体现出其新颖性。

（2）网站运营模式：

1）商务模式：描述电子商务采用的商务模式。

2）主要业务流程：以流程图的方式表示电子商务下的核心业务流程，并加以文字说明。

3）盈利方式：说明电子商务方式下企业如何盈利。

（3）网站技术规划：

1）系统体系结构：说明网站的基本组成部分、逻辑层次结构及其相互关系。

2）技术路线选择：比较目前主流的技术路线并根据项目的特点加以选择。

3）网站域名规划：设计若干个与企业目标和特点相适应的备选域名。

5. 网站平台系统设计

（1）网站网络结构设计：说明网站的网络结构，绘制拓扑结构图。

（2）网站安全设计：说明网站在保障安全方面的考虑和措施，制订防黑客、防病毒方案。

（3）硬件选型方案：说明网站使用的各种硬件和网络设备选型，明确是采用自建网站服务器，还是租用虚拟主机。

（4）软件选型方案：说明网站使用的各种软件选型，尤其是选择服务器端操作系统，用 UNIX、Linux 还是 Windows 2000/NT。

6. 网站应用系统设计

（1）网站形象设计：网站的形象是指站点展现在用户面前的风格，包括站点的标志、色彩、字体、标语、版面布局等方面的内容。

（2）网站功能设计：以图形方式表示网站的栏目划分，并用文字说明各栏目所要实现的功能。

7. 项目实施方案

（1）网站实施的任务：按照工作程序和类别将整个项目分解为实施过程中的任务，描述各项任务包括的具体内容，可以从业务流程改造、域名注册、合作伙伴选择、网站平台建设、应用系统开发、网站测试与验收、网站初始内容建设、人员培训等方面考虑。

（2）网站实施人员组织：确定项目实施各项任务的执行部门或单位及其职责划分。

（3）网站实施进度计划：确定项目实施各项内容的时间，并以图表方式表示出来。

8. 项目运营管理计划

（1）网站推广计划：网站推广使用的方法和措施。

（2）网站组织管理计划：保证系统正常运行的组织结构、岗位职责、管理制度等。

（3）网站系统管理计划：网站软硬件和网络系统的管理、维护工作。

（4）网站安全管理计划：确保网站安全运行的管理措施。

9. 项目预算

实施本项目的总体预算及明细列表。

10. 项目评估

从技术、经营、管理、市场等方面评估系统实施可能面临的风险，以及可以获得的收益，并对面临的风险提出改进的策略。

1.5 企业网站设计

1.5.1 网站内容设计

针对大多数企业网站而言，根据企业网站的基本功能，可以归纳出企业网站的信息结构主要有以下几个方面。这些内容也是网站建设中规划网站栏目结构时应该考虑的因素。

1. 公司信息

公司信息主要是让访问者对公司的情况有一个概括性的了解，尽量提高公司资信的透明度，让客户从多个方面了解公司的状况。在公司信息中，如果内容比较丰富，可以进一步分解为若干子栏目，如公司背景、发展历程、主要业绩、公司动态和组织结构等。作为网络推广的第一步，这些信息可能是非常重要的。

2. 产品信息

企业网站上的产品信息应全面反映企业所有系列和各种型号的产品，对产品进行详尽的介绍。为了便于客户在网上查看，有的产品还需配以图片、视频和音频信息等。用户购买决策的做出是一个复杂的过程，其中可能受到多种因素的影响，因此企业在产品信息中除了添加产品型号、性能等基本信息之外，其他有助于用户产生信任和购买决策的信息，如用户评论、权威机构认证等都可以适当地发布到企业网站上。

3. 客户服务

客户服务主要提供客户服务信息和技术帮助信息。用户对不同企业、不同产品所期望获得的服务有很大的差别。满意的客户服务必定带来丰厚的回报。常见的网站客户服务信息有产品说明书、产品使用常识及在线问答等。例如，许多企业网站提供常见问题解答（FAQ），在网上自动回答用户的常见问题。

4. 促销信息

当网站拥有一定的访问量时，企业网站本身便具有一定的广告价值，因此，可在自己的网站上发布促销信息，如网络广告、有奖竞赛、有奖征文、下载优惠券等。网上的促销活动通常与网下的活动结合进行，网站作为一种有效的补充，供用户了解促销活动细则、参与报名方式等。

5. 销售信息

（1）销售网络。研究表明，尽管目前一般企业的网上销售还没有形成主流方式，但用户从网上了解产品信息而在网下购买的现象非常普遍，尤其是高档产品以及技术含量高的新产品，一些用户在购买之前已经从网上进行了深入研究，但如果无法在方便的地点购买，仍然是一个影响最终成交的因素。因此，应通过公布企业产品销售网络的方式尽可能详细地告诉用户在什么地方可以买到他所需要的产品。

（2）网上订购。现实中用户直接在网上订货的并不一定多，但网上看货网下购买的现象比较普遍，尤其是价格比较贵或销售渠道比较少的商品。但是也有许多网站提供了网上销售系统，允许客户在线购买，大大地方便了客户。即使企业网站并没有实现整个电子商务流程，针对相关产品为用户设计一个网上订购程序仍然是必要的，这样可以免去用户打电话或者发电子邮件订购的许多麻烦。

（3）售后服务。有关质量保证条款、售后服务措施，以及各地售后服务的联系方式等是用户比较关心的信息。是否可以在本地获得售后服务往往是影响用户购买决策的重要因素，应该尽可能的详细。

6. 市场调研

市场调研是营销的基础和关键环节，网上调研具有传统的市场调研所不可比拟的优势。网上调研可以提供多种在线调查表格，收集客户对产品或服务的评价、建议等传统调研方式所能获得的大部分信息，由此建立起市场信息的数据库，作为营销决策的基础。

7. 公众信息

公众信息是指并非只以用户的身份对于公司进行了解的信息，如投资人、媒体记者、调查研究人员等。这些人员访问网站虽然并非以了解和购买产品为目的（当然这些人也有成为公司客户的可能），但同样对于公司的公关形象等具有不可低估的影响。对于公开上市的公司或者知名企业而言，对网站上的公众信息更应给予足够的重视。公众信息一般包括：股权结构、投资信息、企业财务报告、企业文化、公关活动等。

8. 联系信息

企业网站上应该提供足够详尽的联系信息。除了企业的地址、电话、传真、邮政编码、E-mail地址等基本信息之外，最好能详细列出客户或者业务伙伴可能需要联系的具体部门的联系方式。对于有分支机构的企业，同时还应当有各地分支机构的联系方式，在为客户提供方便的同时，也起到了对各分支机构业务的支持作用。

9. 其他信息

根据企业的需要，可以在网站上发表其他有关的信息，如招聘信息、采购信息等，也可以是本企业、合作伙伴，经销商或客户的一些新闻、产品发展趋势等信息。

1.5.2　网站功能设计

企业网站的功能，可以从技术功能和网络营销功能两个方面来研究。网站的技术功能是整个网站得以正常运行的技术基础，网站的网络营销功能则是站在网络营销策略的角度来看，一个企业网站具有哪些可以发挥网络营销作用的功能。显然，网站的技术功能是为网站的网络营销功能提供支持的，网站的网络营销功能则是技术功能的体现。

1. 网站网络营销功能

为什么要研究企业网站的网络营销功能呢？在策划一个企业网站时，很有必要考虑这样的问题：为什么要建这样一个网站？我们期望这个网站发挥哪些作用？理想的企业网站应该具备什么功能？要回答这些问题，就需要对网站的网络营销功能有一定的认识。研究认为，只有充分理解企业网站的网络营销功能，才能把握企业网站与网络营销关系的本质，从而掌握这种内在关系的一般规律，建造适合网络营销需要的企业网站，为有效开展网络营销奠定基础。

通过对众多企业网站的研究发现，无论网站规模多大，也不论具有哪些技术功能，网站的网络营销功能主要表现在八个方面：品牌形象、产品/服务展示、信息发布、顾客服务、顾客关系、网上调查、资源合作、网上销售。即使最简单的企业网站也具有其中的至少一项功能，否则由于不具备企业网站的基本特征，也就不能称之为企业网站了。现对八项网络营销功能描述如下。

（1）品牌形象

网站的形象代表着企业的网上品牌形象，人们在网上了解一个企业的主要方式就是访问该公司的网站。网站建设的专业化与否直接影响企业的网络品牌形象，同时也对网站的其他功能产生直接影响。尤其对于以网上经营为主要方式的企业，网站的形象是访问者对企业的第一印象，这种印象对于建立品牌形象、产生用户信任具有至关重要的作用。因此具备条件的企业应力求在自己的网站建设上体现出自己的形象，但实际上很多网站对此缺乏充分的认识，网站形象并没有充分体现出企业的品牌价值，相反一些新兴的企业却利用这一原理做到了“小企业大品牌”，并且获得了与传统大型企业平等竞争的机会。

（2）产品/服务展示

顾客访问网站的主要目的是为了对公司的产品和服务进行深入的了解，企业网站的主要价值也就在于灵活地向用户展示产品说明的文字、图片甚至多媒体信息。即使一个功能简单的网站至少也相当于一本可以随时更新的产品宣传资料，并且这种宣传资料是用户主动来获取的，对信息内容有较高的关注程度，因此往往可以获得比一般印刷宣传资料更好的宣传效果，这也是为什么一些小型企业只满足于建立一个功能简单的网站的主要原因，在投资不大的情况下，同样有可能获得理想的回报。

（3）信息发布

网站是一个信息载体，在法律许可的范围内，可以发布一切有利于企业形象、顾客服务以及促进销售的企业新闻、产品信息、促销信息、招标信息、合作信息、人员招聘信息等。因此，拥有一个网站就相当于拥有了一个强有力的宣传工具，这也是企业网站具有自主性的体现。当网站建成之后，合理组织对用户有价值的信息将是网络营销的首要任务，当企业有新产品上市、要开展阶段性促销活动时，也应充分发挥网站的信息发布功能，将有关信息首先发布在自己的网站上。

（4）顾客服务

通过网站，企业可以为顾客提供各种在线服务和帮助信息，比如常见问题解答（FAQ）、电子邮件咨询、在线表单、通过即时信息实时回答顾客的咨询等。一个设计水平较高的常见问题解答，应该可以回答 80%以上顾客关心的问题，这样不仅为顾客提供了方便，也提高了顾客服务效率、节省了服务成本。

（5）顾客关系

通过网络社区、有奖竞赛等方式吸引顾客参与，不仅可以起到产品宣传的目的，同时也有助于增进顾客关系，而顾客忠诚度的提高又将直接增加销售。尤其是对于产品功能复杂或者变化较快的产品，如数码产品、时装、化妆品等，顾客为了获得更多的产品信息，对于企业网络营销活动的参与兴趣较高，可充分利用这种特点来建立和维持良好的顾客关系。

（6）网上调查

市场调研是营销工作不可或缺的内容，企业网站为网上调查提供了方便而又廉价的途径，通过网站上的在线调查表，或者通过电子邮件、论坛、实时信息等方式征求顾客意见等，可以获得有价值的用户反馈信息。无论作为产品调查、消费者行为调查，还是品牌形象等方面的调查，企业网站都可以在获得第一手市场资料方面发挥积极的作用。

（7）资源合作

资源合作是独具特色的网络营销手段，为了获得更好的网上推广效果，需要与供应商、经销商、客户网站，以及其他内容、功能互补或者相关的企业建立资源合作关系，实现从资源共享到利益共享的目的。如果没有企业网站，便失去了很多积累网络营销资源的机会，没有资源，合作也就无从谈起。常见的资源合作形式包括交换链接、交换广告、内容合作、客户资源合作等。

（8）网上销售

建立网站及开展网络营销活动的目的之一是为了增加销售，一个功能完善的网站本身就可以完成订单确认、网上支付等电子商务功能，即企业网站本身就是一个销售渠道。随着电子商务价值越来越多地被证实，更多的企业将开拓网上销售渠道，增加网上销售手段。实现在线销售的方式有多种，利用企业网站本身的资源来开展在线销售就是一种有效的形式。

2. 网站技术功能

网络营销功能需要通过技术功能来实现。企业网站可以根据企业的业务类型及其网站的类型，选择一些功能模块。电子商务网站常用的功能模块及其说明如表 1.5 所示。功能模块越多，网站的开发费用越高。这些功能模块可以请专业的公司代为开发，也可以由企业自行完成。

表 1.5　网站常用的功能模块及其说明

功能模块	常见功能简介
信息发布系统	即网站内容发布系统，是将网页上的某些需要经常变动的信息，类似新闻、产品发布等更新信息集中管理，并通过信息的某些共性进行分类，最后系统化、标准化地发布到网站上的一种网站应用程序
产品展示系统	是一套基于数据库的即时发布系统，可用于各类产品的实时发布和展示销售，前台用户可通过页面浏览查询，后台管理可以管理产品价格、简介、样图等多类信息
在线调查系统	客户调查是企业实施市场策略的重要手段之一，可以在一个网站上同时进行两个以上的调查；可以设置调查内容，自动统计调查结果，并自动生成分析图表
网上购物系统	实现网上产品订购和网上交易的功能。客户或会员可对感兴趣的商品进行购买、下订单并填写客户资料，提交反馈表单，并可实现安全的在线支付（在线支付需到相关平台开通服务方可实现），网站管理员在后台可对订单信息、购买信息进行完善的统计、管理
会员管理系统	企业用户可以在网站上登记注册，选择会员的类别、可查看的权限范围并成为预备会员，并提交到用户管理数据库。待网站审核通过后成为正式会员，即享有网站提供的相应服务
信息检索系统	在 Web 中，提供方便、高效的查询服务。查询可以按照分类、关键词等进行，也可以基于全文内容进行全文检索。支持对任意字段的复杂组合检索；支持中英文混合检索；支持智能化模糊检索
社区论坛系统	论坛服务已经成为互联网站上一种极为常见的互动交流服务，可以作为客户与企业交流的渠道。客户可在此发布意见、建议或咨询信息，网站管理员可在后台对所有留言信息进行回复和删除管理
留言板系统	在线管理、删除留言内容；留言内容搜索；留言自动分页，并可以设定分页页数；有新留言增加时可以用 E-mail 来通知版主
在线招聘系统	网站动态提供企业招聘信息，管理员可进行发布、更新、删除，应聘者可将简历提交。提交的简历将存入简历库，网站管理员可在后台查看应聘简历
在线支付系统	与银联合作，提供个人和企业客户的在线电子支付系统

1.5.3 网站形象设计

企业形象设计（Corporate Identity，CI）就是通过视觉来统一企业的形象，也即将企业经营理念与精神文化，运用整体视觉传达系统，有组织、有计划和正确、准确、快捷地传达出来，并贯穿在企业的经营行为之中。现实生活中的 CI 策划比比皆是，杰出的例子如可口可乐公司，全球统一的标志、色彩和产品包装，给我们的印象极为深刻。一个杰出的网站和实体公司一样，也需要整体的形象包装和设计。准确的、有创意的 CI 设计，对网站的宣传推广将起到事半功倍的效果。在网站主题和名称确定下来之后，需要思考的就是网站的 CI 形象。

1. 设计网站标志

网站的标志（Logo）也可以说是企业的标志，应尽可能地出现在每一张网页上，例如页眉、页脚或者背景上。网站有代表性人物、动物、花草的，可以用它们作为设计的蓝本，加以卡通化和艺术化，例如迪斯尼的米老鼠、搜狐的卡通狐狸等。专业性的网站，可以以本专业有代表性的物品作为标志，比如中国银行的铜板标志、奔驰汽车的方向盘标志等。最常用和最简单的方式是用自己网站的英文名称作标志，采用不同的字体、字母的变形、字母的组合可以很容易制作出自己的标志，如淘宝网。

2. 设计网站的标志色彩

网站色彩是体现网站形象与网站内涵延伸的色彩，确定标志色彩是相当重要的事。例如阿里巴巴与淘宝网的标志色彩都与网站标志颜色一致，其主色调是大多数客户都喜欢的。IBM的深蓝色及可口可乐的红色都让人感觉贴切、和谐。这些颜色与企业的形象又融为一体，成为企业的象征，使人们对它们由熟悉了解而产生信任感和认同感。

一般来说，一个网站的标准色彩不应超过三种，太多则会让人眼花缭乱。标志色彩要用于网站的标志、标题、主菜单和主色块，给人以整体统一的感觉。其他色彩也可以使用，只是作为点缀和衬托，绝不能喧宾夺主。适合作为网页标准色的颜色通常有蓝色、黄/橙色、黑/灰/白色三大系列。不同的色彩代表的含义不同，要根据网站的基调选择合适的色彩。常见的颜色及其含义如表1.6所示。

表1.6 常见的颜色及其含义

序号	颜色	含义
1	红色	热情、活泼、热闹、温暖、幸福、吉祥
2	橙色	光明、华丽、兴奋、甜蜜、快乐
3	黄色	明朗、愉快、高贵、希望
4	绿色	新鲜、平静、和平、柔和、安逸、青春
5	蓝色	深远、永恒、沉静、理智、诚实、寒冷
6	紫色	优雅、高贵、魅力、自傲
7	白色	纯洁、纯真、朴素、神圣、明快
8	灰色	忧郁、消极、谦虚、平凡、沉默、中庸、寂寞
9	黑色	崇高、坚实、严肃、刚健、粗莽

需要注意的是，不同的国家、不同的民族，对于颜色的理解可能会有许多不同。

3. 设计网站标志字体

标志字体是指网站用于Logo、标题、主菜单的特有字体。因为只有操作系统中安装的字体才能显示出来，所以大多数商务网站都采用默认字体设计网页。中文网站里的字体大都为宋体，设计者也可以根据设计需要选择一些特殊字体。如：少年儿童站点可以用咪咪体，给人以活泼童真的印象；传统艺术站点可以用篆字、隶书，以凸显深厚的文化底蕴；高新技术站点可以用综艺体，以显示出简洁、强烈的现代感；政府部门站点的标准字体则应从宋体、黑体或楷体中选择，以显得庄重、大方。设计者应根据自己网站要表达的内涵，选择具有表现力的字体。

4. 设计网站标语

电子商务网站的标语是网站的精神，是网站的目标表达。网站的标语可以用一句话或者一个词来概括，类似实际生活中的广告句。如Intel的"给你一颗奔腾的心"，阿里巴巴网站的"采购批发上 1688.com"，主题突出、个性鲜明、极其精练，高度浓缩了本企业最重要的信息。这些标语放在首页动画、Banner里或者醒目的位置，所起的作用相当大。

1.5.4 网站结构设计

网站结构包含两方面的含义，一是目录结构或物理结构，即网站真实的目录及文件存储的位置所决定的结构；二是链接结构或逻辑结构，即网页内部链接所形成的逻辑的或链接的网络图。此外，在考虑网站结构设计时，还应该做好页面元素的布局工作。

1. 网站的目录结构

网站的目录结构是指网站组织和存放站内所有文档的目录设置情况。任何网站都有一定的目录结构，用 FrontPage 建立网站时都默认建立了根目录和 images 子目录，大型网站的目录数量多、层次深、关系复杂。网站的目录结构是一个容易忽略的问题，许多网站设计者都未经周密规划，随意创建子目录，给日后的维护工作带来许多不便。目录结构的好坏，对浏览者来说并没有什么太大的感觉，但是对于站点本身的上传维护、内容的扩充和移植有着重要的影响。所以在网站设计中需要合理定义目录结构和组织好所有文档。在设计网站目录结构时，应注意以下几个方面。

（1）不要将所有文件都存放在根目录下

一些网站设计人员为了方便，将所有文件都放在根目录下。这样做造成的不利影响主要体现在以下两个方面。

1）文件管理混乱。项目开发到一定时期后，设计者常常搞不清楚哪些文件需要编辑和更新，哪些无用的文件可以删除，哪些是相关联的文件，影响工作效率。

2）上传速度慢。服务器一般都会为根目录建立一个文件索引。如果将所有文件都放在根目录下，那么即使只上传更新一个文件，服务器也需要将所有文件都检索一遍，建立新的索引文件。很明显，文件量越大，等待的时间也将越长。

（2）按栏目内容建立子目录

建立子目录的做法首先是按主菜单的栏目来建立。例如，企业站点可以按公司简介、产品介绍、价格、在线订单、意见反馈等栏目建立相应的目录。其他的次要栏目，如新闻、行业动态等内容较多，需要经常更新的可以建立独立的子目录；而一些相关性强，不需要经常更新的栏目，如关于本站、关于站长、站点经历等则可以合并放在一个统一的目录下。所有的程序一般都存放在特定目录下，以便于维护和管理。例如：CGI 程序放在 cgi-bin 目录下，ASP.NET 网页放在 aspnet 目录下。所有供客户下载的内容应该放在一个目录下，以方便系统设置文件目录的访问权限。

（3）在每个主目录下都建立独立的 images 目录

在默认的设置中，每个站点根目录下都有一个 images 目录，可以将所有图片都存放在这个目录里。但是，这样做也有不方便的时候，当需要将某个主栏目打包供用户下载或者将某个栏目删除时，图片的管理将会相当麻烦。经过实践发现，为每个主栏目建立一个独立的 images 目录是最方便管理的。而根目录下的 images 目录只用来放首页和一些次要栏目的图片。

（4）目录的层次不要太深

为了使维护和管理方便，目录的层次建议不要超过三层。

（5）目录的命名方法

不要使用中文目录和中文文件名。使用中文目录可能对网址的正确显示造成困难，某些 Web 服务器不支持对中文名称的目录和文件的访问。不要使用过长的目录名，尽管服务器支持长文件名，但是太长的目录名既不便于记忆，也不便于管理。尽量使用意义明确的目录名，以便于记忆和管理。

2. 网站的链接结构

网站的链接结构是指页面之间相互链接的拓扑结构，它建立在目录结构基础之上，但可以跨越目录。形象地说，每个页面都可以看作是一个节点，链接则是在两个节点之间的连线。一个点可以和一个点链接，也可以和多个点链接。从逻辑上看，这些链接可以不分布在一个平面上，但可以形成一个立体空间。

研究网站链接结构的目的在于用最少的链接，使得浏览最有效率。一般建立网站的链接结构有以下两种基本方式：树状链接结构和网状链接结构。

（1）树状链接结构（一对一）。这是类似计算机文件管理的目录结构方式，其立体结构看起来就像一棵多层二叉树。这种链接结构的特点是条理清晰，访问者明确知道自己在什么位置。一般来说，在这种结构中首页的链接指向一级页面，一级页面的链接指向二级页面。

因此，浏览该链接结构的网站时，必须一级级进入，再一级级退出。其缺点是浏览效率低，从一个栏目下的子页面进入另一个栏目下的子页面时，必须绕经首页。

（2）网状链接结构（一对多）。这种结构类似于网络服务器的链接，其立体结构像一张网。这种链接结构的特点是浏览方便。通常，在这种结构中每个页面相互之间都建立有链接，访问者随时可以到达自己喜欢的页面。缺点是链接太多，容易使访问者弄不清自己的位置以及看过的内容。

目前较好的结构设计是在网站首页与一级页面之间采用星型链接结构，在一级页面与下一级页面之间采用树型链接结构；若站点内容较多，超过三级页面，可设置导航条。

例如，某个网站的公共新闻子系统有财经新闻、体育新闻、IT新闻、娱乐新闻等栏目，分为一级页面和二级页面。一级页面包括首页、财经新闻、体育新闻、IT新闻、娱乐新闻等导航页面；二级页面包含更下一级的子栏目，如财经新闻1、财经新闻2等。

在这种情况下，首页、财经新闻页、娱乐新闻页、IT新闻页之间可设计为网状链接，可以互相单击，直接到达。而财经新闻页和它的子页面之间设计为树状链接，浏览财经新闻1后，必须回到财经新闻页，才能浏览财经新闻2。所以，有的站点为了免去返回一级页面的麻烦，将二级页面直接用新窗口打开，浏览结束后关闭即可。

需要指出的是，在上面的例子中采用三级页面来举例。如果站点的内容更庞大，分类更详细，需要超过三级页面，那么在页面里增加导航条，以帮助浏览者明确自己所处的位置。

3. 网站的页面布局

网站设计不是把所有内容放置到网页中就行了，还需要对网页内容进行合理的排版布局，以给浏览者赏心悦目的感觉，增强网站的吸引力。在设计页面布局的时候我们要注意把文字、图片在网页空间上均匀分布并且不同形状、色彩的网页元素要相互对比，以形成鲜明的视觉效果。常见的布局结构有“同”字形布局、“国”字形布局、“匡”字形布局、“三”字形布局和“川”字形布局等。

（1）“同”字形布局：所谓“同”字形结构，就是整个页面布局类似“同”字，页面顶部是主导航栏，下面左右两侧是二级导航条、登录区、搜索区等，中间是主内容区，如图1.1所示。这种布局的优点是页面结构清晰，左右对称，主次分明；缺点是版式呆板，如果主内容较多，则页面容易显示过长。

（2）“国”字形布局：在“同”字形布局基础上演化而来，在保留“同”字形的同时，在页面的下方增加一横条状的菜单或广告，如图1.2所示。

图1.1　“同”字形布局示例

图1.2　“国”字形布局示例

（3）“匡”字形布局：这种布局结构去掉了“国”字形布局的右边的边框部分，给主内容区释放了更多空间。这种布局上面是标题及广告横幅，接下来的左侧是一窄列链接等，右列是很宽的正文，下面是一些网站的辅助信息，如图 1.3 所示。

图1.3　“匡”字形布局示例

（4）“三”字形布局：一般应用在简洁明快的艺术型网页布局上。这种布局的特点是在页面上由横向两条色块将网页整体分割为三部分，色块中大多放置广告条与更新和版权提示，一般采用简单的图片和线条来代替拥挤的文字，给浏览者以强烈的视觉冲击，如图 1.4 所示。

图1.4　“三”字形布局示例

（5）“川”字形布局：整个页面在垂直方向分为三列，网站的内容按栏目分布在三列中，最大限度地突出主页的索引功能，一般适用于栏目较多的网站，如图 1.5 所示。

图1.5　“川”字形布局示例

1.6 撰写企业网站规划书

本节将以编者撰写的“数码之窗”——数码港网站规划书”为例说明网站规划书的制作方法。限于篇幅，这里只给出了网站规划书的目录和第一部分“项目概述”的内容。

1.6.1 网站规划书的目录

参考 1.4 节“网站规划书的内容”，列出网站规划书的目录如下：

1．项目概述
1.1　项目名称
1.2　项目背景
1.3　项目的目标
1.4　项目的内容
1.5　项目的投资规模与建设周期
1.6　项目的收益
2．项目需求分析
2.1　企业业务分析
2.2　市场分析

2.3　竞争对手分析
3．项目可行性分析
3.1　技术可行性
3.2　经济可行性
3.3　业务实施可行性
4．项目总体规划
4.1　网站目标定位
4.2　网站运营模式
4.3　网站技术规划
4.4　网站域名规划
5．网站平台系统设计
5.1　网站网络结构设计
5.2　网站安全设计
5.3　硬件选型方案
5.4　软件选型方案
6．网站应用系统设计
6.1　网站形象设计
6.2　网站功能设计
7．项目实施方案
7.1　网站实施的任务
7.2　网站实施人员组织
7.3　网站实施进度计划
8．项目运营管理计划
8.1　网站推广计划
8.2　市场策略计划
8.3　网站组织管理计划
8.4　网站系统管理计划
8.5　网站安全管理计划
9．项目预算
10．项目评估
10.1　风险因素
10.2　对策

1.6.2 网站规划书的项目概述示范

1．创业项目概述
1.1　创业项目名称
“数码之窗”——数码港网站项目策划（以下简称“数码之窗”项目）
1.2　创业背景

随着中国互联网的长足发展、计算机的逐渐普及、中青年娱乐方式的改变以及大学生对时尚生活的追求，数码产品正驶入高速增长的快车道。数码港此时介入可谓正是时候。同时，由于有利可图，新的生产商不断加入，数码产品将进入混战的时代，激烈的竞争正在供应商和经销商等各个领域展开。由于数码产品的时尚性和互联网在数码领域的特殊地位，潜在用户一般通过网络媒体来了解数码市场，网络媒体占用户了解数码市场信息来源的 65.3%，因此互联网已经成为各供应商和经销商竞争的第二战场，数码港作为专门经营数码产品的门户网站，已经成为供应商和经销商的必争之地。在这样的背景下，深圳希望数码商城在多年成功的传统卖场的基础上，把数码业务拓展到网上，建立数码港，打破传统经营模式，以深圳为中心，逐步形成覆盖全国乃至全球的市场，保持持久的竞争优势。

1.3 创业项目目标

建立“数码之窗”数码港网站，将“数码之窗”打造成数码产品门户网站；同时，以深圳为基地，在各省、直辖市建立办事处或分公司，依靠各地的第三方物流公司实现产品的配送，逐步形成连锁经营模式，实现本地化经营。“数码之窗”定位为数码产品网上集散地，网下定位为供销商桥梁。“数码之窗”商业用户定位为数码产品供应商和经销商，个人用户定位为 IT 行业人士。

1.4 创业项目内容

“数码之窗”项目主要由项目概述、项目需求分析、项目可行性分析、项目总体规划、网站平台系统设计、网站应用系统设计、项目实施方案、项目运营管理计划、项目预算、项目评估等部分构成。

1.5 创业项目收益

“数码之窗”项目计划采取强有力的宣传策略，不断提升网站的知名度，吸引供应商、经销商和客户，通过收取广告费、会员费、短信收入等，在三到四年的时间内逐步实现盈利，并保持稳步增长的良好收益和发展态势。根据网站的发展情况和盈利模式，网站收入预测如表 1 所示。

表 1 网站收益预测

单位（万元）

项目 / 年份	资金投入	广告费	会员费	短信收入	其他收入	年计
2017	100	50	10	1	1	−38
2018	60	60	15	5	4	−14
2019	40	100	40	6	5	+97
2020	10	120	50	7	6	+270

实训

假设你所在的学校需要构建校园 C2C 网上商城，该校园网上商城可以方便师生校园购物，为学生校园自主创业提供机会，在校学生可以通过该平台申请网上开店，培养学生的创业意识。

请你按照网站设计规划书的常规格式，为贵校校园网上商城撰写网站规划书。

习题

1. 企业网站需求调研的主要步骤有哪些?
2. 构成网站建设成本的因素有哪些?
3. 企业网站内容主要包括哪些方面?
4. 什么是商务网站的链接结构?
5. 什么是网站的 Logo，它有何作用?
6. 网站常用的功能模块有哪些?
7. 常见的网站色彩分别代表什么含义?
8. 网站规划书的主要内容有哪些?

2 Chapter

第2章 搭建 ASP.NET 开发和运行环境

本章导读：

ASP.NET 是微软推出的一种全新的动态网页技术，是当前主流的 Web 应用开发技术之一。Windows 7 之后的操作系统中只需进行简单配置就能建立 ASP.NET 运行环境。Dreamweaver CS6 是一种轻量级的实现可视化 ASP.NET 动态网页制作的工具，它降低了 ASP.NET 的学习门槛，非常适合初学者快速入门。

本章要点：

- ASP.NET 概述
- ASP.NET 运行环境的建立
- Dreamweaver CS6 的安装和设置
- Dreamweaver CS6 的工作环境
- 在 Dreamweaver CS6 中建立站点
- 在 Dreamweaver CS6 中建立和运行 ASP.NET 页面

本章介绍 ASP.NET 运行环境和开发环境的搭建。Windows 7 中已自带了运行 ASP.NET 所需的 Web 服务器和.NET 框架，只需在控制面板中进行一些简单设置，就可以建立起 ASP.NET 运行环境。本书所用 ASP.NET 开发环境，需要安装 Dreamweaver CS6 及 ASP.NET 插件。

2.1 ASP.NET 简介

2.1.1 ASP.NET 发展历史

ASP 全称 Active Server Pages，是微软推出的动态服务器端编程技术。

早期的动态网页开发需要编写繁杂的代码，编程效率低下。ASP 使用简单的脚本语言，将代码嵌入到 HTML 中，极大地简化了 Web 开发。1996 年，ASP1.0 诞生，它作为互联网信息服务（Internet Infomation Service，IIS）的附属产品免费发送，并且于极短的时间内就在 Windows 平台上广泛使用。1998 年，微软推出了 ASP2.0；2000 年，随着 Windows 2000 的发布，ASP3.0 和 IIS5.0 一同出现。

2001 年，ASP.NET 正式推出。ASP.NET 不是 ASP3.0 的简单升级版本，而是微软新一代体系结构 Microsoft.NET 的重要组成部分。ASP.NET 提供了稳定的性能，优秀的升级性，更快速、更简单的开发，更简单的管理，全新的语言以及网络服务。

2000 年 ASP.NET1.0 正式发布，2003 年 ASP.NET 升级为 1.1 版本，2005 年 11 月 ASP.NET2.0 推出。ASP.NET2.0 的发布是.NET 技术走向成熟的标志。2007 年，ASP.NET3.5 推出，使网络程序开发更倾向于智能开发。2012 年，ASP.NET4.5 发布，2015 年，ASP.NET5.0 推出，使.NET 核心成为一个新的模块化运行库，可以在 Windows、Mac 以及 Linux 中运行。2016 年，ASP.NET Core 推出，ASP.NET Core 是一个新的开源和跨平台的框架，用于构建基于云的互联网应用，如 Web 应用、物联网应用和移动端应用等。ASP.NET 已迅速成为 Windows 系统下 Web 服务端的主流开发技术之一。

2.1.2 ASP.NET 与 ASP 的区别

虽然 ASP.NET 是从 ASP 演变发展而来，但是 ASP.NET 与 ASP 有很大的不同。主要体现在以下方面：

1. 开发语言不同

ASP 仅局限于使用脚本语言来开发，用户给 Web 页中添加 ASP 代码的方法与客户端脚本中添加代码的方法相同，导致代码杂乱。而 ASP.NET 允许用户选择并使用功能完善的编程语言，也允许使用潜力巨大的.NET Framework。

2. 运行机制不同

ASP 是解释运行的编程框架，所以执行效率较低。而 ASP.NET 是编译执行，程序效率得到提高。

3. 开发方式不同

ASP 把界面设计和程序设计混在一起，维护困难。而 ASP.NET 把界面设计和程序设计以不同的文件分离开，复用性和维护性得到了提高。

2.1.3　ASP.NET 的工作原理

ASP.NET 的工作原理可以概述为：

① 浏览器向 Web 服务器发送 HTTP 请求；

② Web 服务器分析 HTTP 请求，如果所请求的网页文件名的后缀是 aspx，则说明客户端请求执行 ASP.NET 页面；如果以前没有执行过该程序，则进行编译，然后执行该程序；否则直接执行已编译好的该页面。得到 HTML 结果；

③ Web 服务器将 HTML 结果传回用户浏览器，作为 HTTP 响应；

④ 客户机浏览器收到这个响应后，将 HTML 结果显示成 Web 网页。

2.2　搭建 ASP.NET 运行环境

Windows 7 及以上版本的操作系统中自带 ASP.NET 的运行环境，但是在默认安装的情况下是没有开启的，需要手动在控制面板中进行一些设置。

2.2.1　配置 ASP.NET 运行环境

1. IIS 简介

ASP.NET 页面的运行首先必须要有 Web 服务器。

服务器软件是指建立电子商务网站的软件平台，它提供网站运行的软件环境，通常又被称为 Web 服务器软件。常见的 Web 服务器软件有 IIS 和 Apache 等。IIS 是由微软公司提供的运行在 Windows 平台上的互联网基本服务，也称为 Internet 信息服务。

IIS 提供了一个图形界面的管理工具，称为 Internet 服务管理器，可用于监视配置和控制 Internet 服务。Internet 服务管理器处于中心位置，它可以控制组织中所有运行 IIS 的计算机。安装有 Windows 操作系统的计算机都能运行 Internet 服务管理器。

2. 配置 IIS 及 ASP.NET 运行环境

通过 Windows 的控制面板，就可以进行 IIS 和 ASP.NET 运行环境的配置了。步骤如下：

（1）单击电脑左下角的“开始”菜单，然后单击“控制面板”，如图 2.1 所示。

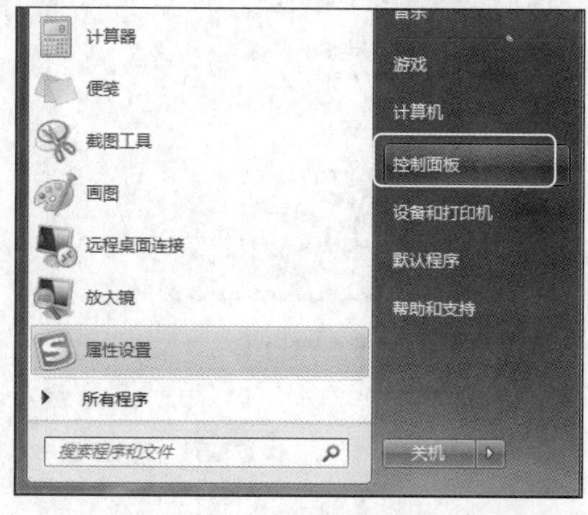

图2.1　控制面板

（2）在控制面板窗口中单击“程序”或“程序和功能”菜单，选择左边的“打开或关闭Windows 功能”，如图 2.2 所示。

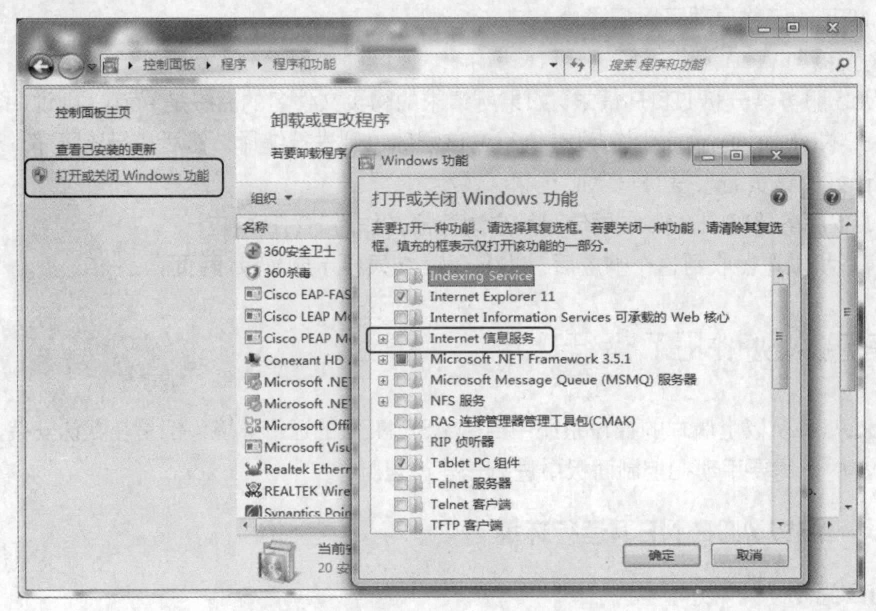

图2.2 “打开或关闭Windows功能”窗口

（3）展开“Internet 信息服务”复选框，选中“Web 管理工具”和“万维网服务”中的选项，如图 2.3 所示。

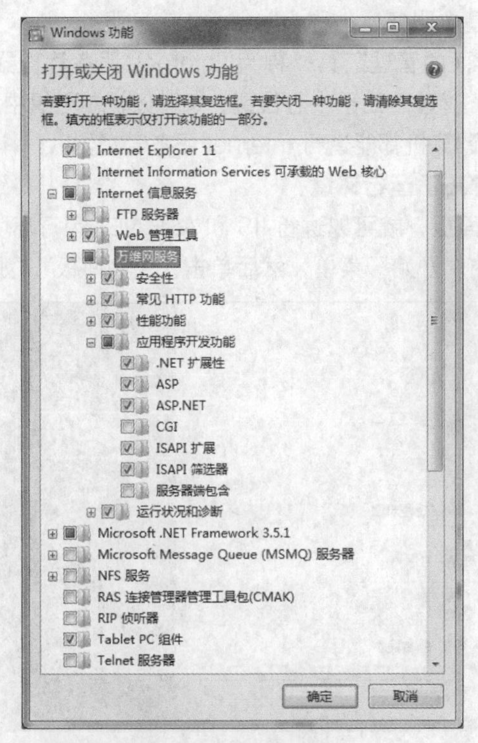

图2.3 Internet信息服务

（4）单击“确定”按钮，出现“Windows 正在更改功能，请稍候”对话框，如图 2.4 所示。几分钟后对话框消失，Windows 下 IIS 及 ASP.NET 运行环境的配置过程即告结束。

IIS 配置完成后要进行测试，方法是：在 IE 浏览器中输入 http://localhost 或 http://127.0.0.1，如果出现图 2.5 所示的页面则表明 IIS 安装成功。否则要检查一下安装过程是否有问题，或者 Windows 操作系统是否存在什么问题。

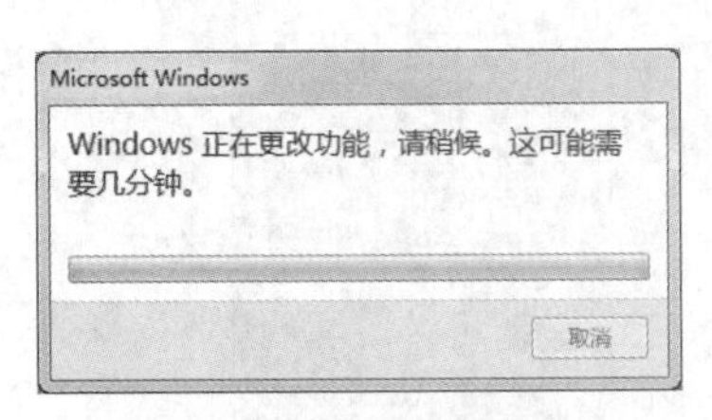

图2.4　IIS安装和配置进度条

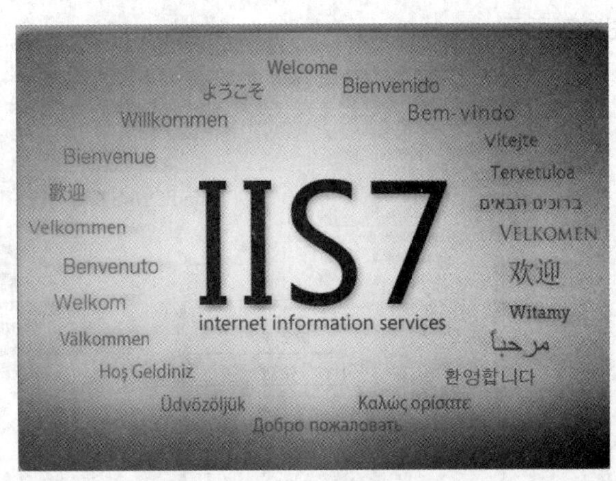

图2.5　IIS的页面

2.2.2　IIS 的设置

1. Internet 信息服务（IIS）管理器

IIS 的管理工具是“Internet 信息服务（IIS）管理器”，配置完 IIS 后就可以在控制面板的“管理工具”中找到“Internet 信息服务（IIS）管理器”，如图 2.6 所示。

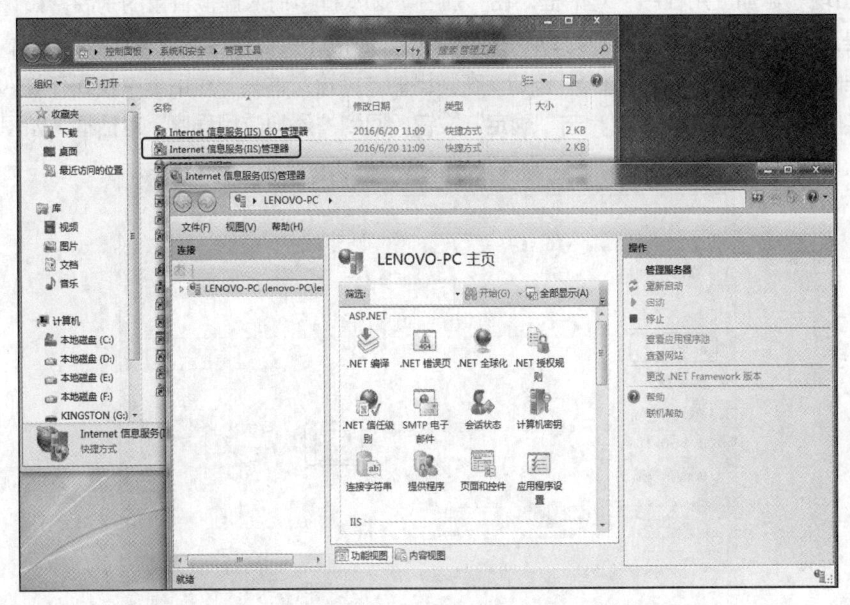

图2.6　Internet信息服务管理器

为了在 IIS 中运行 ASP.NET 页面，还需要对 IIS 进行设置。

2. IIS 应用程序

在 Internet 信息服务（IIS）管理器中单击左侧树型目录中的“网站”，在展开项后会有一个默认的站点 Default Web Site，在这个默认站点下面添加应用程序，就可以建立自己的站点。

假设 ASP.NET 的 Web 应用程序保存在 D:\book 目录下，为该目录在 IIS 中建立站点的方法如下。

（1）在“Default Web Site”（默认网站）的右键弹出菜单中选择“添加应用程序”命令，如图 2.7 所示。

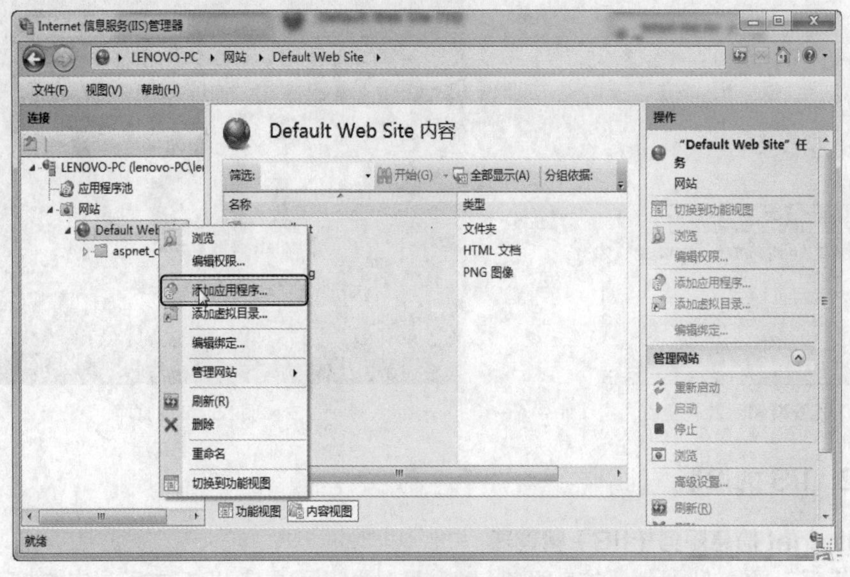

图2.7　添加虚拟目录

（2）出现“添加应用程序”对话框，在“别名”文本框中输入虚拟目录的别名，如“aspnet”。这个别名是用来从浏览器访问该虚拟目录中的网页的，通常比实际路径名简单，以方便输入和使用。单击“物理路径”文本框旁的“浏览”按钮，在弹出的“浏览文件夹”对话框中找到存放 ASP.NET 应用程序的实际路径，如 D:\book，单击“确定”按钮，回到“添加应用程序”对话框，如图 2.8 所示。

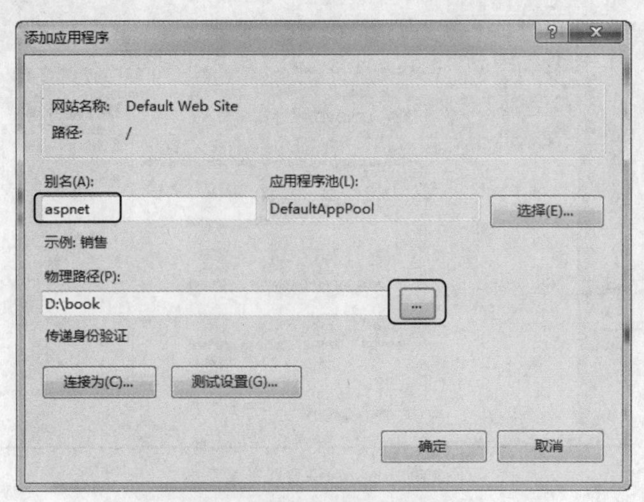

图2.8　虚拟目录的别名和物理目录

（3）单击“确定”按钮，应用程序“aspnet”在 IIS 中添加成功，如图 2.9 所示。

图2.9　应用程序aspnet

（4）访问网页

假设应用程序对应的物理路径下有一个 ASP.NET 文件 index.aspx，则访问该文件的方法是，在 IE 地址栏中输入“http://localhost/aspnet/index. aspx”，按回车键即可。

另外，也可以直接在 IIS 中访问。方法是，在 Internet 信息服务（IIS）管理器中，进入“内容视图”，用鼠标右键单击要访问的 ASP.NET 文件，如图 2.10 所示。在弹出的快捷菜单中选择“浏览”命令即可。

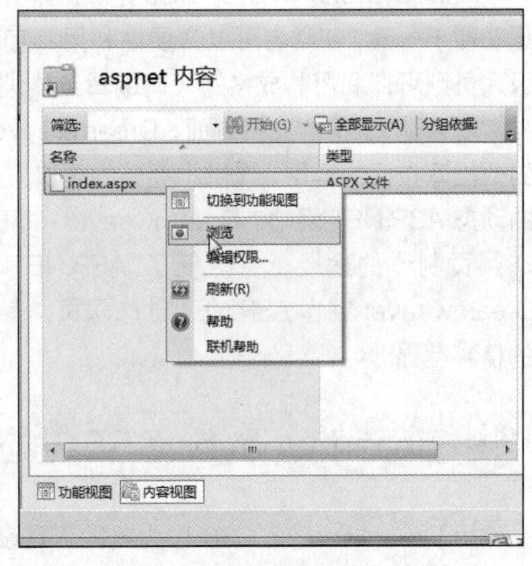

图2.10　在IIS中访问ASP.NET文件

2.3 ASP.NET 开发工具

2.3.1　文本编辑工具

ASP.NET 文件的扩展名是.aspx，是文本文件，因此可以用任何文本编辑器进行编写。WIndows 操作系统自带的记事本可以编写 ASP.NET 页面代码，另外，一些专门的文本编辑软件，如 UltraEdit 和 EditPlus 等，也可以用来编写 ASP.NET 页面代码。

写好的 ASP.NET 页面保存在相应的物理目录中。测试时在 IE 中输入虚拟目录构成的 URL，按回车键后，在 IE 中就可以观察到 ASP.NET 页面执行的结果了。

使用文本编辑工具编写 ASP.NET 代码，对于初学者来说，有一定难度。

2.3.2 Visual Studio.NET

Visual Studio.NET 是微软公司提供的一款重量级.NET 开发工具，集开发环境、源程序编辑、编译、链接及项目管理和程序发布等于一体，其功能十分强大。它提供多种语言支持，包括 VB.NET、C#、C++、C++.NET 等。主要功能包括：

- 可视化设计器
- 代码识别编辑器
- 集成的编译和调试功能
- 项目管理功能

对于初学者来说，Visual Studio.NET 工具本身也需要花费较多的时间学习，增加了 ASP.NET 的学习成本。

2.3.3 Dreamweaver CS6

Adobe Dreamweaver CS6 是一款非常好用的 Web 前端设计工具，它集网页制作和网站管理功能于一身，初学者可以方便地利用其直观的可视化界面快速创建 Web 页面，而 Web 开发高级人员则可以利用其成熟的代码编辑工具进行专业设计。

对 ASP.NET 的支持方面，Dreamweaver 内置了功能强大的可视化开发环境，从网页的编写到数据库技术的运用，提供了完整的解决方案，用户可以在专业的代码或可视化环境中组建自己的动态 ASP.NET 网站。Dreamweaver CS6+ASP.NET 是一种轻量级的实现可视化 ASP.NET 动态网页制作的途径，它降低了 ASP.NET 的学习门槛，尤其对网页制作爱好者来说，利用 Dreamweaver 制作 ASP.NET 动态网页，有助于揭开 ASP.NET 的神秘面纱，快速进入 ASP.NET 的精彩世界。

2.4 Dreamweaver CS6 动态网页制作基础

用 Dreamweaver CS6 作为开发工具设计 ASP.NET 页面，除需要安装 Dreamweaver CS6 外还需要安装 Extension Manager CS6 和 ASP.NET 插件。

2.4.1 Dreamweaver CS6 的安装和设置

运行 Dreamweaver CS6 简体中文版的安装文件，启动安装向导，安装程序在进行系统检查后，出现软件许可协议，单击接受软件许可协议，选择好安装位置，即可开始安装 Dreamweaver CS6。

完装结束后，启动 Dreamweaver CS6，出现默认编辑器界面，可以对文件所使用默认编辑器进行分类指派。也就是确认把 Dreamweaver 作为哪一部分特定类型文件的默认编辑器。在“默认编辑器”界面中勾选 ASP.NET 选项，如图 2.11 所示。

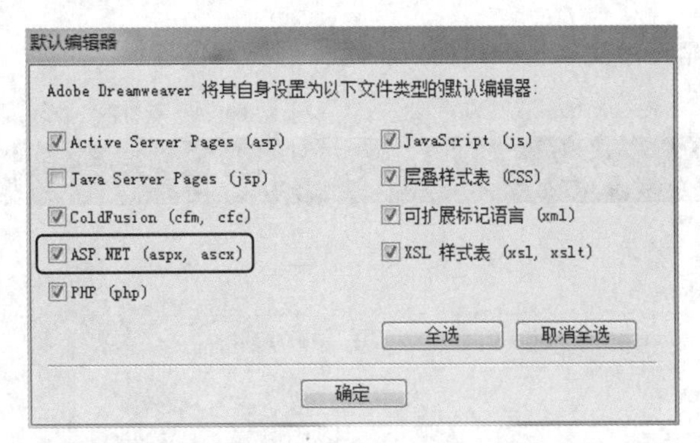

图2.11　Dreamweaver CS6默认编辑器

完成上述操作后，就可以看到如图 2.12 所示的起始页，至此，Dreamweaver CS6 安装结束，可以开始正常使用了。

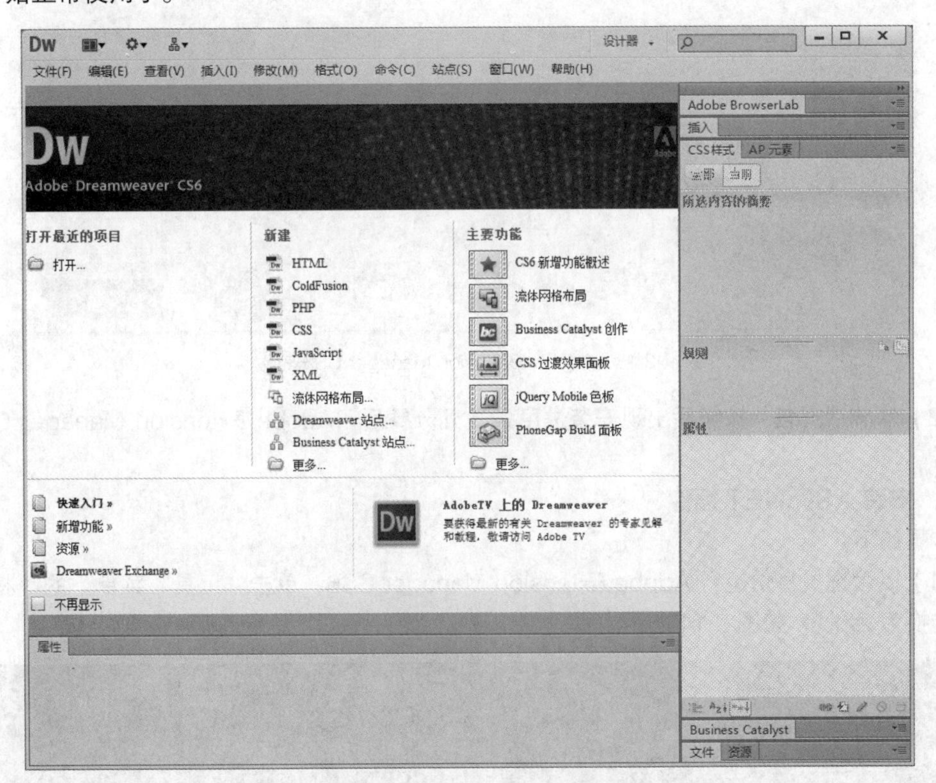

图2.12　Dreamweaver CS6起始页

2.4.2　Extension Manager CS6 及 ASP.NET 插件的安装

Adobe Extension Manager CS6 是 Dreamweaver CS6 的插件管理器。要想在 Dreamweaver CS6 中开发 ASP.NET 页面必须先安装 Adobe Extension Manager CS6。

1. 安装 Adobe Extension Manager CS6

步骤如下：

（1）运行 Adobe Extension Manager CS6 安装文件 Set-up.exe，初始化后出现软件许可协

议，如图 2.13 所示，单击接受软件许可协议，选择好安装位置。

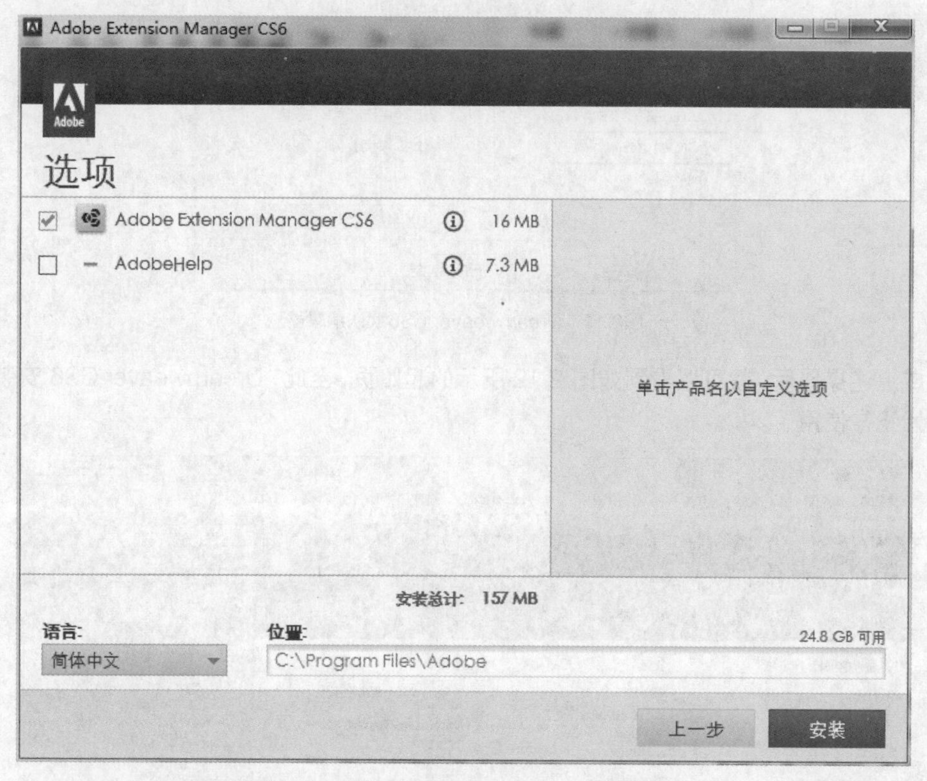

图2.13 Adobe Extension Manager CS6安装

（2）单击“安装”按钮后出现安装进度条，几分钟后，Adobe Extension Manager CS6 安装完成。

2. 安装 ASP.NET 插件

步骤如下：

（1）以管理员身份运行 Adobe Extension Manager CS6，单击“工具”菜单下的“将 MXP 扩展转换为 ZXP”，如图 2.14 所示。

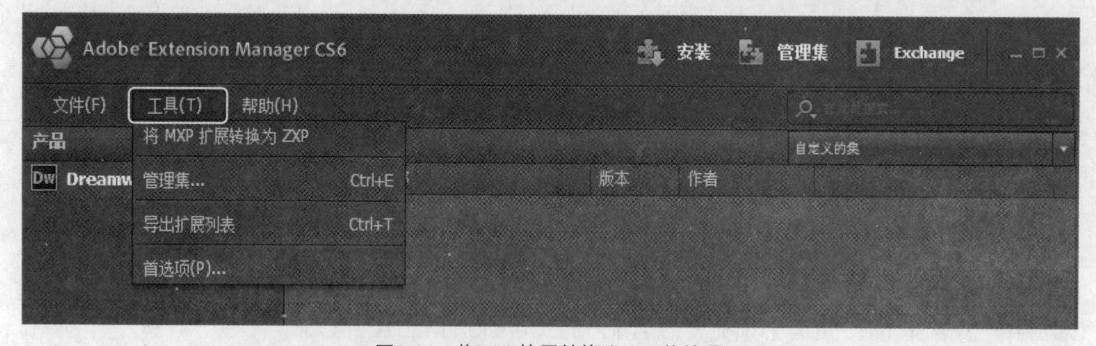

图2.14 将MXP扩展转换为ZXP菜单项

（2）找到 Dreamweaver CS6 安装路径下的“configuration\DisabledFeatures”目录，选中“ASPNet_Support.mxp”，单击“打开”按钮，如图 2.15 所示。

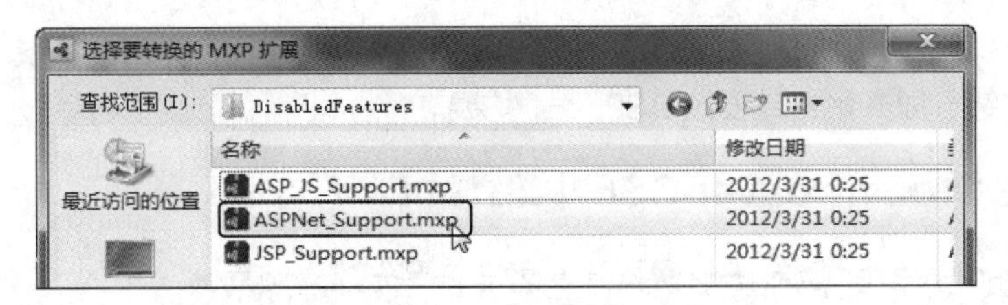

图2.15　选中ASP.NET插件MXP扩展

（3）生成文件 ASPNet_Support.zxp，如图 2.16 所示。

（4）单击“保存”按钮，出现“已成功创建该扩展包”提示，如图 2.17 所示。单击“确定”按钮，关闭对话框，回到 Adobe Extension Manager CS6 主界面。

图2.16　生成ZXP文件

图2.17　创建扩展包

（5）可以看到在 DisabledFeatures 文件夹中新增加了“ASPNet_Support.zxp”文件，如图 2.18 所示。

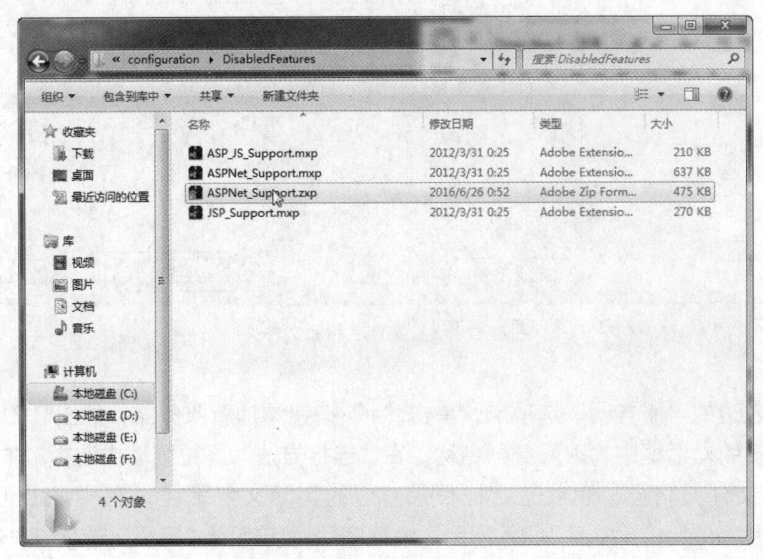

图2.18　ASPNet_Support.zxp文件

（6）双击“ASPNet_Support.zxp”文件安装 ASP.NET 扩展，在弹出的扩展功能免责声明中单击“接受”按钮，即开始自动安装 ASP.NET 扩展。

2.4.3 在 Dreamweaver CS6 中建立站点

在利用 Dreamweaver CS6 进行网页开发之前，要先建立站点。

（1）选择菜单栏中的“站点”→“新建站点”项，如图 2.19 所示。

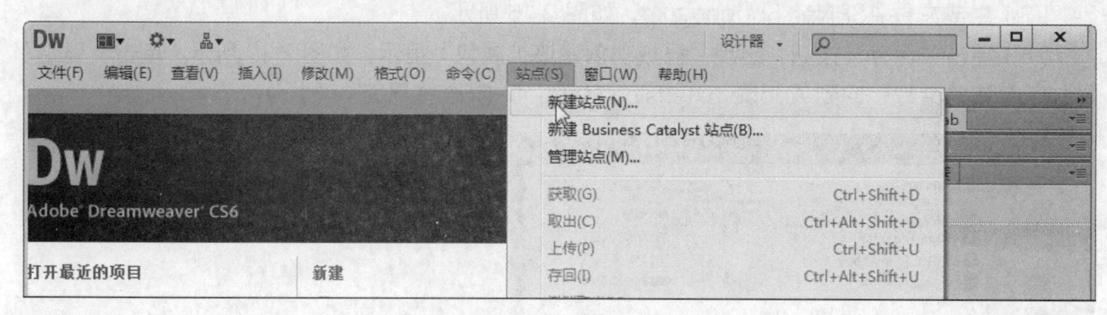

图2.19　新建站点

（2）在弹出的“站点设置对象”对话框中，输入站点名称 aspnet，并通过浏览文件按钮找到 aspnet 虚拟目录对应的路径“D:\book”，如图 2.20 所示。输入完成后，单击“保存”按钮，保存当前输入内容。

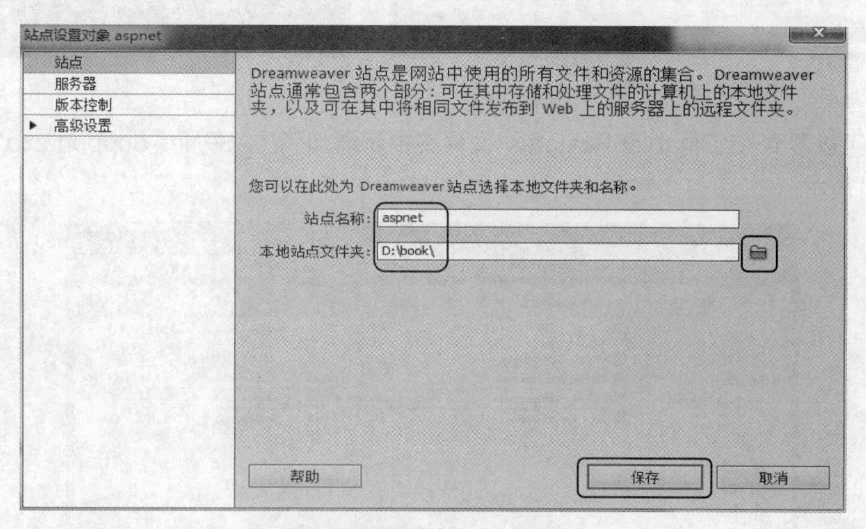

图2.20　设置站点名称和文件夹

（3）单击左边的“服务器”选项卡，单击“+”按钮添加新服务器，如图 2.21 所示。

（4）在弹出的对话框中输入服务器名称，在“连接方法”下拉列表中选择“本地/网络”，找到站点对应的文件夹路径，也就是虚拟目录对应的实际文件路径，在“Web URL”中输入“http://localhost/aspnet”，如图 2.22 所示。设置完后，切换到“高级”选项卡，在“服务器模型”下拉列表中选择“ASP.NET C#”，如图 2.23 所示。

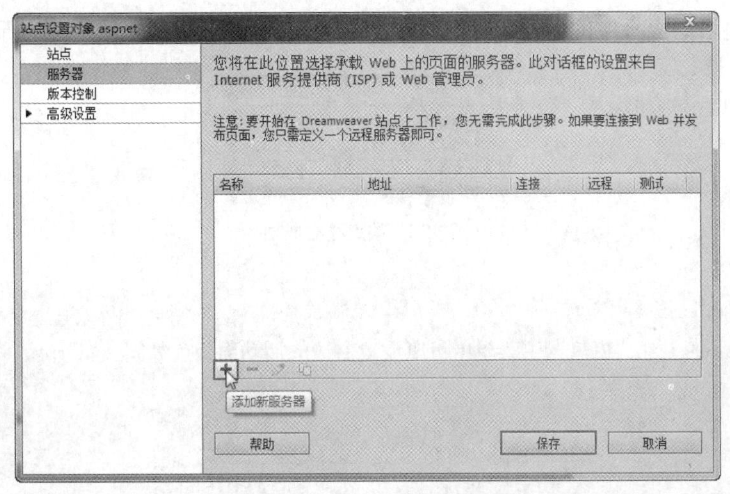

图2.21　“服务器”对话框

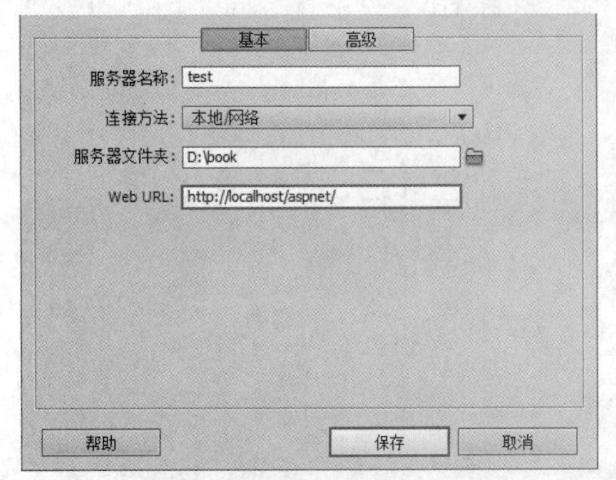

图2.22　设置本地主机和文件存储路径

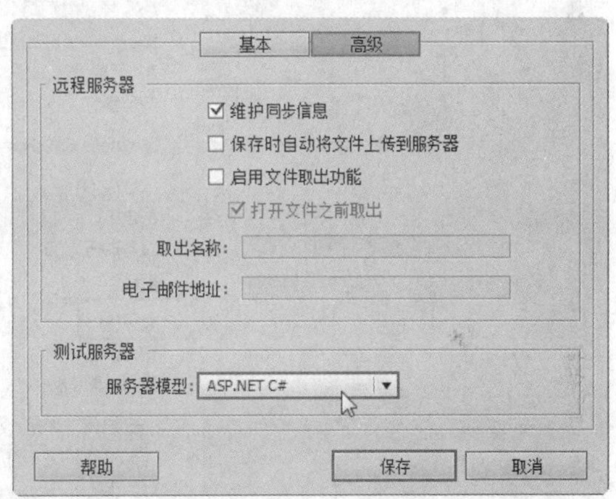

图2.23　服务器“高级”选项卡

（5）输入完成后，单击“保存”按钮，回到“服务器”对话框，勾选“测试”复选框，如图 2.24 所示。再次单击“保存”按钮，关闭“站点设置对象”对话框。

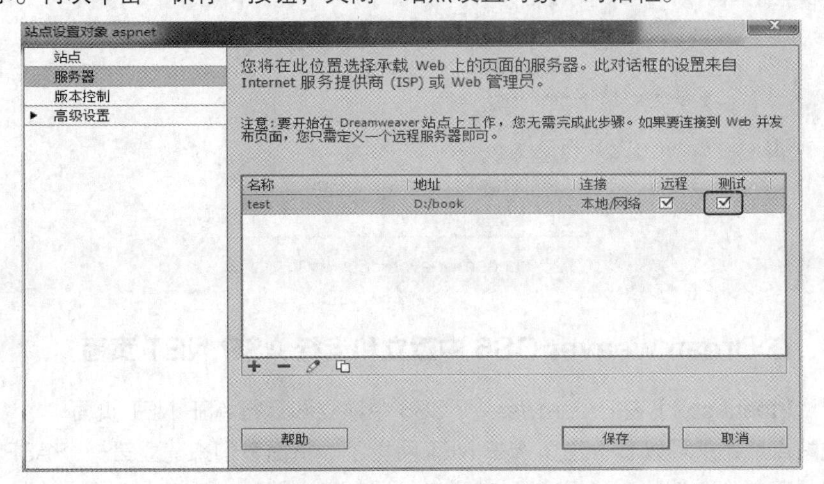

图2.24　勾选“测试”复选框

（6）在右边活动面板中的“文件”选项卡下出现 aspnet 站点，如图 2.25 所示。

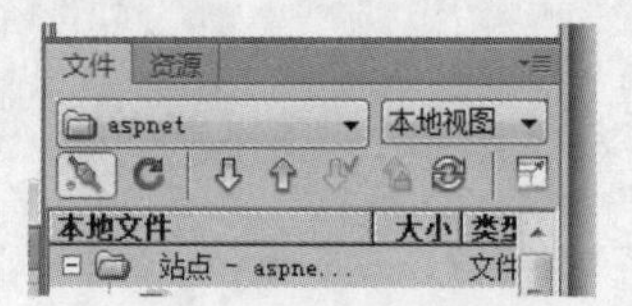

图2.25　站点建立成功

说明

在 Dreamweaver CS6“窗口”主菜单中可以设置右边的活动面板，如图 2.26 所示。

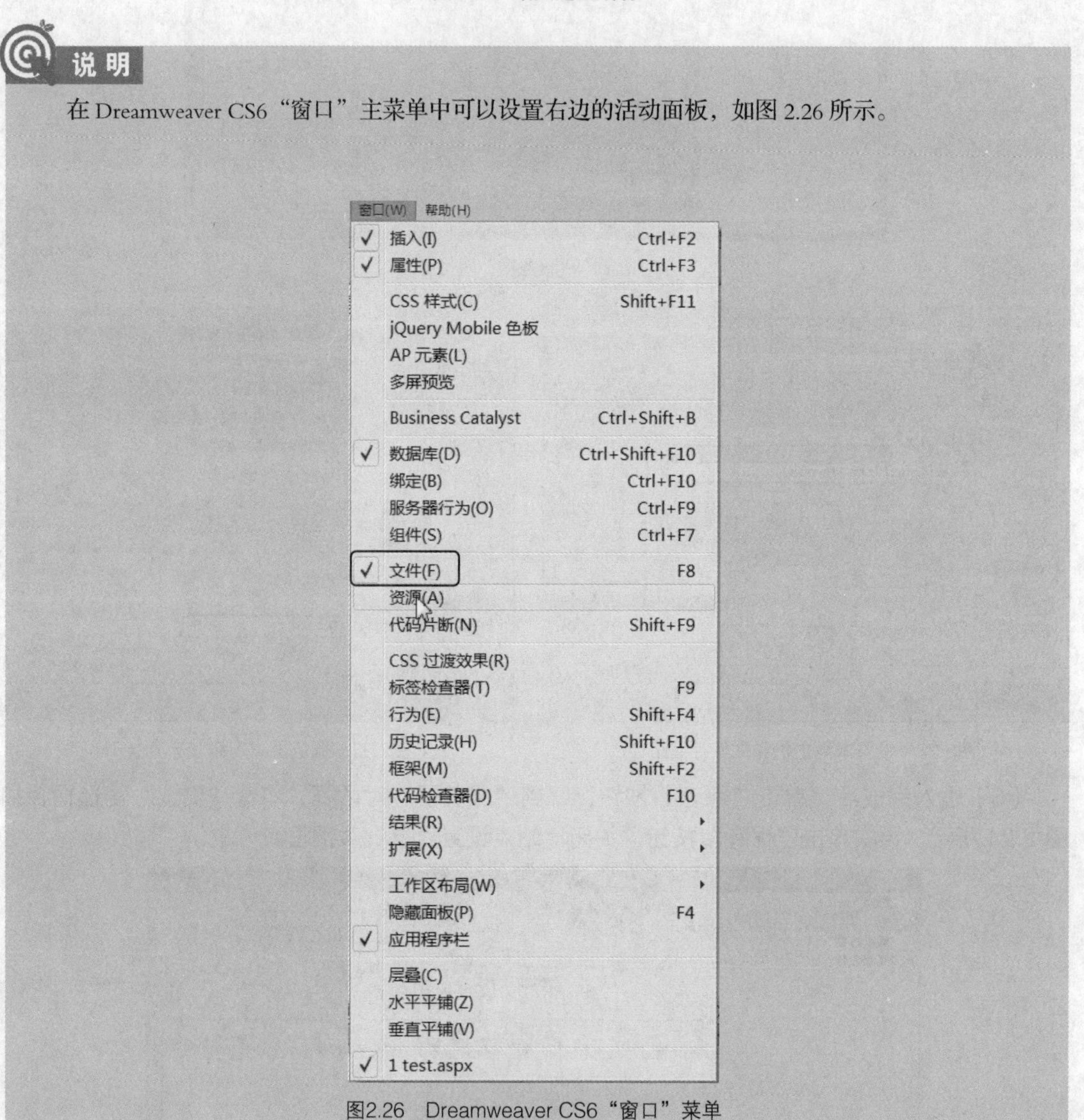

图2.26　Dreamweaver CS6“窗口”菜单

2.4.4　在 Dreamweaver CS6 中建立和运行 ASP.NET 页面

例 2-1　（test.aspx）在 Dreamweaver CS6 中建立和运行 ASP.NET 页面

定义完站点后，就可以着手建立 ASP.NET 网页了。下面我们来建立第一个 ASP.NET 页面。

（1）选择菜单“文件”→“新建”，在弹出的“新建文档”对话框中选择左边的“空白页”，在“页面类型”中选择“ASP.NET C#”，如图 2.27 所示。

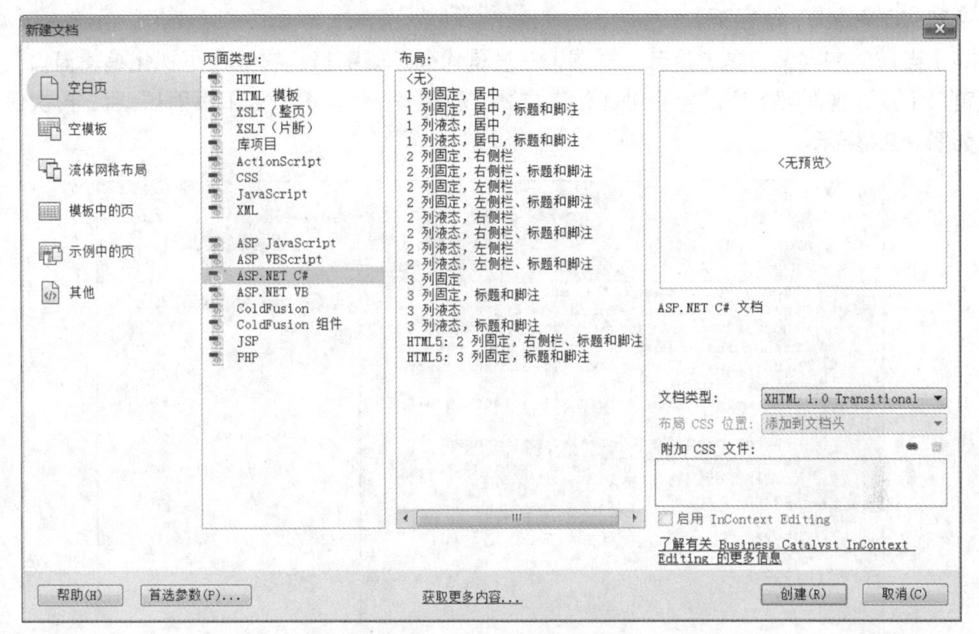

图2.27　创建ASP.NET动态网页

（2）单击对话框下部的“创建”按钮后，打开 Dreamweaver CS6 工作区，并出现一个默认名是“Untitled-1”的文件，如图 2.28 所示。

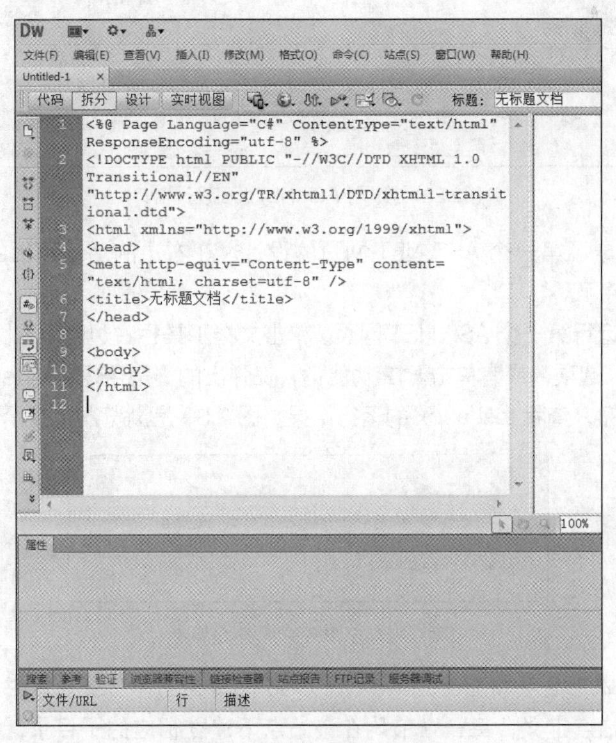

图2.28　新建的ASP.NET网页

（3）保存这个新建的 ASP.NET 文件。选择菜单“文件”→“保存”，将文件命名为 test.aspx，并保存到“D:\book”路径下。

（4）当前的文档窗口是“拆分”视图，左边是代码编辑窗口，右边是可视化编辑窗口。单击右边窗口（设计视图部分）的空白处，输入文本“这是第一个 ASP.NET 页面！”后，再次保存文件，如图 2.29 所示。

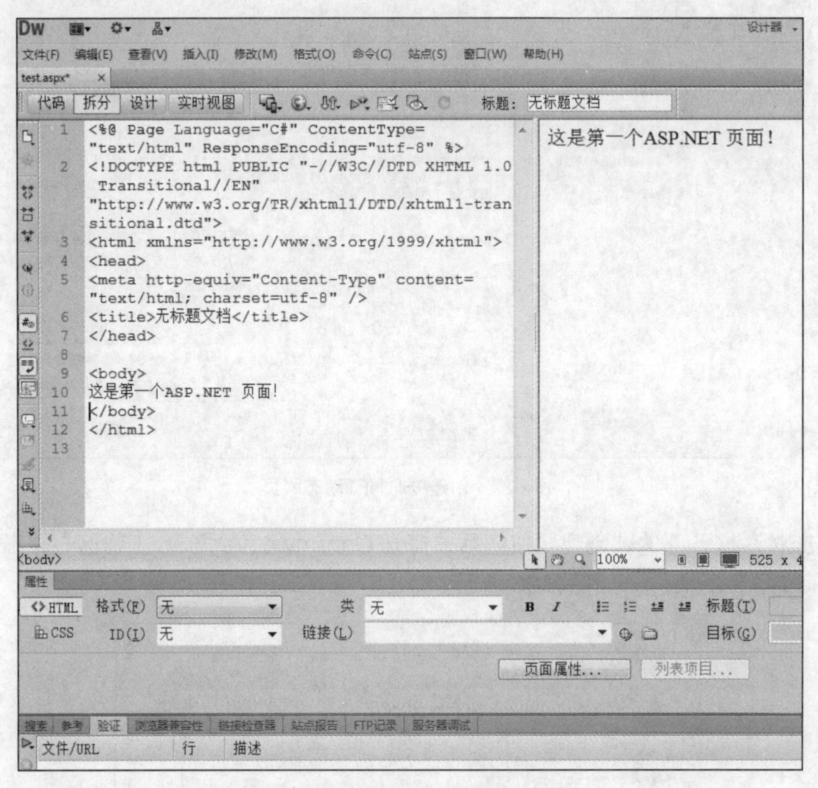

图2.29　第一个ASP.NET页面设计窗口

至此，我们就完成了第一个 ASP.NET 网页的设计。在右边的活动面板的“文件”选项卡中，已出现 test.aspx 文件了。

（5）下面测试和运行第一个 ASP.NET 网页。单击文档工具栏右边的地球图标，在下拉菜单中选择“预览在 IExplore”选项，或者单击 F12 功能键，在弹出的“是否保存对 test.aspx 的更改”窗口中选择“是（Y）”按钮，查看 test.aspx 的运行结果。图 2.30 是浏览器中显示的网页内容。

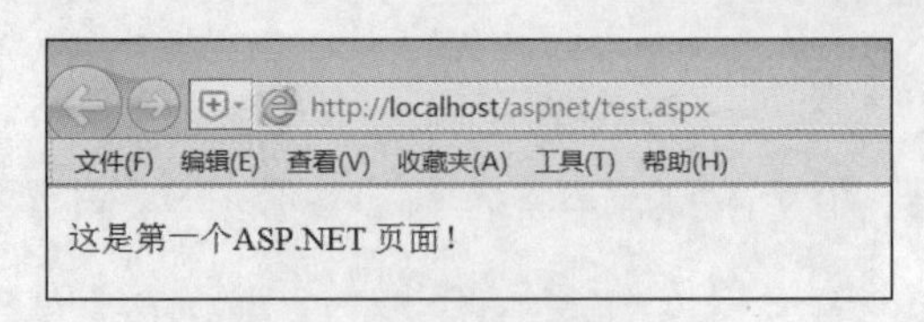

图2.30　test.aspx的运行结果

为了叙述方便，本书之后将 Dreamweaver CS6 简写为 DW CS6。本书后续章节的实例均以刚建立的 aspnet 为站点定义，每一章节均在该站点下建立相应的子目录，各章节的实例均放在相应子目录中。

实训

本章的实训内容主要是建立 ASP.NET 的运行和编辑环境。具体包括以下几项任务。

1. 在 Windows 7 操作系统中配置 ASP.NET 运行环境。
2. 在 IE 中输入 http://localhost，看能否打开欢迎页面。
3. 在 IIS 中建立应用程序。

（1）建立以自己名字命名的文件夹，作为本课程的学习目录；

（2）在 IIS 中添加一个“应用程序”，以第（1）步建立的文件夹为物理路径，应用程序的别名用姓名的拼音命名；

4. 安装 Dreamweaver CS6。
5. 安装 Adobe Extension Manager CS6，并安装 ASP.NET 插件。
6. 在 Dreamweaver CS6 中建立站点。

习题

1. ASP.NET 与 ASP 有何区别?
2. ASP.NET 网站运行环境有哪些?
3. 如何检测 IIS 是否安装成功?
4. ASP.NET 文本编辑工具有哪些?

Chapter 3

第 3 章 HTML 语言基础

本章导读：

HTML 是 HyperText Markup Language 的缩写，中文译名是超文本标记语言。HTML 是静态网页的描述语言，是网页制作的基础。HTML 是在普通文本文件的基础上，加上一些标记来描述网页的字体、大小、颜色、图像、声音等，再通过浏览器的解释，显示成精彩的网页。HTML 不是程序语言，与 VB、C++等编程语言有着本质上的区别，它只是标记语言，只要学会各种标记的用法，就能够掌握 HTML 语言。

本章要点：

- HTML 语言的基本概念
- 静态网页和动态网页的区别
- HTML 的文件结构
- HTML 中的主要标记

3.1 HTML 语言

超文本标记语言（Hyper Text Markup Language，HTML）是网页设计的基础，用 HTML 编写的超文本文档称为 HTML 文档，自 1990 年以来，HTML 就一直被用作 World Wide Web 上的信息表示语言。

3.1.1 静态页面和动态页面

1. 静态网页

（1）概况：纯粹 HTML 格式的网页，早期的网站一般都是由静态网页制作的。静态网页的网址形式通常为：www.example.com/eg/eg.htm，也就是以.htm、.html、.shtml、.xml 等为后缀的。在 HTML 格式的网页上，也可以出现各种动态的效果，如.GIF 格式的动画、Flash、滚动字幕等，但这些“动态效果”只是视觉上的，存在这些“动态效果”的 HTML 页面，仍然是静态网页。

（2）特点：

① 静态网页是事先编写好的，网页内容一经发布到网站服务器上，无论是否有用户访问，每个静态网页的内容都是保存在网站服务器上不变的；

② 静态网页的内容相对稳定，因此容易被搜索引擎检索到；

③ 静态网页没有数据库的支持，在网站制作和维护方面工作量较大，因此当网站信息量很大时完全依靠静态网页制作方式将比较困难；

④ 静态网页的交互性较差，在功能方面有较大的限制。

2. 动态网页

（1）概况：动态网页与静态网页不同，是不仅具有 HTML 标记，而且含有程序代码，要与数据库连接的网页。常见的动态网页是以.asp、.aspx、.jsp、.php 等为后缀。

（2）特点：

① 动态网页的页面内容是在服务器上运行后生成的，不是事先编写好的；

② 动态网页常常以数据库技术为基础；

③ 动态网页的交互性较好，采用动态网页技术的网站可以实现更多的功能，如用户注册、用户登录、在线调查、用户管理、订单管理等。

综上所述，根据网页代码是事先编写好的还是在服务器端运行生成的，是判断是静态网页还是动态网页的重要标志。

静态网页和动态网页各有特点，网站中采用动态网页还是静态网页主要取决于网站的功能需求和网站内容的多少，如果网站功能比较简单，内容更新量不是很大，采用纯静态网页的方式会更简单，反之则要采用动态网页技术来实现。在同一个网站上，动态网页内容和静态网页内容同时存在也是很常见的。

3.1.2 标记

1. 标记的概念

标记是 HTML 中用于描述功能的符号。如<Html>、<Body>、<Table>等。

标记常由起始标记和结束标记组成，如<Html>…</Html>。无斜杠的标记表示该标记的作用开始，有斜杠的标记表示该标记的作用结束。如<Table>表示一个表格的开始，</Table>表示一个表格的结束。起始标记一般必须和结束标记配对使用，但有些标记可以省略结束标记，如：
、<Img>、<Input>等。

标记可以嵌套，即标记内可以包含标记，如：表格中包含表格或其他标记。但是标记不能交叉嵌套，如下面这样的代码是错误的，例：

```
<Div><Span>这是不正确的代码</Div></Span>
```

正确的写法应该是：

```
<Div><Span>这是不正确的代码</Span></Div>
```

标记的大小写作用相同，如<TABLE>和<table>都是表示一个表格的开始。HTML 语言对大小写是不敏感的。

标记在使用中必须用一对尖括号“<>”括起来，而且标记名与小于号之间不能留有空白字符。

为了养成良好的编码风格，在编写 HTML 文件时，可以先将标记成对列出，再将内容插入起始标记后。

2. 标记的属性

在开始标记中，往往用一些属性进一步描述标记的功能。如：段落标记<P>，它的语法格式是：

```
    <p align="left|center|right" class="type">
```

上面的代码说明<P>标记有两个属性，即“align”和“class”，其中“align”用于定义段落的位置是靠左、靠右还是居中，默认值是靠左；而“class”则是定义所属的类型。在实际应用时可以没有“align”和“class”参数，会按照默认情况显示。在设置标记的属性值时，若取默认值不影响效果或影响很少，就尽量取默认值，这样可以不用设置属性，从而达到减少代码的目的。

HTML 中标记的属性值加或不加西文引号，浏览器都能接受。在 Dreamweaver 自动生成的 HTML 代码中，属性值都是有引号的。本书采用有引号的写法。如以下语句使段落内容居中：

```
<p align="center">段落内容居中示例</p>
```

3. 常见的 HTML 标记

（1）<html>…</html>标记

一个 HTML 文件，无论是简单的还是复杂的，都是以<html>开头，以</html>结尾。<html>标记还指出了本文件是 HTML 文件，当浏览器遇到<html>标记时会按照 HTML 标准解释后面的文本，直到遇到结束标记</html>才停止解释。提示：HTML 语言属于解释性语言，不需要经过编译，直接用浏览器就可以执行其代码。

（2）<head>…</head>标记

<head>和</head>构成了 HTML 文件的开头部分，在此标记对之间可以使用<title>…</title>、<script>…</script>等标记对，描述网页标题或者其他不在网页上显示的某些信息。

（3）<title>…</title>标记

<title>标记用于设置浏览器窗口标题栏中显示的文本信息，这些信息一般是网页主题。注意：

<title>…</title>标记对只能放在<head>…</head>标记对之间。

（4）<body>…</body>标记

<body>…</body>是 HTML 文件的主题部分，之间可以定义多种标记。同时<body>也有很多属性，下面列出一些常用属性。

① 背景颜色 bgcolor <body bgcolor="颜色代码">

② 背景图案 background <body background="图形文件名">

③ 设定背景图案不会卷动 bgproperties <body bgproperties=fixed>

④ 文件内容文字的颜色 text <body text="颜色代码">

⑤ 超链接文字颜色 link <body link="颜色代码">

⑥ 正被选取的超链接文字颜色 vlink <body vlink="颜色代码">

⑦ 已链接过的超链接文字颜色 alink <body alink="颜色代码">

（5）<!--注释内容-->

<!--标记表示注释的开始，-->标记表示注释的结束。

注释的功能是为了方便设计和供他人阅读，在浏览器处理 HTML 文件时，将忽略注释标记以及注释内容。

3.1.3　文件结构

一个完整的 HTML 文件由标题、段落、表格和文本等各种嵌入的对象组成，这些对象统称为元素，HTML 使用标记来分隔并描述这些元素。实际上整个 HTML 文件就是由元素与标记组成的。

例 3-1　（3-1.html）HTML 文件的基本结构。

（1）启动 DW CS6，在“D:\Book\HTML”目录下新建一个 HTML 页面，将其命名为 3-1.html，并将文档窗口切换到“代码”视图，在<body>和</body>间录入“这是一个基本的 HTML 网页”，并在标题栏输入“HTML 文件的基本结构”，如图 3.1 所示。

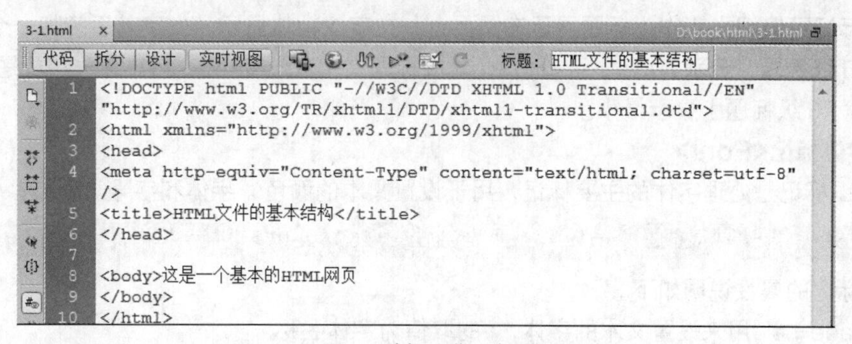

图3.1　例3-1代码窗口

（2）录入完毕，重新保存。单击文档工具栏右边的地球图标，选择在浏览器中预览，运行结果如图 3.2 所示。

图3.2　例3-1的运行结果

可以看出：

（1）HTML 文件主要由<Html>、<Head>、<Title>和<Body>四类标记组成。

（2）整个文件处于标记<Html>与</Html>之间。<Html>内的文件分成两部分，<Head>标记内的部分称为文件头，<Body>标记内的部分称为文件体。

（3）<Title>标示的是网页文件的标题。起始标记和结束标记之间的文字显示在浏览器顶部的标题栏上。

（4）<Body>标记中的文件体显示在浏览器的窗口中，是网页的核心部分。HTML 语言中的大部分标记都是用于在文件体中定义显示的内容及其格式。

3.2 静态网页基础

3.2.1 网页中的字体

文本是网页的基础，网页中的文本可以通过标记设置字体、大小、颜色等信息。

1. 字型标记

字型是指文本的加粗、倾斜、下划线、上标和下标等风格。

以下是字型标记：

- <B>…</B> 粗体标记
- <I>…</I> 斜体标记
- <U>…</U> 下划线标记
- […] 下标标记
- _… 上标标记

2. 标题标记

标题标记可以把文字作为标题显示在网页上，文字以粗体显示，文字前后各加一个空行。

共有 6 级标题，分别为<H1>至<H6>，对应标题文字逐渐变小。<H1>（一级标题）显示最大，<H6>（6 级标题）显示最小。

3. 字体标记<Font>

<Font>标记是处理字体的主要标记，用于设置文本的颜色、字体和字号。例如：

```
<font face="Arial" size="+2" color="#008000">设置字体格式</font>
```

字体标记的属性说明如下。

（1）face="#" 用来设置文本的字体，#的取值为字体名称。

（2）size="n" 用来设置文本的字号。*n* 的取值为 1～7，数值越大，字体越大。*n* 的取值也可以带“+”“–”符号，使浏览器修改字体的相对大小。

（3）color="#008000"用来设定文本的颜色。#008000 表示绿色。

HTML 中，颜色有两种表示方法：预定义的色彩名称，如 color="black"；十六进制的 RGB 值。注意，在 RGB 值前要加#号，如#000000 代表黑色。

字体标记只影响所标示范围内的字句。

例 3-2 （3–2.html）HTML 文件中的标题标记。

（1）启动 DW CS6，在“D:\Book\HTML”目录下新建一个 HTML 静态网页，将其命名为 3-2.html，并将文档窗口切换到“代码”视图。在标记<body>和</body>之间，录入如下代码：

```
<font size=7 color=red face=隶书>这是红色隶书</font>
```

（2）录入完毕，重新保存，如图 3.3 所示。单击文档工具栏右边的地球图标，选择在浏览器中预览，运行结果如图 3.4 所示。

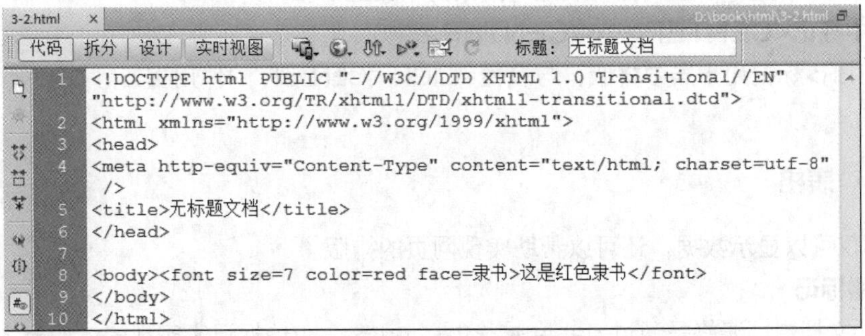

```
3-2.html ×                                              D:\book\html\3-2.html
代码 | 拆分 | 设计 | 实时视图 |                    标题: 无标题文档
1  <!DOCTYPE html PUBLIC "-//W3C//DTD XHTML 1.0 Transitional//EN"
   "http://www.w3.org/TR/xhtml1/DTD/xhtml1-transitional.dtd">
2  <html xmlns="http://www.w3.org/1999/xhtml">
3  <head>
4  <meta http-equiv="Content-Type" content="text/html; charset=utf-8"
   />
5  <title>无标题文档</title>
6  </head>
7
8  <body><font size=7 color=red face=隶书>这是红色隶书</font>
9  </body>
10 </html>
```

图3.3　例3-2代码浏览器中预览

这是红色隶书

图3.4　例3-2的运行结果

3.2.2　网页的排版

HTML 中，网页的排版可以通过段落、换行、居中等功能实现。

1．段落标记<P>

<P>用于分段，并且在前段与后段之间留一空白行。段落标记<P>可以不需要结束标记</P>。

<P>的常用参数：<p align="center">

属性 align 用于表示对齐方式，可选值有 right、left、center。Align 的默认值是"left"。

**2．换行标记
**

用于换行。与段落标记<P>的区别在于，
不会产生空行。段落标记
也可以不需要结束标记</BR>。

浏览器会自动忽略源代码中空白和换行的部分，无论在源代码中编好了多漂亮的文章，若不适当地加上换行标记或段落标记，浏览器只会将它显示成一大段。因此，为了在网页显示中能达到换行目的，常常使用
标记。

3．水平线标记<HR>

<HR>标记在网页上插入一条水平线，同时产生分段。水平线标记<HR>也可以不需要结束标记</HR>。

<HR>标记有一些属性，如：<HR align="LEFT" size="2" width="70%" color="#0000FF" noshade>

<HR>标记的属性说明如下。

（1）align="left|right|center"对齐方式，默认为"left"。

（2）size="n"设定线条粗细，以像素为单位。

（3）width="70%" 设定线条宽度，可以是绝对值（以像素作单位）或相对值，表示占屏幕宽度的百分数。

（4）color="#0000FF" 设定线条颜色，默认为黑色。

（5）noshade 为布尔型属性，设定时线条为平面显示。

4. 居中标记<CENTER>…</CENTER>

<CENTER>标记用于居中排版，与属性 ALIGN="CENTER"的作用相当。<CENTER>标记需要配对使用。

3.2.3 表格

表格不仅可以显示数据，还可以帮助实现网页的排版。

1. 表格标记

在 html 文档中，表格是通过<table>、<th>、<tr>、<td>标记来实现的，如表 3.1 所示。

表 3.1 表格标记

标　签	描　述
<table>…</table>	用于定义一个表格开始和结束
<th>…</th>	定义表头单元格。表格中的文字将以粗体显示，在表格中也可以不用此标记，<th>标记必须放在<tr>标记内
<tr>…</tr>	定义行标记，一组行标记内可以建立多组由<td>或<th>标记所定义的单元格
<td>…</td>	定义单元格标记，一组<td>标记将建立一个单元格，<td>标记必须放在<tr>标记内

在一个最基本的表格中，必须包含一组<table>标记，一组<tr>标记和一组<td>或<th>标记。

2. 表格标记<table>的属性

表格标记<table>有很多属性，最常用的属性如表 3.2 所示。

表 3.2 <table>标记的属性

属　性	描　述
width	表格的宽度
height	表格的高度
align	表格在页面的水平摆放位置
background	表格的背景图片
bgcolor	表格的背景颜色
border	表格边框的宽度（以像素为单位）
bordercolor	表格边框颜色
cellspacing	单元格之间的间距
cellpadding	单元格内容与单元格边界之间的空白距离的大小

3. <TR>标记

<TR>表示表格中的行。<TR>标记可以和结束标记</TR>配对使用，也可以不要结束标记。

<TR>的部分属性：

- bgcolor 设置表格行的背景颜色，
- align 设置表格行中数据的水平对齐方式
- valign 设置表格行中数据的垂直对齐方式，有三种垂直对齐方式：
- valign="top"设置单元格中的元素垂直方向顶部对齐
- valign="middle"设置单元格中的元素垂直方向居中对齐
- valign="bottom"设置单元格中的元素垂直方向底部对齐

4. <TD>标记

<TD>表示单元格。类似<TR>。<TD>标记可以和结束标记</TD>配对使用，也可以不要结束标记。

<TD>的部分属性：

- height 设置单元格的高度
- width 设置单元格的宽度
- align 设置单元格中的元素水平对齐方式
- valign 设置单元格中的元素垂直对齐方式
- bgcolor 设置单元格的背景颜色
- rowspan 设置单元格跨越的行数，用于垂直方向合并单元格
- colspan 设置单元格跨越的列数，用于水平方向合并单元格

5. DW CS6 中的表格制作

在 DW CS6 的文档窗口中，将光标移到设计视图或拆分视图的设计窗口。从“插入”菜单选择“表格”菜单项，在出现的“表格”对话框中可以指定表格的行数、列数、表格宽度等，如图 3.5 所示。

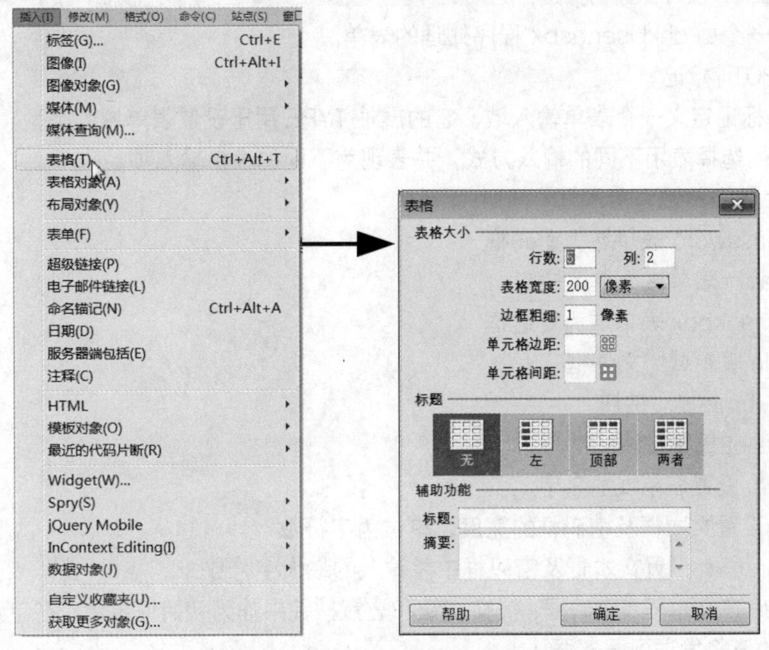

图3.5 DW CS6中的“表格”对话框

通过 DW CS6 的属性面板也可以对表格进行修改和设置。属性面板的控制对象由选中的对象决定，在属性面板可以修改表格信息。

3.2.4 表单

表单可以用来将用户数据从浏览器传递给万维网服务器，是实现信息交互的重要方法。

1. <FORM>标记

<FORM>称为表单标记，它是一个容器标记，里面可以放置许多输入表单项，用于收集信息。<INPUT>便是其中的一个，用以设定各种输入资料的方法。

<FORM>标记的格式为：

```
<FORM ACTION="url" METHOD="#">
   <INPUT TYPE="#">
   ……
</FORM>
```

<FORM>和</FORM>要成对出现，结束标记</FORM>不能省略。

（1）Action 和 Method 属性

<FORM>标记中有两个重要的属性：Action 和 Method，含义如下：

ACTION="url" 设置一个接受和处理数据的程序或 URL。

METHOD="# " 设置提交数据的方法 get 或 post。

例如：

```
<form action="chkUser.aspx" method="post">
   ……
</form>
```

表示发送一个由 chkUser.aspx 程序处理的表单。

（2）<INPUT>标记

<INPUT>标记定义一个表单输入域，它的属性 TYPE 用于设置表单域的类型。TYPE 有很多种选择，不同的选择表示不同的输入方式，并表现为不同的表单输入项。

- type=text 表单域为文本框
- type=password 表单域为密码框
- type=radio 表单域为单选按钮
- type=checkbox 表单域为复选框
- type=file 表单域为文件框
- type=submit 提交按钮
- type=reset 重置按钮
- name=# 设置表单域的名字
- size=n 设置文本框及密码框的宽度，单位为字符数
- maxlength=n 设置文本框及密码框中能输入的最大字符数
- value=# 在文本框、密码框、提交按钮和重置按钮中作为初始值出现；在单选按钮和复选框中，value 的值将发送到服务器

2. 文本框

HTML 的表单输入域中有两类文本框，一类是用于单行文本输入的普通文本框，type 属性的值为 text，如：

```
<input type ="text" name="user">
```

另一类是密码框，type 属性的值为 password，如：

```
<input type ="password" name="pswd">
```

3. 单选按钮

单选按钮用于在一组选项中只能选择一项的场合，type 属性的值为 radio。如：

```
性别：<input type="radio" name="sex" value="0" checked>男<p>
<input type="radio" name="sex" value="1">女<p>
```

checked 属性是布尔值，设定时表示该项被选中。在上面的语句中，“男”被预设为选中。在单选按钮中，name 属性值相同的为一组。同一组中，只能有一个选项被选中。不同组的单选按钮，每组都可以有一项被选中。value 属性值用于提交给服务器处理，如当选项为“男”时提交表单，服务器接收到的 sex 表单域的值是“0”。

4. 复选框

复选框用于在一组选项中可选择一项或多项的场合，type 属性的值为 checkbox，其余属性值类似 radio。如：

请选择你的爱好：

```
<input type="checkbox" name="hobby" value="0">看电影<p>
<input type="checkbox" name="hobby" value="1">旅游<p>
<input type="checkbox" name="hobby" value="2" checked>运动<p>
```

5. 提交按钮（submit）和重置按钮（reset）

HTML 中有两个功能固定的按钮：提交按钮和重置按钮。提交按钮的功能用于发送表单，type 属性的值为 submit。重置按钮的功能用于清除表单中已有的输入，将表单域复位到初始值，等待重新输入，type 属性的值为 reset。如：

```
<input type="submit" value="提交">
<input type="reset" value="重置">
```

value 值用于设定按钮的面板文字。

6. 下拉菜单

下拉菜单，又称下拉列表。标记<SELECT>…</SELECT>定义一个下拉菜单，标记<OPTION>定义其中的一个菜单项。

如：

```
请选择你的专业：
        <select name="major">
          <option value="0">计算机
          <option value="1">电子
          <option value="2">经济
```

```
            </select>
    你想学哪些课程:
            <select name="course" multiple size="2">
              <option value="website">网页设计
              <option value="asp.net">ASP.NET 动态网页制作
              <option value="access">ACCESS 数据库原理与应用
              <option value="flash">FLASH 制作
             </select>
```

<SELECT>的部分属性：

- name 设置下拉菜单的名字
- multiple 布尔型值，设定时下拉菜单可以多选，否则仅能选一条
- size 设置带滚动条的下拉菜单选择栏中一次可见的列表项条数

<OPTION>的属性主要有：

- value 用户选择菜单项后传送给服务器的值
- selected 布尔型值，设定时选项被预置选中

7. 多行文本框

网页上经常需要收集或显示大段的文字，如用户的意见、建议，这时单行文本框不能满足要求。HTML 中提供了多行文本框<TEXTAREA>标记，来实现多行文本内容的处理。如：

```
<textarea rows="5" cols="30" name="idea">请在这里输入你的意见</textarea >
```

<TEXTAREA>标记需要和结束标记</TEXTAREA>成对使用。

<TEXTAREA>的部分属性有：

- name 设置多行文本框的名字
- rows 设置多行文本框显示的行数，当输入内容超过这个行数时，多行文本框会出现垂直滚动条
- cols 设置多行文本框显示的列数，当输入的内容超过这个列数时，多行文本框会出现水平滚动条

例 3-3 （3–3.html）DW CS6 中的表单制作。

制作如图 3.6 所示的“学生学习情况调查表”静态页面，需要综合使用表格和表单相关技术。其中表格的制作可以参考 3.2.3 节。这里重点介绍一下如何使用 DW CS6 制作表单。

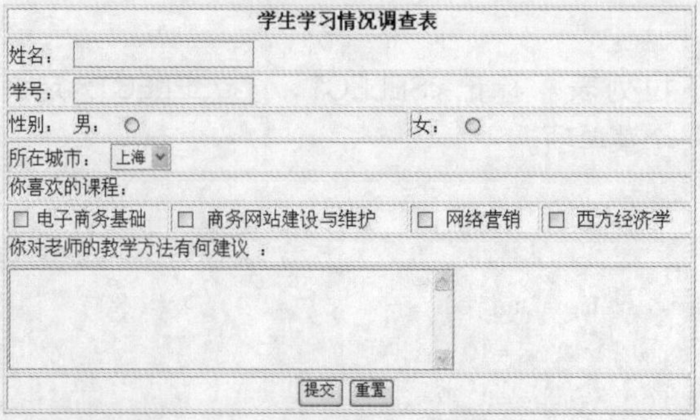

图3.6 学生学习情况调查表

在 DW CS6 的“插入”菜单的“表单”项中，含有上面介绍的常用 HTML 表单域，如图 3.7 所示。

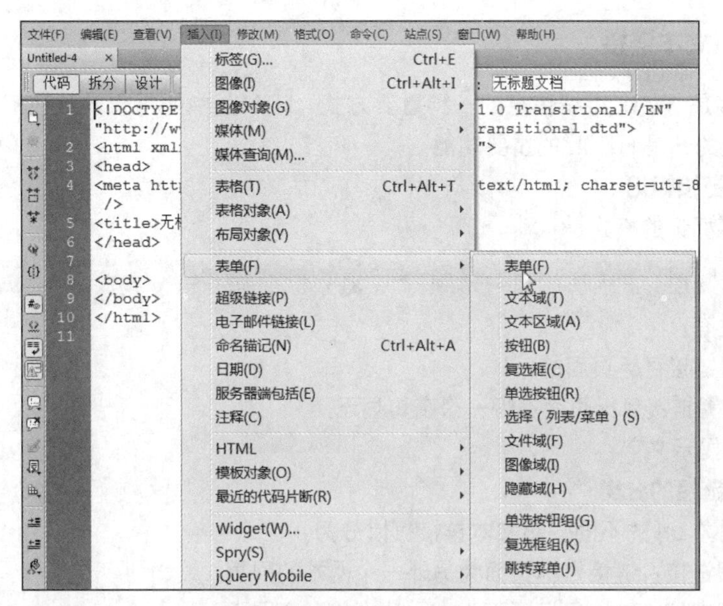

图3.7　DW CS6中的“表单”菜单

下面介绍如何使用 DW CS6 来制作图 3.6 所示的表单。

（1）启动 DW CS6，在“D:\book\HTML”目录下新建一个 HTML 静态网页，将其命名为 3-3.html，将光标移到设计窗口中，单击“插入”→“表单”→“表单”，在文档中插入一个表单标签。<FORM>是个容器，表单域必须放在表单中，才能接收用户的输入并提交给服务器处理，因此，在插入表单域之前，要先增加表单标签，然后在表单域内参考 3.2.3 节绘制表格，搭建网页基本框架。

（2）制作“姓名”和“学号”两个问题项后的文本输入框。单击“插入”→“表单”→“文本域”，分别插入两个文本域，同时可以在文本域属性窗口分别对“姓名”和“学号”后的两个文本域的名称、字符宽度、类型和初始值进行设置。

（3）制作“性别”问题项后的单选按钮。单击“插入”→“表单”→“单选按钮”，可以分别插入“男”“女”后的单选按钮，同时可以在单选按钮属性窗口分别对“男”和“女”后的两个单选按钮的名称、选定值、初始状态进行设置。

（4）制作“所在城市”问题项后的列表菜单。单击 “插入”→“表单”→“选择（列表/菜单）”，可以插入列表菜单，同时可以在列表菜单属性窗口对列表/菜单的名称、类型、列表值和初始列表值进行设置。

（5）制作“你喜欢的课程”问题项后的复选框。单击“插入”→“表单”→“复选框”，可以插入复选框，同时可以在复选框属性窗口对复选框的名称、选定值、初始状态进行设置。

（6）制作“你对老师的教学方法有何建议”问题项后的文本区域。单击 “插入”→“表单”→“文本区域”，可以插入文本区域，同时可以在文本区域属性窗口对文本区域的名称、字符宽度、行数、类型和初始值进行设置。

（7）制作“提交”和“重置”按钮。单击“插入”→“表单”→“按钮”，可以分别插入“提交”和“重置”按钮，同时可以在按钮属性窗口对按钮的名称、值、动作进行设置。至此“学生学习情况调查表”静态网页制作完毕。

3.2.5 超文本链接

超文本链接是 Web 组织信息的一种重要方式。HTML 中的超文本链接标记是一个简单的 <a>，但是实现的却是 HTML 的重要功能。

1. 超文本链接标记

超文本链接标记的格式是：

```
<a href="url" target="#" title="#">链接文字</a>
```

主要的属性有：

- href 设置链接目标页面的 url
- target 设置链接目标页面在哪一个窗口显示
- title 设置提示文字

2. 超文本链接的分类

按照链接对象 url 的不同，超文本链接可以分为：

（1）外部超链接：链接目标页面为另外一个网站的网页

（2）内部超链接：链接目标页面为本网站内的一个网页

（3）页内超链接：链接目标页面为页内的一个锚点（书签）

3. 内部超链接

对于内部超链接，采用相对路径的方法来定义 href。根据链接目标页面与当前网页的目录关系，href 的值有几种不同的写法。

- 链接同一目录内的网页文件：

```
<a href="目标文件名">链接文字</a>
```

- 链接上一级目录中的网页文件：

```
<a href="../目标文件名">链接文字</a>
```

- 链接下一级子文件夹中的网页文件：

```
<a href="子文件夹名/目标文件名">链接文字</a>
```

- 链接同级的其他目录中的网页文件：

```
<a href="../同级目录名/目标文件名">链接文字</a>
```

3.2.6 网页中的图像

图像是网页中最主要的元素之一，图像不但能美化页面，与文本相比更加能够直观地表达设计者的意图。

1. Web 上的图像格式

Web 上的图像的特点是压缩和跨平台，GIF 和 JPEG 是网页中两种常见的图像格式。GIF 格式的图像最多显示 256 种颜色，它的优点是可以制作动画，有透明效果；JPEG 图像具有丰富的色彩，可以存储照片，清晰度高。值得注意的是，所有插入的图像必须位于站点目录中，否则上传网页后，该图像无法显示。

2. 图像标记<IMG>

<IMG>标记用于在网页中插入一幅图像。格式为：

```
<img src="url" height="n" width="n" alt="#" hspace="n" vspace="n">
```

<IMG>标记的主要属性有：

- src 设置图像的 url
- height 设置图像的高度
- width 设置图像的宽度
- alt 设置当浏览器不显示图像时，在图像位置显示的字符串

3.3 设计用户注册静态页面

网站建设中经常要设计注册页面，下面我们就设计一个静态的用户注册页面，在后续章节中，我们还要介绍动态的用户注册页面如何设计。

例 3-4　（3-4.html）利用表格标记和表单，设置用户注册网页。

操作步骤如下：

（1）启动 DW CS6，在“D:\book\HTML”目录下新建一个 HTML 静态网页，将其命名为 3-4.html，将文档窗口切换到“设计”视图。

（2）将光标移到设计窗口中，单击“插入”→“表单”→“表单”，在文档中插入一个表单标签。

（3）将光标移到设计窗口中代表表单的红色虚线框中，在表单中插入一个 4 行 2 列表格，并调整表格的大小，如图 3.8 所示。

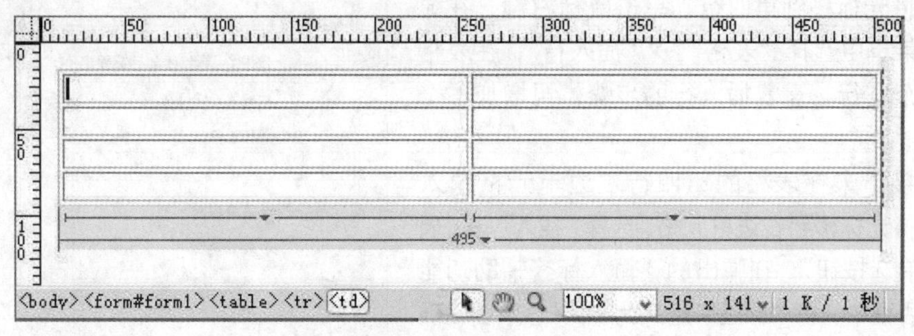

图3.8　表单中插入表格

（4）在表格的第一行第一列输入“用户注册”，选中表格的第一行，单击鼠标右键，在弹出的快捷菜单中选择“表格”→“合并单元格”，如图 3.9 所示，将表格第一行的两列合并为一列。在单元格的“属性”面板中，将水平对齐方式设为“居中对齐”，如图 3.10 所示。

（5）在表格第二行左边的单元格输入“姓名：”，将光标移到右边的单元格。选择“插入”→“表单”→“文本域”选项，弹出如图 3.11 所示的“输入标签辅助功能属性”对话框。在对话框的样式中选择“无标签标记”，单击“确定”按钮后，在表格右边单元格插入一个文本框。

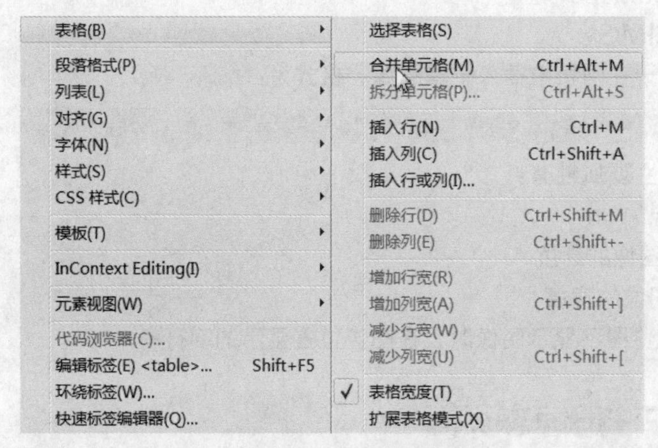

图3.9　弹出的“表格”编辑菜单

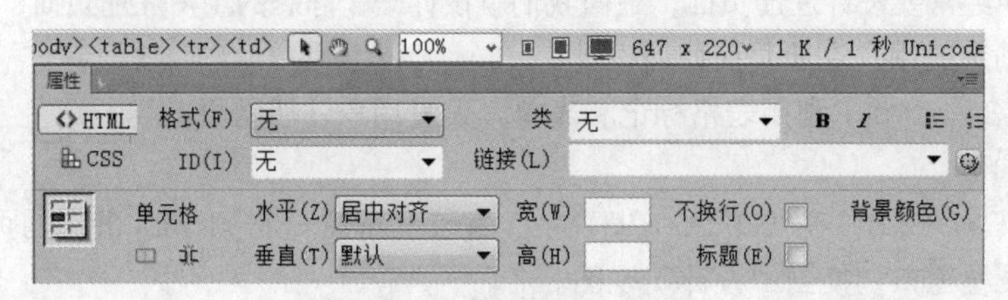

图3.10　设置单元格对齐方式

（6）在第三行左边的单元格输入“密码:”，将光标移到右边的单元格，仿照上面的步骤在右边的单元格插入一个文本框。在“属性”面板中，将文本框的类型设置为“密码”，如图 3.12 所示。

（7）将光标移到第四行，单击鼠标右键，在弹出的快捷菜单中选择“表格”→“插入行”，在表格中插入一个空行。重复插入行的步骤，再增加一个空行。

（8）接下来在表格的第四行左边单元格输入“性别:”。将光标移到右边单元格，选择“插入”→“表单”→“单选按钮”，在弹出的“输入标签辅助功能属性”对话框中，将“标签”定义为“男”，单击“确定”按钮后，插入一个单选按钮。再继续利用“插入”→“表单”菜单，插入一个标签文字为“女”的单选按钮。选中第一个单选按钮，“属性”面板变为单选按钮的属性项，将初始状态选为“已勾选”，如图 3.13 所示。

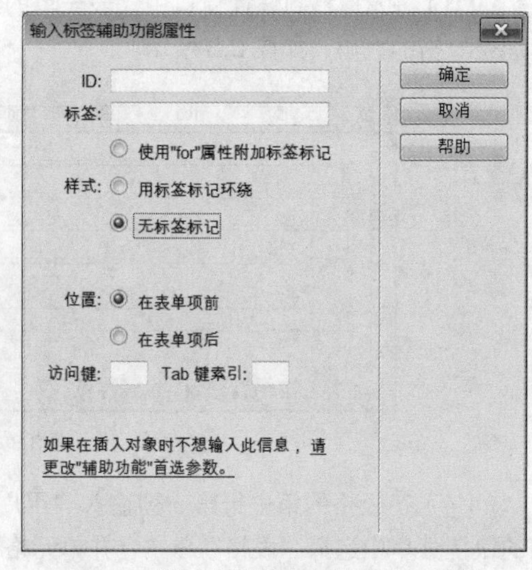

图3.11　“输入标签辅助功能属性”对话框

（9）在表格的第五行左边单元格输入“爱好:”，将光标移到右边的单元格，选择“插入”→“表单”→“复选框”，在弹出的“输入标签辅助功能属性”对话框中，设置标签文字为“运动”。以同样的方式，再插入两个复选框，标签文字分别设置为“旅游”和“阅读”。

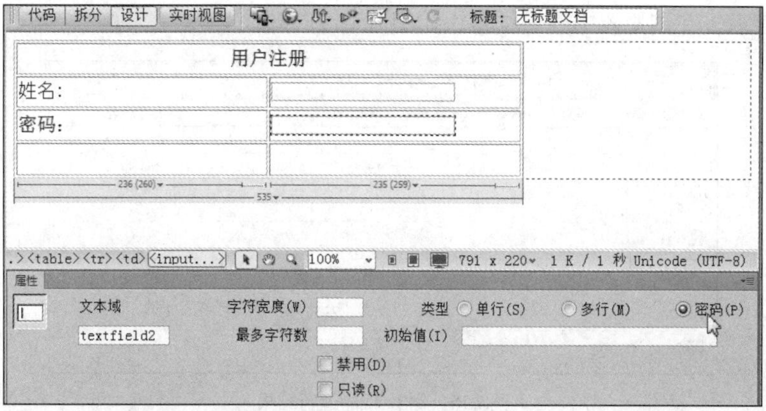

图3.12　设置密码框

图3.13　插入单选按钮

（10）在表格的最后一行增加提交和重置按钮。将光标移到左边单元格，选择“插入”→“表单”→“按钮”，在弹出的“输入标签辅助功能属性”对话框中，直接单击“确定”按钮。以同样的方式，在右边单元格中也插入一个按钮。两个单元格的按钮最初都为“提交”按钮。选中右边单元格的“提交”按钮，“属性”面板变为按钮的属性项，将值设为“重置”，并将动作选为“重设表单”，如图 3.14 所示。

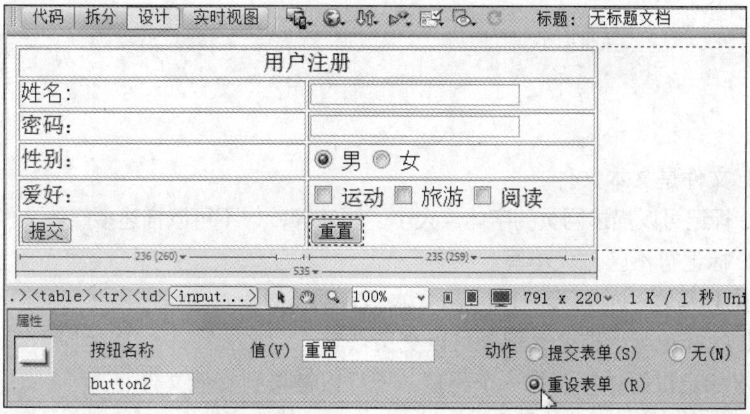

图3.14　设置按钮

（11）保存后，在浏览器中查看结果，如图 3.15 所示。

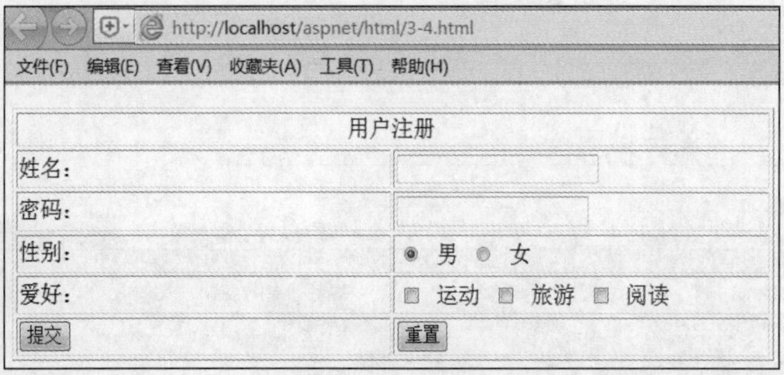

图3.15　例3-12的运行结果

实训

1. 在例 3-4 的基础上，增加两个下拉菜单标记，用于选择专业和课程；再增加一个多行文本域，用于提交用户建议，同时将表格的边框去除。效果如图 3.16 所示。

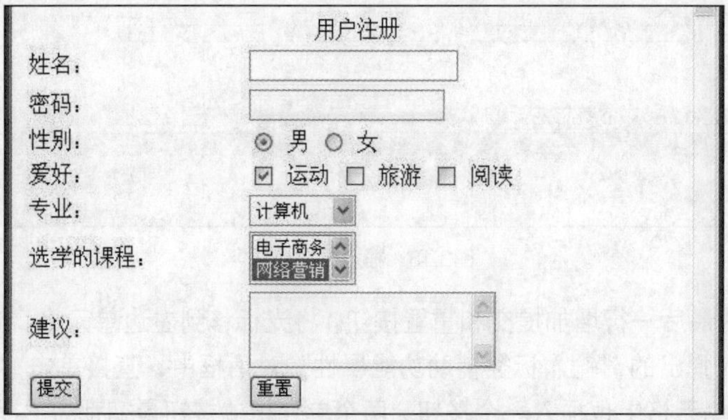

图3.16　用户注册页面的优化

2. 以一幅图片作为链接源，建立一个关于图像的链接。

习题

1. 判断题

（1）HTML 文件是文本文件。（　）

（2）HTML 标记可以描述网页的字体、大小、颜色等，但不可以描述多媒体文件。（　）

（3）HTML 标记符不区分大小写。（　）

（4）IE 浏览器是唯一的解释 HTML 超文本语言的工具。（　）

（5）HTML 的标记可以嵌套，但不可以交叉嵌套。（　）

（6）超链接标记仅能链接到另一个网页，不可以链接到其他文件。（　）

（7）静态网页是指静止不动的网页，因此，加入了动画或视频的网页属于动态网页。（　）

（8）用 HTML 语言书写的页面只有经 Web 服务器解释后才能被浏览器正确显示。（　　）

2. 如何改变有序列表条目标记?
3. 超链接标记的属性主要有哪些？它们各个取值代表的含义是什么?
4. 表格的边框尺寸由什么属性决定，试说明其使用格式。
5. 请说出常用的图像文件类型有哪几种?
6. 写出常用的两种换行标记，指出它们的区别。

Chapter 4

第 4 章 C#语言基础

本章导读：

ASP.NET 是当前主流的 Web 开发框架。ASP.NET 支持多种编程语言，如 C#、VB.NET、J#、JScript 等。C#（读作 C Sharp 或 C 井）是 ASP.NET 支持的一种重要的编程语言，在.NET 项目中应用广泛。

本章要点：

- C#的数据类型
- C#的变量和常量
- C#的运算符与表达式
- C#的分支和循环语句

4.1 数据类型

C#语言的数据类型分为两大类：值类型（value type）和引用类型（reference type）。

4.1.1　值类型

值类型用于存储值，包括简单类型（如字符型、浮点型和整数型等）、枚举类型和结构类型，如表 4.1 所示。引用类型用于存储对实际数据的引用，包括类类型、接口类型、指针类型和数组类型。

表 4.1　C#中的值类型

<table>
<tr><td rowspan="7">值类型</td><td rowspan="5">简单类型</td><td>整型</td><td>sbyte、byte、short、ushort、int、uint、long、ulong、char</td></tr>
<tr><td>浮点类型</td><td>float、double</td></tr>
<tr><td>小数类型</td><td>decimal</td></tr>
<tr><td>布尔类型</td><td>bool</td></tr>
<tr><td>字符型</td><td>char</td></tr>
<tr><td>枚举类型</td><td colspan="2">enum</td></tr>
<tr><td colspan="3">结构类型</td></tr>
</table>

1. 整型

C#中支持 9 种整型：sbyte、byte、short、ushort、int、uint、long、ulong 和 char，如表 4.2 所示。

表 4.2　整型

类型	含　义	数值范围
sbyte	有符号的 8 位整数	-128~127
byte	无符号的 8 位整数	0~255
short	有符号的 16 位整数	-32768~32767
ushort	无符号的 16 位整数	0~32767
int	有符号的 32 位整数	-2147483648~2147483648
uint	无符号的 32 位整数	0~4294967295
long	有符号的 64 位整数	-9223372036854775808~9223372036854775808
ulong	无符号的 64 位整数	0~18446744073709551615
char	无符号的 16 位整数	0~65535

字符型，也就是 char 类型，是一种特殊类型的整型，代表无符号的 16 位整数。

字符型数据实际上是单个的 Unicode 类型，字长为 16 位，可以通过三种方式为其赋值：

```
char chrTmp="A";
char chrTmp ="\x0065";        十六进制
char chrTmp ="\u0065";        unicode 表示法
```

C # 支持显式转换为 char 类型，如：

```
char chrTmp = (char)100;
```

在这些数据类型中，整型、布尔型 bool 和字符串类型 String 是非常基本的数据类型，也是本书例题中经常用到的数据类型。

字符串类型用 String 表示，C#中的字符串数据要用一对双引号引起，如"Hello World!"、"12345"。双引号里面的数据可以是任意的字母、数字、标点符号和中文。

2. 浮点型

C#支持两种浮点类型：float 和 double，它们的差别在于取值范围和精度，如表 4.3 所示。

表 4.3 浮点型

类型	取值范围	说明
float	±1.5e–45 到 ±3.4e38	单精度浮点数，精确到小数点后 7 位
double	±5.0e–324 到 ±1.7e308	双精度浮点数，精确到小数点后 15 位或 16 位

当表达式中的一个值是浮点型时，所有其他的值类型都要被转换成浮点型才能执行运算。

如果想指定某个值为 float 型，可以在其后加上字符 F（或 f），如：

```
float f = 12.3F;
```

3. 小数（decimal）类型

小数类型非常适合于金融数据和货币运算。decimal 类型的数值范围从 1.0×10^{-28}～7.9×10^{28}，精确到小数点后 28 位。与浮点型相比，decimal 类型具有更高的精度和更小的范围。

要把数字指定为 decimal 类型，可以在数字的后面加上字符 M（或 m），如：

```
decimal d=12.30M;
```

4. 布尔（bool）类型

布尔类型用 bool 表示，布尔型仅有 true 和 false 两个值，分别代表逻辑真和逻辑假。

5. 枚举（enum）类型

枚举类型的关键字是 enum，是由一组特定的常量构成的数据结构。每种枚举类型都有基础类型，该类型可以是除 char 以外的任何整型。枚举元素的默认基础类型为 int。默认情况下，第一个枚举数的值为 0，后面每个枚举数的值依次递增 1。如：

```
enum Days {Sat, Sun, Mon, Tue, Wed, Thu, Fri};
```

下面的示例声明另一整型枚举 byte：

```
enum monthnames : byte {January,February,March,April};
```

枚举数的初始值也可以改变，下面示例所示的枚举元素序列从 1 而不是从 0 开始：

```
enum Days {Sat=1, Sun, Mon, Tue, Wed, Thu, Fri};
```

6. 结构（struct）类型

使用结构类型的主要目的是创建小型的类，可以用来声明构造函数、常数、字段、方法、属性、索引、操作符和嵌套类型。结构类型的关键字是 struct，结构名一般采用大写。下面的示例是一个简单的结构声明：

```
public struct Book
{
    public string title;
    public string author;
    public int price;
}
```

表4.4 列出了C#中各种数据类型的默认值。

表4.4 各种数据类型的默认值

类 型	默认值
sbyte、byte、short、ushort、int、uint、long、ulong	0
char	'x0000'
float	0.0F
double	0.0D
decimal	0.0M
bool	False
枚举类型	0
结构类型	把所有值类型的域都设置为它们各自的默认值，把所有引用类型的域都赋为空

4.1.2 引用类型

引用类型的变量也称为对象，用于存储对实际数据的引用。C#中的引用类型主要包括：类（class）类型、接口（interface）类型、委托（delegate）类型和数组（array）类型。

1. 字符串（string）类型

字符串string是一种常用的引用类型，String类型的值可以写成字符串文字的形式。

赋值方式如下：

```
string strTmp = "this is a book.";
```

2. 数组（Array）类型

除了使用单个变量，一系列相关的数据还可以使用数组来存储。数组可分为一维数组和多维数组。常用的是一维数组。一般数组的维数不超过三维。

数组的元素类型可以是任何类型，包括数组类型。数组的元素值通过数组名和下标来访问。C#中数组元素的下标从0开始。

声明数组的方式如下：

```
int[] a;            //int型的一维数组
int[,] a;           //int型的二维数组
int[,,] a;          //int型的三维数组
int[][]a;           //int型的数组的数组
int[][][]a;         //int型的数组的数组的数组
```

4.2 变量

变量用于存储程序中需要处理或保存的数据。变量的值是可以改变的。变量有名称，通过名称来引用变量。变量还有数据类型，用来规定哪些数据可以存储在变量中。使用变量前需要声明，声明的内容包括变量的名称、类型。

4.2.1 变量的命名规则

变量的命名是有一定规则的。在 C # 中声明变量时，要遵循以下几点。

（1）变量名的第一个字符必须是字母、下划线“_”或@。

（2）其后的字符可以是字母、下划线或数字。

（3）变量中不能使用空格。

（4）不能使用保留字，如 char、int 等。

要注意的是，C#是大小写敏感的。

良好的变量命名将使变量易于记忆且程序可读性大大提高。在定义变量时，可以采取如下方式：小写前缀＋特定意义的名字。如变量名 strName 由表示字符串数据类型的缩写“str”和表示姓名的单词“Name”构成，因此，strName 是一个表示姓名的变量；同理，strPassword 是一个表示密码的变量，变量的数据类型为字符串型；intMark 是一个表示成绩的变量，变量的数据类型是整型。

4.2.2 变量的声明方法

C#中声明变量的方法是：

```
变量类型 变量名称[=初始值];
```

以下语句在声明字符串型变量 strClassName 的同时，给 strClassName 赋值课程名“ASP.NET 动态网页设计”。

```
string strClassName="ASP.NET 动态网页设计";
```

注意在 C#代码中，每行代码都应以分号结束。

4.3 运算符和表达式

表达式由变量、常量、运算符和圆括号按一定的规则组成。要掌握表达式，首先要理解运算符的使用。C#中包括如下运算符：赋值运算符，算术运算符，字符串连接运算符，比较运算符和逻辑运算符等。

4.3.1 赋值运算符

赋值运算符也就是等号“=”。如：

```
int intStudent = 50;
```

4.3.2　算术运算符

算术运算符主要有加“+”、减“－”、乘“×”、除“/”、整数除“\”、模“Mod”、乘幂“^”。

除和整数除的区别是：a/b 表示 a 除以 b 的商，结果为一浮点数；而 a\b 表示 a 除以 b 的商，结果为一整型数。

模运算 aModb，表示 a 除以 b 的余数。

乘幂运算 a^b，表示求 a 的 b 次幂。

4.3.3　字符串连接运算符

字符串连接运算符有两个“+”和“&”，为了避免与算术运算符“+”的混淆，建议进行字符串连接运算时用运算符“&”。例如：

```
string strName1,strName2;
strName1 = "ASP";
strName2 = strName1 & ".NET";
```

运算结果，strName2 的值是"ASP.NET"。

由于在动态网页编程中，经常用到字符串连接运算，因此“&”是非常重要的运算符。

4.3.4　比较运算符

常用的比较运算符有等于“=”、小于“<”、大于“>”、不等于“<>”、小于等于“<=”、大于等于“>=”。

比较运算的结果是布尔型（bool）值 true 或 false。比较对象可以是数值、字符、日期、对象。

4.3.5　逻辑运算符

常用的逻辑运算符有 And、Not、Or、Xor（异或，相异取真，相同取假）。逻辑运算的结果也是布尔型值 true 或 false。

4.3.6　条件运算符

条件运算符（?:）其实就是 if…else 的简写形式，根据布尔型表达式的值返回两个值中的一个。例如：

```
t ? x : y;
```

如果条件 t 为 true，则计算并返回 x；否则，计算并返回 y。

4.4　注释

注释是提高程序可读性、增强代码可维护性的重要手段，写注释是一种良好的编程习惯。

C#中常见的注释包括两类：“//”注释一行，“/*…*/”注释一段区域（多行）。

4.5 分支语句

C#中的分支语句有两类：if 语句和 switch 语句。

4.5.1 if 语句

if 语句是常用的判断语句。if 语句常见的几种应用格式如下。

格式 1：

一个 if 语句后跟一个可选的 else 语句，else 语句在布尔表达式为假时执行。

```
if ()                   //判断条件
{                       //如果满足判断条件，则运行这里的程序
}
else
{                       //如果不满足判断条件，则运行这里的程序
}
```

格式 2：

一个 if 语句后跟一个可选的 else if…else 语句，可用于测试多种条件。

```
if ()                   //条件判断
{                       //满足条件，运行程序
}
else if()               //判断另外的条件
{                       //满足另外的条件，则运行这里的程序
…                       //里面可以嵌套无数个 else if() {}
}
else
{}                      //上面的条件都不满足，则运行这里的程序
```

使用 if…else if…else 语句时，需要注意以下几点：一个 if 后可跟零个或一个 else，它必须在任何一个 else if 之后；一个 if 后可跟零个或多个 else if，它们必须在 else 之前；一旦某个 else if 匹配成功，其他的 else if 或 else 将不会被测试。

下面我们利用 if 语句来实现对时间的判断。

例 4-1 （4-1.aspx）利用 if 语句实现对时间的判断。

首先准备本章实例的运行环境。在学习第 2 章时已在 IIS 中为目录“D:\book”创建了应用程序，别名为“aspnet”，并在 DW 中创建了同名站点 ASPNET，指向“D:\book”。本章的实例均保存在对应文件夹的 Csharp 子目录即“D:\Book\Csharp”下。

（1）启动 DW CS6，新建一个 ASP.NET 网页，将其命名为 4-1.aspx，保存在“Csharp”子目录下。将文档窗口切换到“代码”视图。在标签<body>和</body>之间，录入如下代码：

```
<% //判断时间
   int intHour;
```

```
    intHour=DateTime.Now.Hour;

    if (intHour < 12 ) {
        Response.Write("Good Morning");
    }
    else if (intHour == 12) {
        Response.Write("Good Noon");
    }
    else if (intHour < 18) {
        Response.Write("Good Afternoon");
    }
    else {
        Response.Write("Good Evening");
    }
%>
```

代码说明：

1）上述代码中，DateTime.Now.Hour 用于获取当前机器时间的小时数。

2）Response.Write 是向浏览器输出信息时常用的语句。这里的 Response 是内置对象，Write 方法用于输出信息，要输出的信息以字符串的形式写在 Write 后的括号中。后续学习中会经常遇到该语句。

（2）录入完毕，重新保存。单击文档工具栏右边的地球图标，选择在浏览器中预览，如图 4.1 所示。

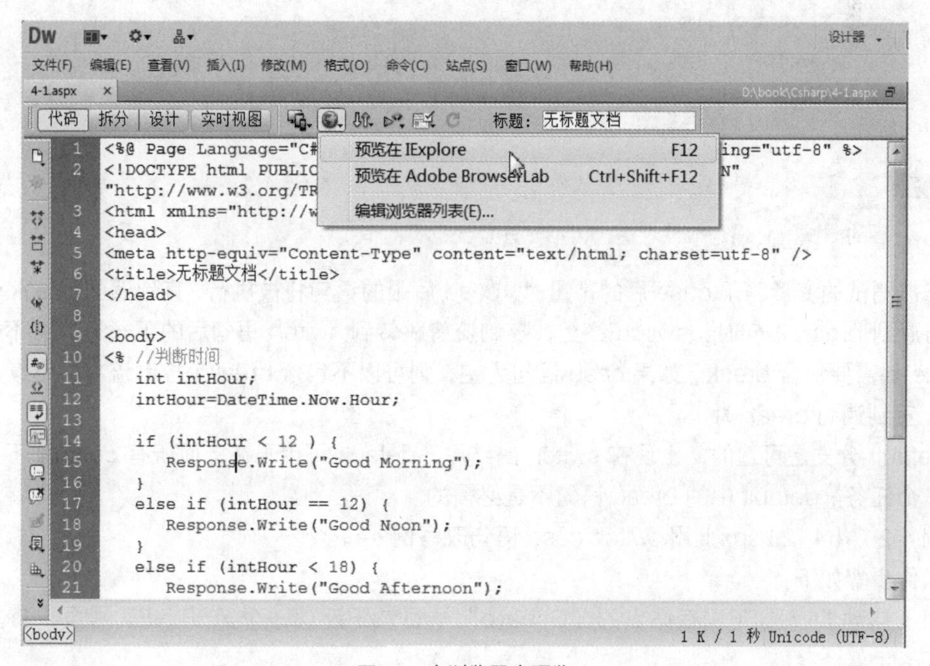

图4.1　在浏览器中预览

（3）运行结果如图 4.2 所示。

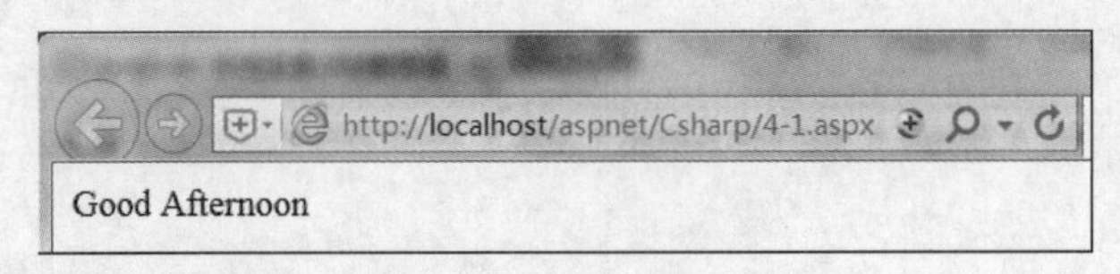

图4.2 例4-1的运行结果

4.5.2 switch case 语句

switch case 语句用于从一组互斥的分支中选择一个分支执行。在执行多重条件判断时，switch case 语句比 if 语句更加简洁、直观。

switch 语句允许测试一个变量等于多个值时的情况。每个值称为一个 case，被测试的变量会对每个 switch case 进行检查。switch case 的格式如下：

```
switch (表达式){
      case 测试值 1 :
          statement(s);
          break;
      case 测试值 2 :
          statement(s);
          break;
      ……                /*可以有任意数量的 case 语句 */
      default :         /*可选的*/
          statement(s);
          break;
}
```

注意

case 后的测试值必须是常量表达式，不允许是变量。

当被测试的变量等于 case 后的常量时，case 后跟的语句将被执行，直到遇到 break 语句为止。当遇到 break 语句时，switch 终止，控制流将跳转到 switch 语句后的下一行。并不是每一个 case 都需要包含 break。如果 case 语句为空，则可以不包含 break，控制流将会继续后续的 case，直到遇到 break 为止。

default 分支是可选的，出现在 switch 的结尾。default 可用于在上面所有 case 都不为真时执行一个任务。default 中的 break 语句不是必需的。

例 4-2 （4-2.aspx）用 switch case 语句改写例 4-1。

操作步骤如下：

（1）启动 DW CS6，在站点的“Csharp”子目录下新建一个 ASP.NET 网页，将其命名为 4-2.aspx。

图 4.3 是录入完成后 DW CS6 中的代码示意图。

```
%>
<!DOCTYPE html PUBLIC
"http://www.w3.org/TR
<html xmlns="http://w
<head>
<meta http-equiv="Content-Type" content="text/html; charset=utf-8" />
<title>无标题文档</title>
</head>

<body>
<% //判断时间
   int intHour;
   intHour=DateTime.Now.Hour;
   Response.Write("<p>下面是用switch语句实现的时间判断<p>");

   switch (intHour){
   case 0-11:
     Response.Write("上午好");
     break;
   case 12:
     Response.Write("中午好");
     break;
   case 13-18:
     Response.Write("下午好");
     break;
   default:
     Response.Write("晚上好");
     break;
   }
%>
</body>
</html>
```

图4.3　例4-2代码

（2）运行结果如图 4.4 所示。

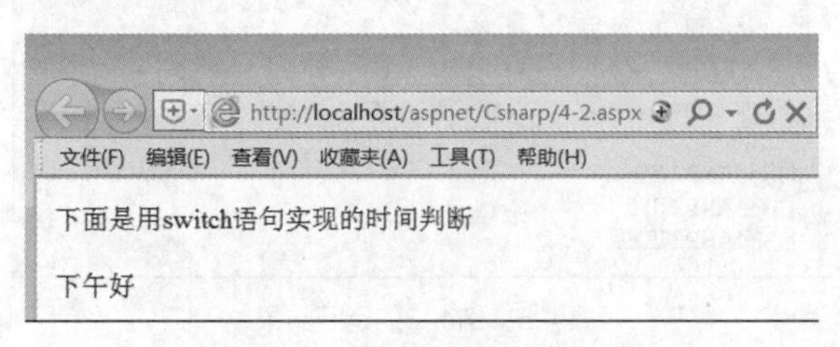

图4.4　例4-2的运行结果

4.6 循环语句

C#中有四种循环语句，分别是 for 循环、while 循环、do…while 循环和 foreach 循环。

4.6.1 for 循环

for 是一种常用的循环语句，用 for 循环可以精确地控制循环次数。它的语法格式是：

```
for ([初始化]; [循环语句]; [状态改变] ) {
循环体
}
```

例如：

```
int j=1;
for(int i=0;i<100;i++)
```

```
{
   j++;
   Console.WriteLine("i = "+i+"j = "+j);
}
```

例4-3　（4-3.aspx）用for循环输出三次问候“你好! ASP.NET”。

操作步骤如下：

（1）启动 DW CS6，在站点的“Csharp”子目录下新建一个 ASP.NET 网页，将其命名为4-3.aspx，并将文档窗口切换到“代码”视图。在标签<body>和</body>之间，录入如下代码：

```
<%
   for (int i=0;i<3;i++)
   {
      Response.Write("你好!ASP.NET<br>");
   }
%>
```

代码说明：for子句中的i是循环控制变量，用于控制输出次数。Response语句中的“
”标记用来换行。

循环控制变量的命名可以简单些，一般用单个字母表示，如i、j等。

（2）录入完毕，重新存盘。单击地球图标，在浏览器中预览。运行结果如图4.5所示。

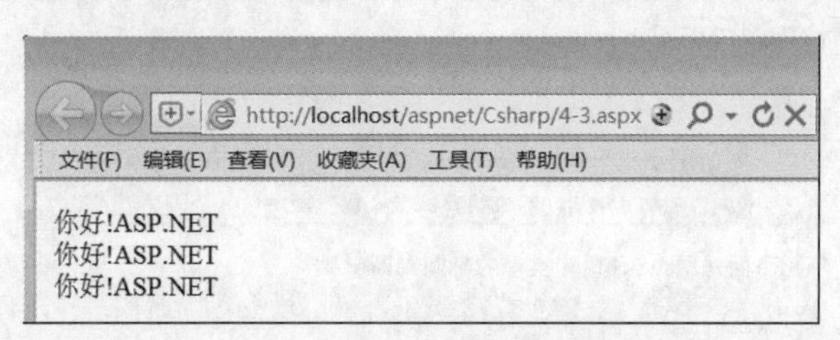

图4.5　例4-3的运行结果

4.6.2　while循环

while循环根据条件表达式的结果，重复执行一段代码，常用于不知道重复次数时的场合。它的语法格式是：

```
while (布尔表达式)  循环体
```

例如：

```
int a=1;
while (a<20)
{
      a+=a;
 }
```

例4-4　（4-4.aspx）用while循环输出5次提示信息。

操作步骤如下：

（1）启动 DW CS6，在站点的“Csharp”子目录下新建一个 ASP.NET 网页，将其命名为 4-4.aspx，并将文档窗口切换到“代码”视图。在标签<body>和</body>之间，录入如下代码：

```
<%
   int i=0;
   while (i<5) {
       i +=1;
       Response.Write(i + "这是第 " + i + "次循环<br>");
   }
%>
```

代码说明：在 Response.Write 语句中，利用字符串连接运算符“+”将循环控制变量 i 以及“这是第”“次循环”连接成一个完整的输出提示信息。

（2）录入完毕，重新存盘。单击地球图标，在浏览器中预览。运行结果如图 4.6 所示。

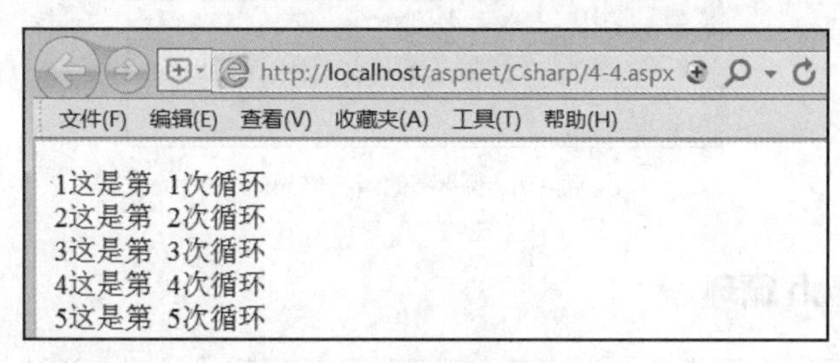

图4.6　例4-4的运行结果

4.6.3　do…while 循环

do…while 循环的格式如下：

```
do 循环体 while（布尔表达式）
```

例如：

```
int a=1;
do
{
        a+=a;
}
while(a<20);
```

do…while 循环与 while 循环类似，区别在于 do…while 循环至少执行一次循环体。

例 4-5　（4-5.aspx）利用 do…while 循环计算 1+4+7+…+300 的和。

操作步骤如下：

（1）启动 DW CS6，在站点的“Csharp”子目录下新建一个 ASP.NET 网页，将其命名为 4-5.aspx，并将文档窗口切换到“代码”视图。在标签<body>和</body>之间，录入如下代码：

```
<%
   int i=1,intSum=0;
```

```
    do{
      intSum +=i;
      i = i+3;
    }
    while (i<=300);
    Response.Write(intSum);
%>
```

代码说明：代码中声明了两个变量：循环控制变量 i 和用于保存求和结果的整型变量 intSum，并同时对两个变量赋初值。循环是从 i 的初值 1 开始一直加到最后 i≤300，加法的结果放在 intSum 中，每执行一次循环体，i 增加 3。当 i 超过 300 时，跳出循环。最后输出求和结果 intSum。

（2）录入完毕，重新存盘，单击地球图标，在浏览器中预览。运行结果如图 4.7 所示。

图4.7　例4-5的运行结果

4.6.4 foreach 循环

foreach 循环用于对数组或集合中的每个元素重复执行某段代码。语法格式如下：

```
格式：foreach （类型 标识 in 表达式） 循环体
```

循环控制变量的类型要与数组或集合的类型一致。

例 4-6　（4-6.aspx）利用 foreach 循环输出数组 intNum 中的元素。

操作步骤如下：

（1）启动 DW CS6，在站点的“Csharp”子目录下新建一个 ASP.NET 网页，将其命名为 4-6.aspx，并将文档窗口切换到“代码”视图。在标签<body>和</body>之间，录入如下代码：

```
<%
  int[] intNum=new int[]{11,12,13,14};

  foreach (int item in intNum) {
     Response.Write(item + "<br>");
  }
%>
```

代码说明：代码中声明了一个有 4 个元素的整型数组：intNum[0]=11、intNum[1]=12、intNum[2]=13、intNum[3]=14；循环控制变量 item 也是整型。循环开始时，先对数组的第一个元素执行循环体语句，即输出第一个数组元素的值。只要数组中还有其他元素，就会对每个元素执行循环体语句。当数组中没有其他元素时，程序退出循环。

（2）录入完毕，重新存盘，单击地球图标，在浏览器中预览。运行结果如图 4.8 所示。

图4.8　例4-6的运行结果

4.7　综合应用：用 C#编写乘法表

由乘法表的形式可以得出，乘法表的行与列的变化有明显的规律：乘法表的每一行中，第 1 位即被乘数是不变的，而乘数是从 1 变到 9；每一列中，第 2 位即乘数是不变的，被乘数从 1 变到 9。上述变化规律可以用循环语句实现。

例 4-7　（4–7.aspx）用 for 循环输出乘法表。

操作步骤如下：

（1）启动 DW CS6，在站点的“Csharp”子目录下新建一个 ASP.NET 网页，命名为 4–7.aspx，将文档窗口切换到“代码”视图，在标签<body>和</body>之间，录入如下代码：

```
<%
Response.Write("<table width=700 align='cener' bgcolor='skyblue' border='1'>");
//输出乘法表的表头
Response.Write("<tr>");
for (int i=1; i<=9; i++) {
  Response.Write("</tr>");
}
Response.Write("</tr>");
//输出乘法表
for (int i=1; i<=9; i++) {
  Response.Write("<tr>");
  for (int j=1; j<=9; j++) {
   Response.Write("<td>" + j + "*" + i + "=" + (i*j) + "</td>");
  }
  Response.Write("</tr>");
}
Response.Write("</table>");
%>
```

代码说明：上述代码中包含了三个 for 循环。第一个 for 循环主要是输出乘法表的第一行表头。剩下的两个 for 循环是嵌套的，其中外层的 for 循环语句的循环控制变量 i 控制乘法表行的变化，在乘法表中是作为乘数；内层的 for 循环语句的循环控制变量 j 控制乘法表列的变化，在乘法表中是作为被乘数。

乘法表中的表格，仍然是通过静态网页的表格标记实现的。由于循环语句的使用，C#设计的乘法表页面比纯 HTML 语言实现的乘法表页面，不仅代码量小而且代码的可读性大大增强。在表格标记<table>中，设置了一些属性，用于调整乘法表的输出效果。

从本例可看出，设计 ASP.NET 页面仍然需要 HTML 标记，熟练掌握一些常用的 HTML 标记，对于设计动态网页是非常有必要的。

（2）录入完毕，重新存盘。单击地球图标，在浏览器中预览。运行结果如图 4.9 所示。

http://localhost/aspnet/Csharp/4-7.aspx 无标题文档

文件(F) 编辑(E) 查看(V) 收藏夹(A) 工具(T) 帮助(H)

1*1=1	2*1=2	3*1=3	4*1=4	5*1=5	6*1=6	7*1=7	8*1=8	9*1=9
1*2=2	2*2=4	3*2=6	4*2=8	5*2=10	6*2=12	7*2=14	8*2=16	9*2=18
1*3=3	2*3=6	3*3=9	4*3=12	5*3=15	6*3=18	7*3=21	8*3=24	9*3=27
1*4=4	2*4=8	3*4=12	4*4=16	5*4=20	6*4=24	7*4=28	8*4=32	9*4=36
1*5=5	2*5=10	3*5=15	4*5=20	5*5=25	6*5=30	7*5=35	8*5=40	9*5=45
1*6=6	2*6=12	3*6=18	4*6=24	5*6=30	6*6=36	7*6=42	8*6=48	9*6=54
1*7=7	2*7=14	3*7=21	4*7=28	5*7=35	6*7=42	7*7=49	8*7=56	9*7=63
1*8=8	2*8=16	3*8=24	4*8=32	5*8=40	6*8=48	7*8=56	8*8=64	9*8=72
1*9=9	2*9=18	3*9=27	4*9=36	5*9=45	6*9=54	7*9=63	8*9=72	9*9=81

图4.9 例4-7的运行结果

实训

本章的实训内容主要是练习 C#的语法。

1. 变量创建练习

（1）分别写三条语句，创建 X、Y、Z 三个变量，类型均为字符串型；

（2）将上述三条语句合并在一行中写；

（3）写一条语句创建一个初值为 10 的整型变量 i。

2. 字符串连接运算符练习：分别定义三个字符串，值分别是系名、班级和自己的姓名，将这三个字符串连接后输出，要求以红色字体输出。

3. for 循环语句练习：改进例 4-7，输出如下式样的乘法表，要求表格采用浅蓝底色，用二重循环语句实现。

1*1=1								
1*2=2	2*2=4							
1*3=3	2*3=6	3*3=9						
1*4=4	2*4=8	3*4=12	4*4=16					
1*5=5	2*5=10	3*5=15	4*5=20	5*5=25				
1*6=6	2*6=12	3*6=18	4*6=24	5*6=30	6*6=36			
1*7=7	2*7=14	3*7=21	4*7=28	5*7=35	6*7=42	7*7=49		
1*8=8	2*8=16	3*8=24	4*8=32	5*8=40	6*8=48	7*8=56	8*8=64	
1*9=9	2*9=18	3*9=27	4*9=36	5*9=45	6*9=54	7*9=63	8*9=72	9*9=81

4. while 循环语句练习：用 while 循环完成计算 SUM=1+4+7+10+…+300。

习题

1. 以下哪些是合法的变量名?

（1）Object

（2）Fish_2

（3）学校名称

（4）200 卡

（5）GoShopping

（6）False

（7）Friend

（8）_blkData

2. 改错练习

（1）改正以下程序片段中的错误：

```
if  intHour<12
Response.Write("上午好！")
elseif intHour=12
Response.Write("中午好！")
elseif intHour<18
Response.Write("下午好！")
elseif
Response.Write("晚上好!" )
```

（2）改正以下程序片段中的错误：

```
switch intHour
Case <12
       Response.Write("上午好！")
 Case =12
       Response.Write("中午好！")
 Case <18
       Response.Write("下午好！")
 Case
       Response.Write("晚上好！")
End
```

（3）改正以下程序片段中的错误：

```
<%
int  arrArr1(2)
String  arrArr2(2) ={1,2,3}
Response.write(arrArr1(0),arrArr1(1),arrArr1(2) )
%>
```

Chapter 5

第 5 章 服务器控件

本章导读：

Web 应用需要和用户进行交互，而用户的信息必须通过各种表单传递给浏览器和服务器。本章学习常见的 ASP.NET Web 服务器控件的使用方法，并通过实例给出了 DW CS6 中 Web 服务器控件的设计要点。

本章要点：

- 表单基础
- Web 服务器控件

用户登录或用户注册页面是一个典型的动态页面。在第 3 章“HTML 语言基础”中，我们利用静态网页的表单标记，设计了用户注册页面。本章我们将学习如何用 ASP.NET 控件设计“动态”的用户注册页面。

5.1 表单

首先，我们学习基本的 ASP.NET 控件知识。

网页由 HTML 标记组成，包含在<html>和</html>标记之间，而表单是网页的一部分，包含在<form>和</form>标记之间。

5.1.1 Web 表单

ASP.NET 中的表单也称为 Web 表单，是由<form>标记定义的，<form>标记必须包含 runat="server"属性，该属性表明表单必须在服务器上进行处理。

Web 表单标记格式：

```
<form runat="server">
  ………
</form>
```

Web 表单在提交时默认采用 Post 方法，若表单标记未指定“action”属性，则由当前页面本身来处理。

要注意的是，一个 ASP.NET 页面只能包含一个<form runat="server">的 Web 表单。另外，虽然<form>标记不显示任何信息，但<form>是一个容器，表单项只有定义在<form>中，才能将接收到的数据向 Web 服务器提交。

5.1.2 HTML 服务器控件和 Web 服务器控件

Web 表单由两类不同的控件组成：HTML 服务器控件和 Web 服务器控件。

HTML 服务器控件是在 HTML 表单基础上，通过增加 runat="server"和 ID 属性形成的。例如，在静态网页中，一个输入用户名的 HTML 文本框标签为：

```
<input type="text" name="user" value="用户名">
```

在 ASP.NET 网页中，对应的 HTML 服务器控件则为：

```
<input type="text" id="user" value="用户名" runat="server">
```

ASP.NET 中保留 HTML 服务器控件的目的是方便那些对于 HTML 表单非常熟悉的设计人员，能沿用类似的语法格式顺利过渡到使用 ASP.NET 技术。

Web 服务器控件是 ASP.NET 中增加的新型控件，具有强大的页面显示和事件处理能力。许多 Web 服务器控件类似于常见的 HTML 表单项，如按钮和文本框。但是，其他一些控件则包含复杂的行为，如日历控件或管理数据连接的控件。

5.2 Web 服务器控件

Web 服务器控件以标记<asp: 控件名…> 开始，控件中包含 runat="server"属性，一般也包含 id 属性，id 属性用于标识控件。Web 服务器控件可以有两种结束方式：以</asp: 控件名>结束，或在开始标记的最后加斜杠，如<asp: 控件名…/>。

Web 服务器控件既包括传统的窗体控件，如按钮、文本框等控件，也包括其他窗体控件，如在网格中显示数据、选择日期、验证表单等的复杂控件。

5.2.1 Web 服务器控件的分类

ASP.NET 中的 Web 服务器控件可以分成四类。

- 基本 Web 控件：可以映射到 HTML 控件的 Web 控件，功能更强，实现起来更简单。
- 列表控件：用于大量数据的显示。
- 多功能控件：提供特定功能的控件，其对应的功能在 HTML 表单项中是没有的，如日历控件、广告控件。
- 验证控件：提供数据验证的控件，对应的功能在 HTML 表单项中也是没有的。

其中，根据功能的不同，基本 Web 控件又可进一步分为以下三类：

① 用于文本输入和显示的控件，如 TextBox、Label；

② 用于控制传送的控件，如 Button、LinkButton、ImageButton、HyperLink；

③ 用于选择的控件，如 CheckBox、CheckBoxList、RadioButton、RadioButtonList、ListBox、DropDownList。

5.2.2 Dreamweaver CS6 中使用 Web 服务器控件概述

利用 DW CS6 的“插入”菜单，可以方便地在 ASP.NET 页面中增加 Web 服务器控件。

1. 增加 Web 服务器控件的方法

在 DW CS6 中，选择“文件”→“新建”→“ASP.NET C#”，单击“创建”按钮，在出现的工作区中有几种增加 Web 服务器控件的方法。

单击“插入”菜单，如图 5.1 所示，在下拉菜单中的“标签”和“ASP.NET 对象”两个菜单项中，包含了 Web 服务器控件。下面分别介绍从这两个菜单项中插入 ASP.NET 的 Web 服务器控件的方法。

（1）从“插入”→“标签”菜单中选取 Web 服务器控件

选取“标签”菜单项后，出现如图 5.2 所示的“标签选择器”对话框，分成三个窗格，左上部的窗格是标签的分类，选择其中的“ASP.NET 标签”，可以进一步展开成几类控件，本章学习的控件包含在其中的“Web 服务器控件”分类中。右上部的窗格是按字母排序的控件标签。

（2）从“插入”→“ASP.NET 对象”菜单中选取 Web 服务器控件

选取“ASP.NET 对象”菜单项后，出现如图 5.3 所示的下拉菜单，其中列出了十个常用的 ASP.NET 控件。

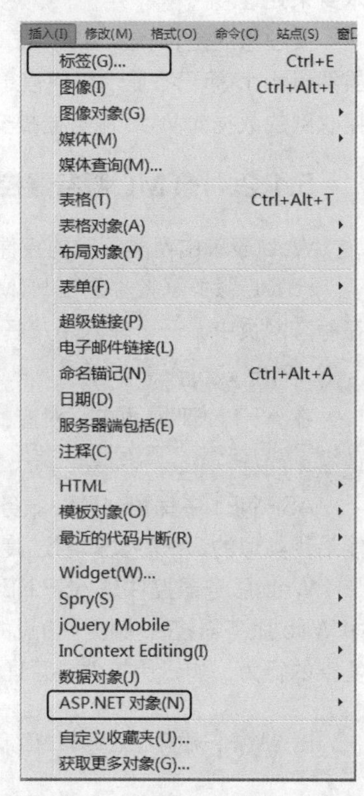

图5.1 包含Web服务器控件的菜单项

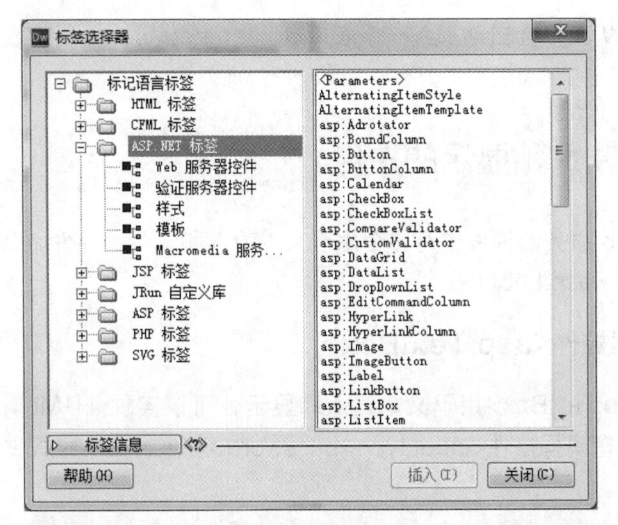

图5.2　标签编辑器

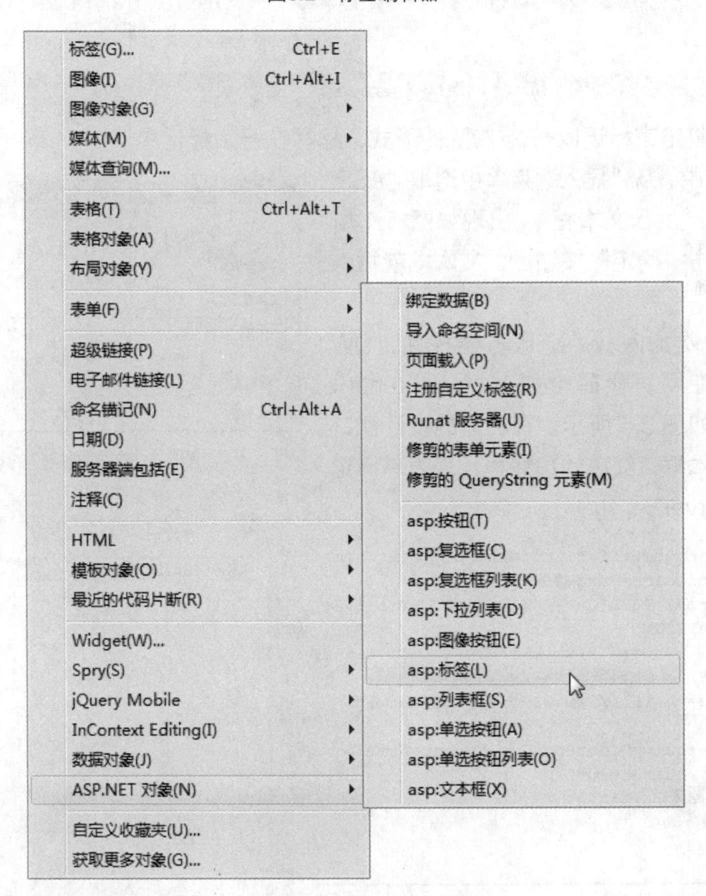

图5.3　ASP.NET对象

2. 自动加入默认表单

控件必须放在表单中才能起作用，也就是说，ASP.NET 中的 Web 服务器控件代码必须置于<form runat="server">标记中。DW CS6 提供了自动加入表单的功能。如果是在网页中第一次加入一个服务器控件，DW CS6 会自动加入一个表单<form runat="server">，服务器控件将被包含在该表单中。

5.3 用于文本输入和显示的控件

ASP.NET 的 Web 服务器控件中有两个用于文本输入和显示的控件，它们是文本框控件<asp:TextBox>和标签控件<asp:Label>。

5.3.1 文本框控件<asp:TextBox>

文本框控件<asp:TextBox>用于文本输入和显示，可以实现 HTML 标签中的文本框控件<input type=text>、密码框控件<input type=password>和多行文本框控件<textarea>的功能。格式：

```
<asp:TextBox ID="控件名" runat="server" Text=""></asp:TextBox >
```

或

```
<asp:TextBox ID="控件名" runat="server" Text="" />
```

后者相当于将结束标记以一个“/”的形式，缩写在开始标记中。

在 DW CS6 中，从“插入”菜单中选取“ASP.NET 对象”中的“asp:文本框”，出现如图 5.4 所示的对话框。单击“确定”按钮后，文本框就插入到网页中。

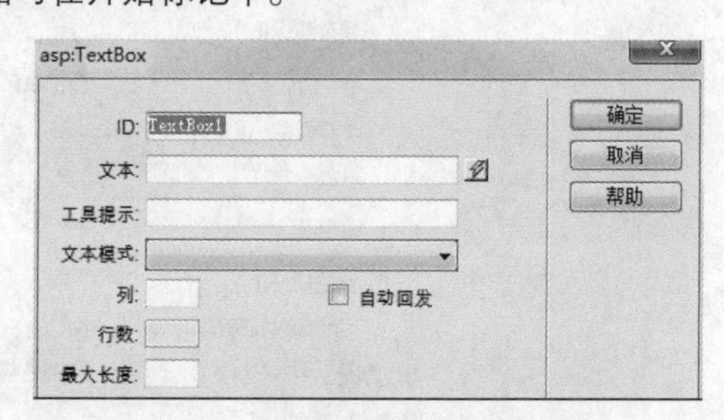

图5.4 文本框控件的设计界面

如果是第一次加入 Web 服务器控件，DW CS6 还会自动在网页代码中加入<form runat="server">标记，如图 5.5 所示。在右边的设计窗口中已生成一个文本框，红色的虚线框代表表单标记<form runat="server">。

```
<%@ Page Language="C#" ContentType="text/html"
 ResponseEncoding="utf-8" %>
<!DOCTYPE html PUBLIC "-//W3C//DTD XHTML 1.0
Transitional//EN"
"http://www.w3.org/TR/xhtml1/DTD/xhtml1-transi
tional.dtd">
<html xmlns="http://www.w3.org/1999/xhtml">
<head>
<meta http-equiv="Content-Type" content=
"text/html; charset=utf-8" />
<title>无标题文档</title>
</head>

<body>
<form runat="server">
  <asp:TextBox ID="TextBox1" runat="server" />
</form>
</body>
</html>
```

[ASP:TEXTBOX]

图5.5 插入文本框后的代码及设计窗口

选中文本框，在 DW CS6 工作窗口的下半部分是属性面板，其中列出了文本框的 ID、文本和文本模式等属性。

单击扩展属性面板中“文本模式”旁的下拉箭头，出现“单行”“多行”和“密码”三个选项。如果要插入多行文本框，应该选择“多行”，同时，还需要在“行数”中定义多行文本框能显示的行数；如果要插入密码框，则应该选择“密码”，这样，文本框中的内容会显示成“*”号。插入的文本框默认情况下作为普通单行文本框，因此“单行”可以不用设置。

单击扩展属性面板右下角的图标，弹出如图 5.6 所示的文本框标签编辑器，其中包含了文本框控件的主要属性，可以直接对 ASP.NET 控件进行编辑。

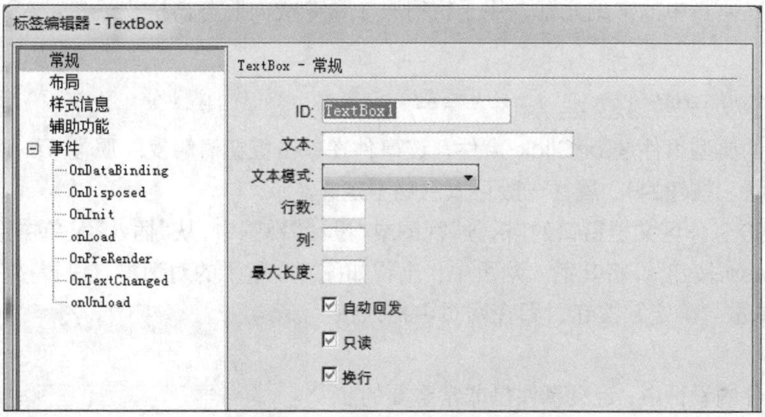

图5.6　文本框的标签编辑器

文本框控件最重要的属性是文本值“Text”。要获取文本框的内容或者设置文本框的显示文本，都是通过 Text 属性实现。

5.3.2　标签控件<asp:Label>

标签控件<asp:Label>用于在页面的某个位置显示文本信息。和文本框类似，标签控件的重要属性也是文本值“Text”，要让标签控件显示文本信息，可以通过赋值给 Text 属性来实现。格式：

```
<asp:Label ID="控件名" runat="server" ></asp:Label>
```

或

```
<asp:Label ID="控件名" runat="server" Text=""/>
```

将 DW CS6 工作区的文档窗口切换到“拆分”视图或“设计”视图中。从“插入”菜单中选取“ASP.NET 对象”中的“asp:标签”，将其插入网页中，出现如图 5.7 所示的对话框。单击“确定”按钮，即在网页中插入标签控件。

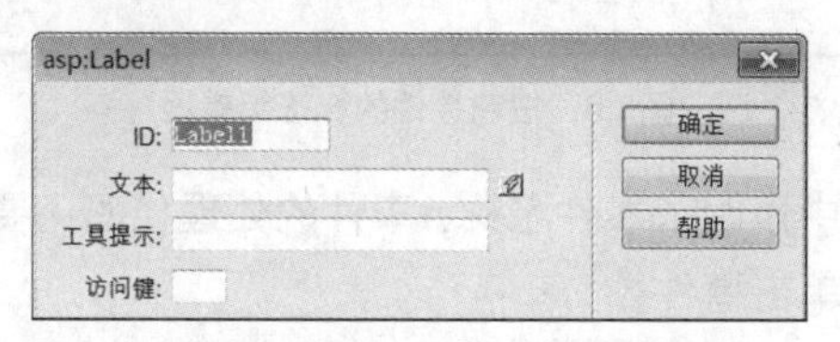

图5.7　标签控件的设计界面

5.4 用于控制传送的控件

用于控制传送的控件包括按钮控件<asp:Button>、链接按钮控件<asp:LinkButton>和图片按钮控件<asp:ImageButton>，主要是实现按钮的触发功能。由于超链接的事件传送特性与上述三个按钮类似，所以将超链接控件<asp:HyperLink>也放在控制传送的控件中一并介绍。

5.4.1 按钮控件<asp:Button>

按钮控件是网页中的常见元素，用于执行一个命令或向服务器提交表单。ASP.NET 中的按钮格式为：

```
<asp:Button ID="Button1" runat="server" Text="按钮面板上的文字" onClick="事件名" />
```

按钮控件的典型事件是 onClick 事件，该事件在单击控钮时触发。属性 Text 是按钮的面板文字，需要设置。按钮的 ID 属性一般可以忽略不定义。

在 DW CS6 工作区文档窗口的“拆分”视图或“设计”视图中，从“插入”菜单中选取“ASP.NET 对象”中的“asp:按钮”，将其插入网页中，出现如图 5.8 所示的对话框。设置按钮的面板文本，如“提交”，单击“确定”按钮，即在网页中插入按钮控件。

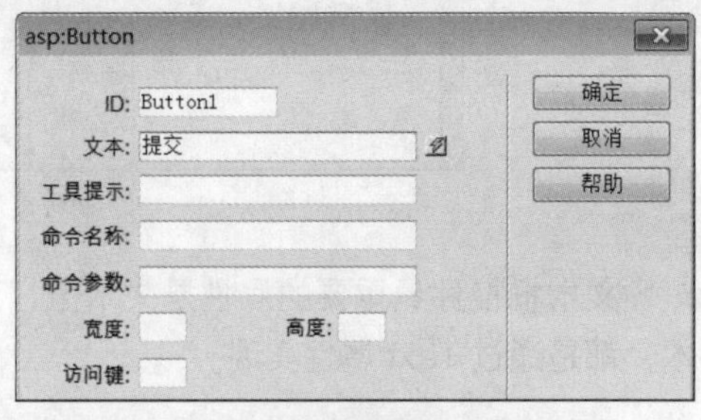

图5.8 按钮控件的设计界面

在按钮控件的设计中，定义事件是非常重要的步骤。在 DW CS6 中，按钮的标签编辑器中提供了对事件名称的设定。单击按钮属性面板的标签编辑器图标，弹出如图 5.9 所示的标签编辑器窗口。另一种打开标签编辑器的方法是，选中设计窗口中的按钮，单击鼠标右键，在弹出的快捷菜单中选择“编辑标签”，也会出现标签编辑器窗口。选择窗口左半部分的“onClick”事件，在窗口右半部分的空白处输入事件名称“btnClick”。单击“确定”按钮后，在网页中生成如下代码：

```
<asp:Button ID="Button1" runat="server" Text="提交" OnClick="btnClick" />
```

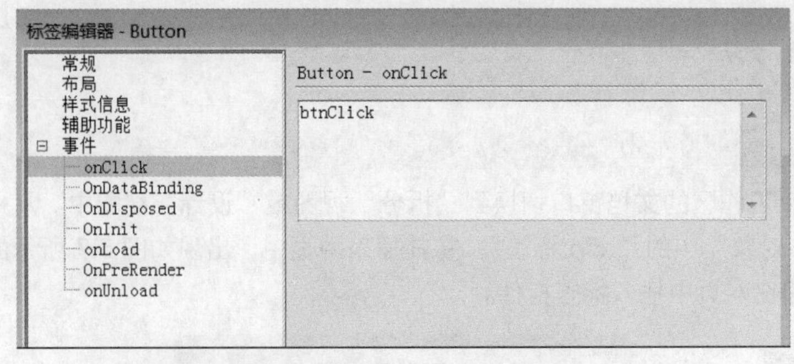

图5.9 按钮控件的标签编辑器

上面的代码只是在按钮中声明了事件名称，事件的处理代码还要在过程中另外定义。下面的例子说明了如何定义按钮的单击事件。

例 5-1 （5-1.aspx）设计一个判断分数等级的页面。输入分数，按以下标准给出优良中差等级：60 分以下为差、60～80 分（不含）为中、80～90 分（不含）为良、90 分及以上为优。

（1）首先在“D:\book”目录中新建一个子目录 controls（即“D:\book\controls”），本章的所有实例均保存在该目录下。启动 DW CS6，在站点的“controls”子目录下新建一个 ASP.NET 网页，将其命名为 5-1.aspx，并将文档窗口切换到“拆分”视图。

（2）将光标移至“拆分”视图的设计窗口中，单击“插入”菜单，选取“ASP.NET 对象”中的“asp:标签”，在弹出的标签控件的设计界面中，将标签控件的文本设置为“分数:”，如图 5.10 所示，单击“确定”按钮。可以看到，在设计窗口增加了“分数:”输入提示，在代码窗口增加了<asp:Label>标记，同时可以看到，在标签标记外自动生成了<form>标记。

（3）将光标移至设计窗口的“分数:”标签旁，单击“插入”菜单，选取“ASP.NET 对象”中的“asp:文本框”，在弹出的文本框控件的设计界面中，可以看到文本框的控件 ID 为“TextBox1”，单击“确定”按钮。可以看到，在设计窗口的“分数:”后，出现了一个文本框。

（4）下面在网页中插入按钮控件。将光标移至设计窗口的 TextBox1 文本框旁，按回车键换行。从“插入”菜单的“ASP.NET 对象”中选取“asp:按钮”，将按钮控件的文本设置为“确定”，单击“确定”按钮，在网页中插入“确定”按钮。

（5）选中“确定”按钮，单击鼠标右键，在弹出的快捷菜单中选择“编辑标签”，打开“确定”按钮的标签编辑器，选择其中的 onClick 事件，在标签编辑器的空白处录入“确定”按钮的事件名称“click1”，单击“确定”按钮，关闭标签编辑器。

（6）将光标移至“确定”按钮旁，仿照第（4）、（5）步，增加“取消”按钮，将其事件名称设置为“click2”，单击“确定”按钮。

（7）按回车键换行，再添加一个标签按钮，用于显示分数等级。从“插入”菜单的“ASP.NET 对象”中选取“asp:标签”后，单击“确定”按钮，在网页中增加一个标签。至此，界面设计完成。上述步骤生成的 ASP.NET 代码及界面如图 5.11 所示。

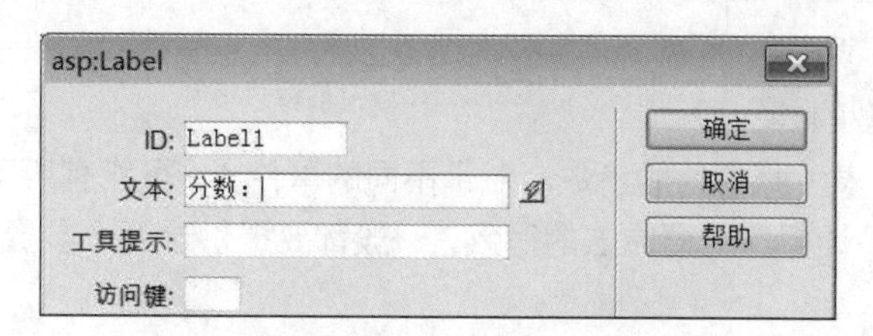

图5.10　例5-1中的“分数：”标签设计界面

图5.11　例5-1的设计窗口

下面编写事件处理代码。

（8）将光标移到“拆分”视图中代码窗口的 head 标记结束符</head>和 body 标记开始符<body>中间，在代码窗口录入如下代码，并存盘。

```
<script language="C#" runat="server">
void click1(object sender,EventArgs e) {
  int score;
  score = Convert.ToInt32(TextBox1.Text);

  if (score <60)
```

```
    {
            Label2.Text = "差";
    }
    else if (score <80)
    {
            Label2.Text = "中";
    }
    else if (score<90)
    {
            Label2.Text = "良";
    }
    else
      {
            Label2.Text = "优";
    }
  }
  void click2(cbject sender,EventArgs e) {
    TextBox1.Text = "";
    Label2.Text = "";
  }
  </script>
```

（9）单击文档窗口的地球图标，在浏览器中观察运行结果。输入成绩，单击“确定”按钮后，查看结果，如图5.12所示。

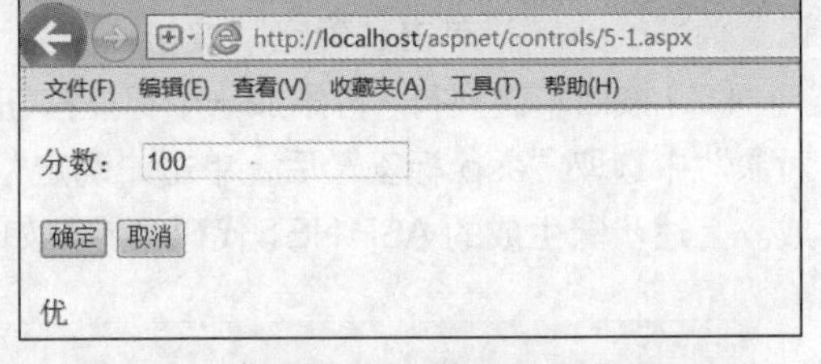

图5.12　例5-1的运行结果

代码说明：

（1）在<script>的开始和结束标记内，是两个过程click1和click2。每个过程都带有两个参数：object类型的参数sender和EventArgs类型的参数e。sender一般表示事件的发出控件，e表示此事件的参数。对于不同的事件，e可能有所不同。这两个参数非常重要，在用ASP.NET设计事件处理方法的时候，一般都要提供这两个参数。注意代码中参数的大小写形式。

（2）click1过程实现成绩计算，用Convert.ToInt32（TextBox1.Text）将文本框中的文本内容转换为数值，以便于分数的比较判断。

（3）用于显示成绩等级的标签ID是Label2，在代码中把成绩的等级比较结果赋值给Label2的Text。

（4）click2过程是实现对输入成绩的文本框TextBox1和等级结果标签Label2的清空。

5.4.2　链接按钮控件<asp:LinkButton>

链接按钮控件的显示效果与链接类似，但是会触发服务器端事件。格式为：

```
<asp:LinkButton ID="控件名" runat="server" Text="按钮上的面板文字" OnClick="事件名"></asp:LinkButton>
```

链接按钮控件的属性与事件和普通按钮控件类似，设计时主要是定义按钮上的面板文字及事件代码。链接按钮的显示式样不是普通按钮，而是类似于一般的超链接。

思考：用链接按钮控件 linkButton 代替例 5–1 中的按钮控件，重新设计判断分数等级的页面。

5.4.3　图片按钮控件<asp:ImageButton>

图片按钮控件是一个图片形式的按钮，可以触发服务器端事件。格式为：

```
<asp:ImageButton ID="ImageButton1" runat="server"
```

AlternateText="替换的文本" ImageUrl="图片路径" OnClick="事件名" />

在图片按钮控件的属性中，图片的路径 ImageUrl 是非常重要的。因为按钮上需要显示的图片是以文件的形式保存在机器中的，只有设定了图片的路径，才能在网页中显示出该图片。另外需要注意的一点是，在 HTML 标记中，图片路径是通过“src”属性给出的，而在 ASP.NET 的服务器控件中，图片路径是通过“ImageUrl”属性给出的。

在 DW CS6 中，从“插入”菜单中选取“ASP.NET 对象”中的“asp:ImageButton”，打开图片按钮控件的标签编辑器，如图 5.13 所示。单击“浏览”按钮，可以选择图片文件的来源。

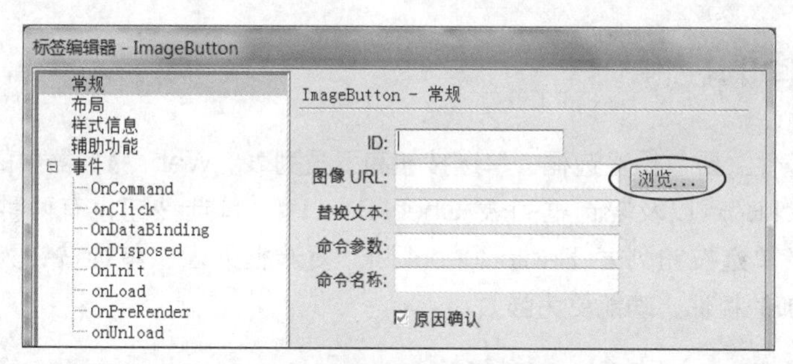

图5.13　图片按钮控件的标签编辑器

5.4.4　超链接控件<asp:HyperLink>

HyperLink 控件用于创建超链接，可以是文本超链接，也可以是图片超链接。用户单击超链接控件，将会打开另外的网页。格式为：

```
<asp:HyperLink ID="控件名字" runat="server"
ImageUrl="当用图片代替文本来描述链接时，图片的路径"
NavigateUrl="链接的网址"
Target="打开链接的窗口"
Text="控件上显示的文字"></asp:HyperLink>
```

超链接控件的链接网址是通过“NavigateUrl”属性定义的，而在 HTML 的链接标记<a>中，链接网址是通过“href”属性给出的。在“asp:HyperLink”中，如果是文字链接，则定义“Text”的值；如果是图片链接，则定义图片的路径“ImageUrl”。“Target”属性用于定义打开链接网页的窗口，若不写，则取默认值，即在原窗口打开链接。

在 DW CS6 中，从“插入”菜单中选取“ASP.NET 对象”中的“asp:HyperLink”，可以在网页中插入超链接控件。超链接控件的标签编辑器如图 5.14 所示。“导航 URL”即“NavigageUrl”，单击旁边的“浏览”按钮，选择要打开的网页文件；“图像 URL”即“ImageUrl”，单击旁边的

"浏览"按钮，选择要作为链接源的图片文件。"目标"即"Target"，单击输入框旁的下拉箭头，可以打开下拉列表，用于设置链接网址在什么窗口打开。"_top"表示在没有框架的全窗口中显示链接网页，"_parent"表示在父框架窗口显示链接网页，"_self"表示在超链接所在的窗口显示链接网页，"_blank"表示在一个新的没有框架的窗口中显示链接网页。

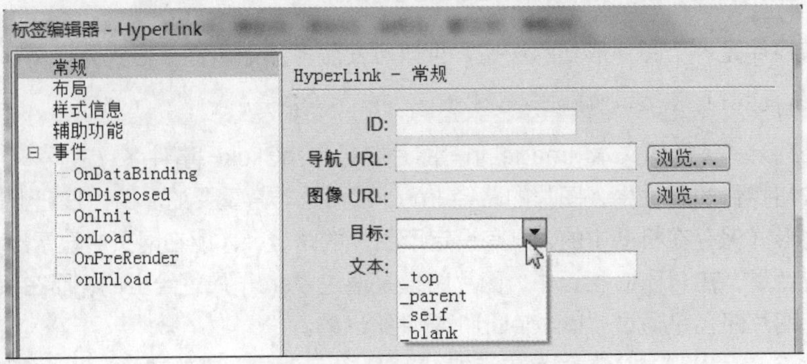

图5.14　超链接控件的标签编辑器

5.5 用于选择的控件

用于选择的控件主要包括复选框、单选按钮和下拉列表。Web 服务器中的复选框有两种：单个复选框 CheckBox 以及复选框列表 CheckBoxList。单选按钮也有两种：单个单选按钮 RadioButton 以及单选按钮列表 RadioButtonList。复选框列表、单选按钮列表和下拉列表是 ASP.NET 中新增加的控件，功能更为强大。

5.5.1 复选框<asp:CheckBox>

复选框用于提供一组选项，用户可以在其中选择多项，功能类似于 HTML 中的 checkbox 表单项，只是增加了服务器端事件。格式为：

```
<asp:CheckBox ID="控件名" runat="server"
AutoPostBack="是否回发事件(true|false)"
Checked="true"
Text="控件的标题文字"
OnCheckedChanged="事件响应函数的名字"
....../>
```

复选框是否被选中，是由"Checked"属性决定的。如果被选中，则"Checked"属性值为 true，否则为 false。复选框中选项变化引起的事件是 onCheckedChanged，这是在选项改变时触发的服务器端事件。默认情况下，onCheckedChanged 事件并不会立即被提交到服务器处理。如果将"AutoPostBack"属性设置为 True，则 onChecked Changed 事件会立即被送到服务器处理。

例 5-2　（5-2.aspx）建立一个页面，用于选择喜欢的课程。

操作步骤如下：

（1）在"D:\book\controls"目录下新建一个 ASP.NET 网页，将其命名为 5-2.aspx。将文

档窗口切换到“拆分”视图。在设计窗口中插入三个复选框，复选框的文本分别设置为：“网络技术”“数据库技术”和“ASP.NET 网页设计”，并勾选“自动回发”复选框，如图 5.15 所示。注意，插入第二个和第三个复选框时，要在红色的虚线框（表单标记）内插入。

图5.15　复选框控件的设计界面

（2）在三个复选框之后，插入一个标签，用于显示提示信息。

（3）下面设置复选框的事件。选中第一个复选框，单击鼠标右键从快捷菜单打开复选框的标签编辑器，在事件 OnCheckedChanged 右边的窗口中输入“chkClick”，单击“确定”按钮。用同样的方法，在另两个复选框的 OnCheckedChanged 右边的窗口中也输入“chkClick”。

（4）在网页中</head>和<body>标记之间输入如下的“chkClick”事件处理代码：

```
<script language="c#" runat="server">
  void chkClick(object sender, EventArgs e) {
    Label1.Text="您选择了:<br>";
    if (CheckBox1.Checked) Label1.Text=Label1.Text + CheckBox1.Text + "<br>";
    if (CheckBox2.Checked) Label1.Text=Label1.Text + CheckBox2.Text + "<br>";
    if (CheckBox3.Checked) Label1.Text=Label1.Text + CheckBox3.Text + "<br>";
  }
</script>
```

（5）在浏览器中查看，运行结果如图 5.16 所示。

代码说明：

（1）复选框的“AutoPostBack”属性设为“true”，因此，选项一旦改变，立即触发服务器端事件。

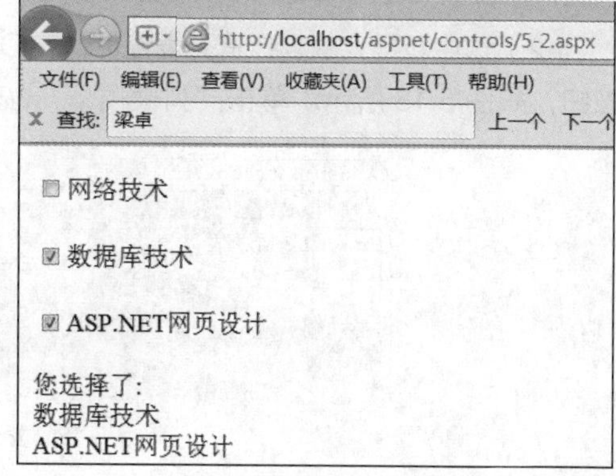

图5.16　例5-2的运行结果

（2）三个复选框的服务器端事件均指定为“chkClick”。在这个服务器端事件处理代码中，首先将标签的文本初始化为“您选择了：
”，然后根据复选框的“Checked”属性是否为“true”，判断选项是否被选中。若被选中，则更新标签控件的显示内容。

（3）在对标签控件的文本赋值中，除初始化标签值时是直接赋值外，其余的三个标签赋值表达式中都用到了字符串连接运算符“&”，用于将标签原有的文本和被选中的复选框文本内容相连接，然后赋值给标签的文本。这样，当有多个项目被选中时，选取结果都可以在标签中显示出来。

5.5.2 复选框列表<asp:CheckBoxList>

复选框列表是一个包含若干复选框的控件组。格式为：

```
<asp:CheckBoxList ID="控件名" runat="server"
AutoPostBack="是否回发事件（true |false）"
OnSelectedIndexChanged="事件响应函数的名字"
……>
   <asp:ListItem value="列表项的关联值"
     selected="是否被选中（true|false）">列表项的文本
   </asp:ListItem>
</asp:CheckBoxList>
```

在复选框列表的代码块中，内嵌的<asp:ListItem>表示每一个复选框成员。当“AutoPost-Back”属性为“true”时，选项变化将触发服务器端事件 onSelectedIndexChanged。

在复选框列表中，所有的选项可以用数组“Items”表示；被选中的选项可以用“SelectedItem”表示。每一个复选框是否被选中，是由<asp:ListItem>的“Selected”属性决定的。

例 5-3 （5-3.aspx）用复选框列表实现课程选择。

操作步骤如下：

（1）在“D:\book\controls”目录下新建一个 ASP.NET 网页，将其命名为 5-3.aspx，将文档窗口切换到“拆分”视图。利用“插入”→“ASP.NET 对象”菜单项插入“asp:复选框列表”控件，如图 5.17 所示。

图5.17 复选框列表控件

（2）选中新插入的复选框列表控件，在 DW CS6 的属性面板中找到复选框列表的“列表项...”按钮，如图 5.18 所示。单击“列表项...”按钮，弹出“列表项”对话框，如图 5.19 所示。

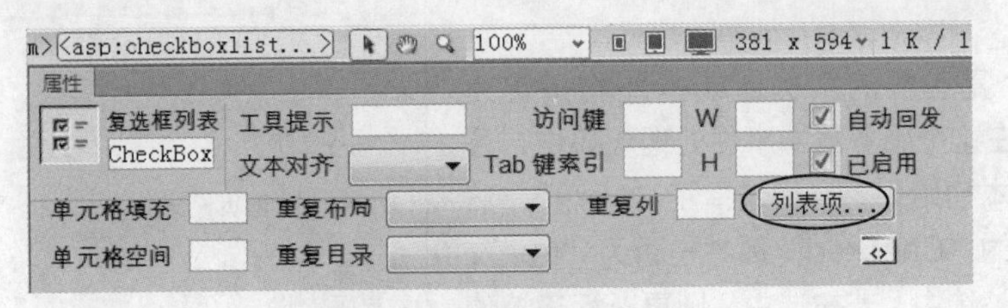

图5.18 复选框列表控件的属性

（3）输入要添加的列表项的标签和值的内容，单击窗口中的“+”按钮，可添加下一条列表项信息。分别将“网络技术”“数据库技术”和“ASP.NET 动态网页设计”文本添加到列表项中，单击“确定”按钮，则复选框列表控件及其列表项设计完成。

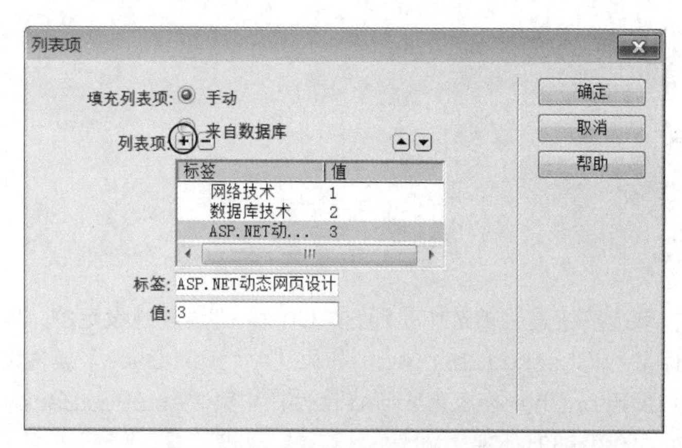

图5.19　添加复选框列表控件的列表项

（4）下面定义页面的事件。在复选框列表下增加一个按钮，将按钮的文本设为“提交”，按钮的 onClick 事件定义为“click”。

（5）再在按钮下增加一个标签。在网页中增加如下的按钮事件的处理代码：

```
<script language="C#" runat="server">
 void click(object sender, EventArgs e) {
   Label1.Text="您选择了：<br>";
   for (int i=0; i<CheckBoxList1.Items.Count; i++) {
     if (CheckBoxList1.Items[i].Selected)
       Label1.Text=Label1.Text + CheckBoxList1.Items[i].Text + "<br>";
   }
 }
</script>
```

（6）在浏览器中查看，运行结果如图 5.20 所示。

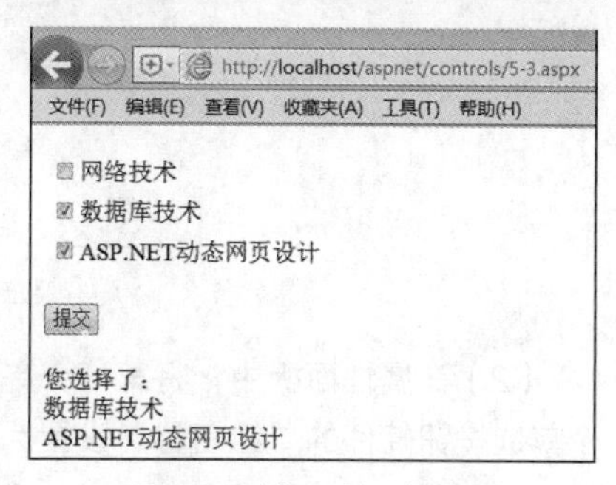

图5.20　例5-3的运行结果

代码说明：

（1）例 5-3 是利用按钮单击事件实现服务器端处理的。在提交按钮的“click”事件中，检查哪个复选框被选中，并通过标签按钮给出选中的复选框的文本内容。

（2）在按钮单击事件中，通过 for 循环判断哪个复选框被选中。CheckBoxList 控件的 Items 属性是一个集合，代表复选框列表中的各个成员。Items 集合的 Count 属性表示集合中的元素个数，循环次数就是集合中的元素的数目。循环变量 i 从 0 开始，直到集合中的元素个数。由于 C#中的数组下标是从 0 开始的，因此 Items[i] 正好表示了 CheckBoxList 控件中的各个成员。如果成员的“Selected”属性为 true，表示被选中。这样就利用循环的方式访问了所有的选项。

5.5.3　单选按钮<asp:RadioButton>

单选按钮规定在一组选项中只能选取一个，功能类似于 HTML 中的 radio 表单项，只是增加了服务器端事件。格式：

```
<asp:RadioButton ID="控件名" runat="server"
 AutoPostBack="是否回发事件（true|false）"
 GroupName="控件组的名字"
 Checked="是否被选中（true|false）"
 Text="控件的标题文字"
 OnCheckedChanged="事件响应函数的名字"
 …… />
```

类似于复选框，单选按钮是否被选中是通过“Checked”属性设定的，单选按钮中选项变化引起的服务器端事件是onCheckedChanged。如果“AutoPostBack”属性设置为true，则选项改变时服务器将立刻调用onCheckedChanged事件；如果“AutoPostBack”属性设置为false，则服务器不对选项的变化做即时处理。

与复选框不同的是，单选按钮中增加了“GroupName”属性，用于将单选按钮组成一组。“GroupName”属性值相同的单选按钮为同一组，一组单选按钮中只能有一项被选中。而不同组的单选按钮，每一组都能选取一个。

例5-4 （5-4.aspx）建立一个页面，用于选择所在的院系。

操作步骤如下：

（1）在“D:\book\controls”目录下新建一个ASP.NET网页，将其命名为5-4.aspx。将文档窗口切换到“拆分”视图。在设计窗口中插入三个单选按钮控件。将单选按钮控件的文本分别设置为“计算机学院”“管理学院”和“机电学院”，并将每个单选按钮控件设计界面中的“自动回发”复选框选中，如图5.21所示。

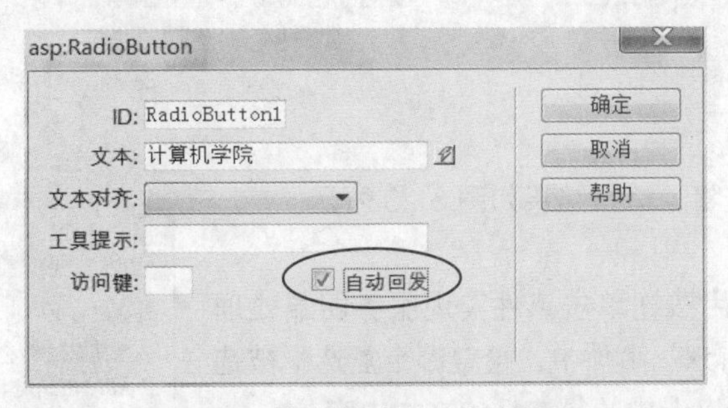

图5.21 单选按钮控件的设计界面

（2）在属性面板中，将第一个单选按钮“计算机学院”设置为“已选中”状态，并分别将三个单选按钮控件的“组名称”设置为“dept”，如图5.22所示。

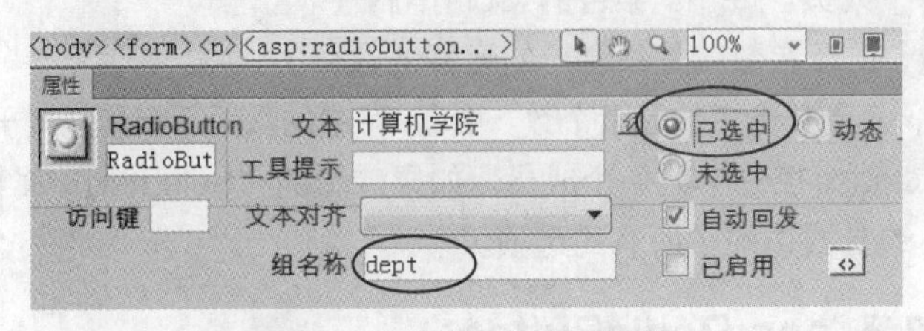

图5.22 单选按钮的组名称属性

（3）分别打开三个单选按钮的标签编辑器，将OnCheckedChanged事件的名称都设置为“radClick”，如图5.23所示。

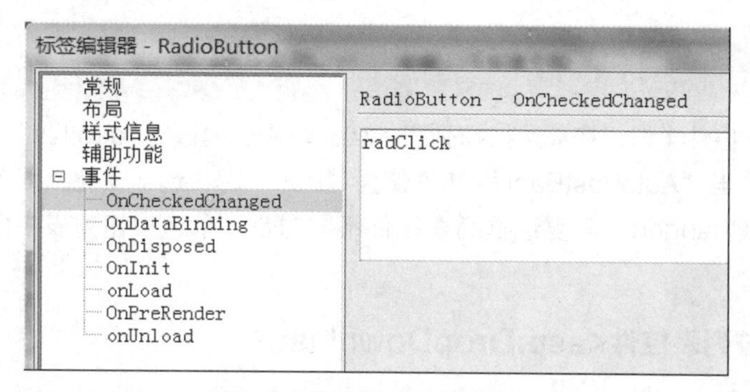

图5.23 单选按钮选项变化事件

（4）在三个单选按钮之后添加一个标签控件。

（5）在网页的标记</head>和<body>之间输入如下事件处理代码：

```
<script language="C#" runat="server">
  void radclick(object sender, EventArgs e) {
    if (RadioButton1.Checked) Label1.Text="您在:"+RadioButton1.Text;
    if (RadioButton2.Checked) Label1.Text="您在:"+RadioButton2.Text;
    if (RadioButton3.Checked) Label1.Text="您在:"+RadioButton3.Text;;
  }
</script>
```

（6）在浏览器中查看网页，出现三个系别的单选按钮，任意单击一个选项，网页上立即出现所选择的项目，如图 5.24 所示。

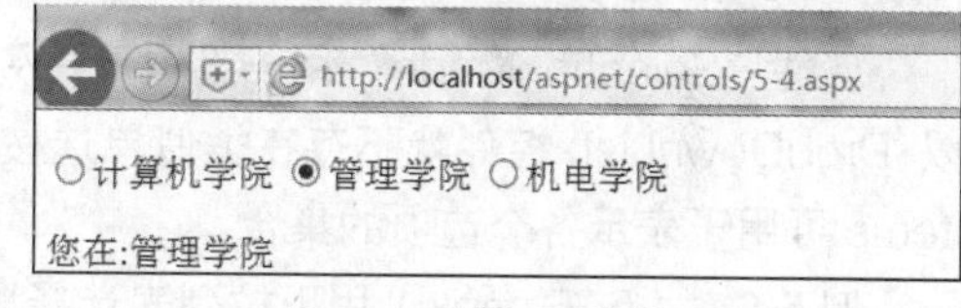

图5.24 例5-4运行结果

代码说明：

（1）三个单选按钮控件的组名都是“dept”，因此组成一个单选按钮组，一次只能从中选择一个选项。

（2）三个单选按钮控件的“AutoPostBack”属性均设为“true”，因此，选项一旦改变，立即触发服务器端事件。

（3）三个单选按钮控件的服务器端事件均指定为“radClick”。在该事件过程中，首先根据单选按钮的“Checked”属性是否为“true”，来判断哪个单选按钮被选中。找到后，将该单选按钮的文字内容赋值给标签控件的文本，再利用标签控件显示选项的内容。

5.5.4 单选按钮列表<asp:RadioButtonList>

单选按钮列表是一个包含若干单选按钮的控件组，常用于需要显示多个单选按钮，并且对每个单选按钮都有类似处理方式的情形。格式：

```
<asp:radioButtonList ID="控件名" runat="server"
  AutoPostBack="是否回发事件 (true|false) "
  onSelectedIndexChanged="事件响应函数的名字"
  ……>
    <asp:ListItem value="列表项的关联值"
        selected="是否被选中 (true|false) ">列表项的文本
```

```
    </asp:ListItem>
</asp:radioButtonList>
```

与复选框列表控件类似，在单选按钮列表的代码块中，内嵌的<asp:ListItem>代码表示每一个单选按钮成员。当“AutoPostBack”属性值为“true”时，选项变化立即触发服务器端事件onSelectedIndexChanged。与复选框列表控件不同的是，单选按钮列表中仅能有一个选项被选中。

5.5.5 下拉列表控件<asp:DropDownList>

DropDownList 控件是 ASP.NET 中新增加的控件，以下拉列表方式显示各选项，称为下拉列表控件。除了显示方式不同外，在事件处理方面，DropDownList 与前面介绍的单选按钮列表和复选框列表类似。格式：

```
<asp:DropDownList ID="控件名" runat="server"
 AutoPostBack="是否回发事件（true|false）"
 SelectionMode="选择模式（Single|Multiple）"
 onSelectedIndexChanged="事件响应函数的名字"
 …… >
   <asp:ListItem value="列表项的关联值"
        selected="是否被选中（true|false）">列表项的文本
   </asp:ListItem>
</asp:dropDownList>
```

属性“SelectionMode”用于设置下拉列表的选择模式。由于是以下拉方式显示各控件，所以 DropDownList 控件就不存在类似单选按钮列表和复选框列表中的排列方式属性了。同样，Items 可用于表示各个选项的集合。

例 5-5 （5-5.aspx）用下拉列表选择城市。

（1）在“D:\book\controls”目录下新建一个 ASP.NET 网页，将其命名为 5-5.aspx。将文档窗口切换到“拆分”视图。从“插入”菜单的“ASP.NET 对象”菜单项中插入一个“asp:下拉列表”控件，在弹出的下拉列表控件设计窗口中将“自动回发”复选框选中，单击“确定”按钮关闭窗口。可以看到，在设计窗口已生成一个红色虚线围住的下拉列表控件。选中这个下拉列表控件后，展开属性面板的扩展属性，单击其中的“列表项...”按钮，在打开的“列表项”对话框中添加下拉列表控件的列表项标签分别为“北京”“上海”和“广州”，相应值分别为“1”“2”和“3”后，关闭“列表项”对话框。打开下拉列表控件的标签编辑器，将事件 onSelectedIndex Changed 定义为“change”。

（2）在下拉列表控件下添加一个标签。

（3）在</head>和<body>标签之间输入如下事件处理代码：

```
<script language="C#" runat="server">
  void change(object sender,EventArgs e) {
        Label1.Text="您选择了：" + DropDownList1.SelectedItem.Text;
  }
</script>
```

（4）在浏览器中查看运行结果。单击下拉列表中的城市名后，页面中将显示下拉列表中选择的城市，如图 5.25 所示。

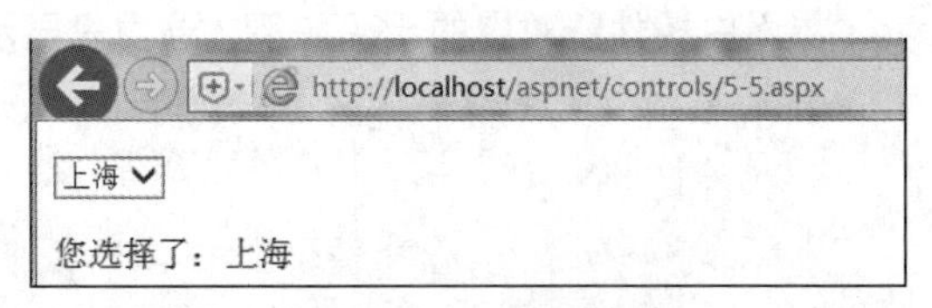

图5.25　例5-5的运行结果

代码说明：

（1）该例中的下拉列表控件设置了属性 AutoPostBack=true，因此，当下拉选项改变时，会自动将 onSelectedIndexChanged 事件传送回服务器，服务器则调用 change 事件对选项改变进行处理。

（2）下拉列表控件的“SelectedItem”属性代表被选中的选项，通过 SelectedItem.Text 可以得到被选中选项的标签文本。单选按钮列表控件也同样可以通过这一属性获得被选项。

5.6 综合应用：用 ASP.NET 控件设计用户注册页面

前面几节我们已经学习了 ASP.NET 中的各种控件，通过这些控件，可以实现网页和用户的一些简单交互。下面我们就利用所学控件来设计一个用户注册页面，并将用户已输入的信息反馈到浏览器显示。

例 5-6　（5-6.aspx）设计一个校园网用户注册页面，要求输入以下内容：用户名、密码、性别、所在学院、爱好、邮箱。

操作步骤如下：

（1）在“D:\book\controls”目录下新建一个 ASP.NET 网页，将其命名为 5-6.aspx。将文档窗口切换到“设计”视图，在设计窗口添加用户注册页面的控件，如图 5.26 所示。其中，“性别”选项包含两个单选按钮，“爱好”选项由复选框列表构成，标签控件用于在单击“提交”按钮后显示用户已输入信息。

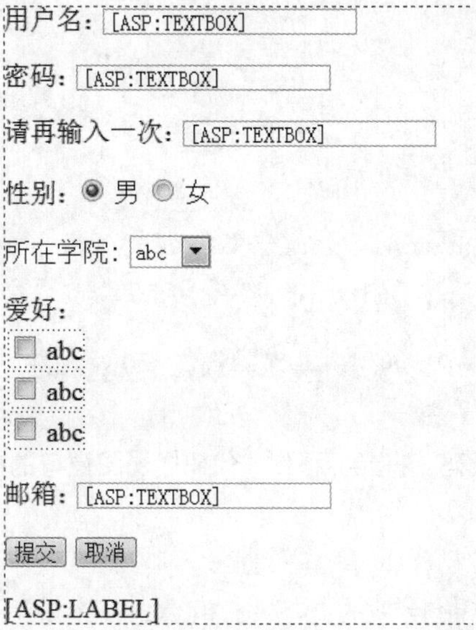

用户名：[ASP:TEXTBOX]
密码：[ASP:TEXTBOX]
请再输入一次：[ASP:TEXTBOX]
性别：男 女
所在学院：abc
爱好：
abc
abc
abc
邮箱：[ASP:TEXTBOX]
提交 取消
[ASP:LABEL]

图5.26　用户注册的界面设计

界面中控件所对应的代码如下，这里只显示表单部分。

```
<form runat="server">
  <p>用户名:
  <asp:TextBox ID="TextBox1" runat="server" />
</p>
  <p>密码:
    <asp:TextBox ID="TextBox2" TextMode="Password" runat="server" /></p>
  <p>请再输入一次:
    <asp:TextBox ID="TextBox3" TextMode="Password" runat="server" /></p>
  <p>性别:
    <asp:RadioButton ID="RadioButton1" Text="男" runat="server" GroupName=
"sex" Checked="true" />
<asp:RadioButton ID="RadioButton2" Text="女" runat="server" GroupName="sex" /></p>
    <p>所在学院:
    <asp:DropDownList ID="DropDownList1" runat="server">
      <asp:ListItem value="1">计算机学院</asp:ListItem>
      <asp:ListItem value="2">外语学院</asp:ListItem>
      <asp:ListItem value="3">财经学院</asp:ListItem>
</asp:DropDownList>
  </p>
<p>爱好:
    <asp:CheckBoxList ID="CheckBoxList1" runat="server" RepeatDirection="Horizontal">
      <asp:ListItem value="1">阅读</asp:ListItem>
      <asp:ListItem value="2">运动</asp:ListItem>
      <asp:ListItem value="3">音乐</asp:ListItem>
      <asp:ListItem value="4">旅游</asp:ListItem>
</asp:CheckBoxList>
  </p>
  <p>邮箱:
    <asp:TextBox ID="TextBox4" runat="server" />
</p>
  <p>
    <asp:Button ID="Button1" runat="server" Text="提交" OnClick="click1" />
<asp:Button ID="Button2" runat="server" Text="取消" OnClick="click2" />    </p>
  <p>
    <asp:Label ID="Label1" runat="server" /></p>
</form>
```

（2）下面编写事件处理代码。将光标移到“代码”视图窗口的</head>和<body>标记之间，输入如下代码后存盘。

```
<script language="c#" runat="server">
void click1(object sender,EventArgs e) {
  string s = "欢迎" + TextBox1.Text;
```

```
  if (RadioButton1.Checked)  s = s + "先生";

  if (RadioButton2.Checked)  s = s + "女士";

  if ((TextBox2.Text != TextBox3.Text) || (TextBox2.Text == null ) ) {
    Label1.Text = "<font color='red'>密码为空或两次密码不一样，请重新输入！</font>";
    TextBox2.Text = "";
    TextBox3.Text = "";
  }

   s = s + "。你所在的学院是：" + DropDownList1.SelectedItem.Text;

   //j用来统计输入爱好的数量
   int j = 0;
   string temp = "";
   for (int i=0; i<CheckBoxList1.Items.Count; i++) {
      if (CheckBoxList1.Items[i].Selected) {
        temp = temp + CheckBoxList1.Items[i].Text + " ";
        j++;
       }
   }
   //j=0表示未勾选爱好，则不输出爱好
   if (j>0) s = s + "。你的爱好是：" + temp +" 。";

   s = s + "你的邮箱是：" + TextBox4.Text;
   Label1.Text = s;
}

void click2(object sender,EventArgs e) {
   TextBox1.Text = "";

   RadioButton1.Checked = true;
   RadioButton2.Checked = false;

   TextBox2.Text = "";
   TextBox3.Text = "";

   DropDownList1.SelectedItem.Selected = false;

   for (int i = 0; i<CheckBoxList1.Items.Count; i++) {
      CheckBoxList1.Items[i].Selected = false;
   }

   TextBox4.Text = "";
```

```
    Label1.Text = "";
}
</script>
```

（3）运行结果如图 5.27 所示。

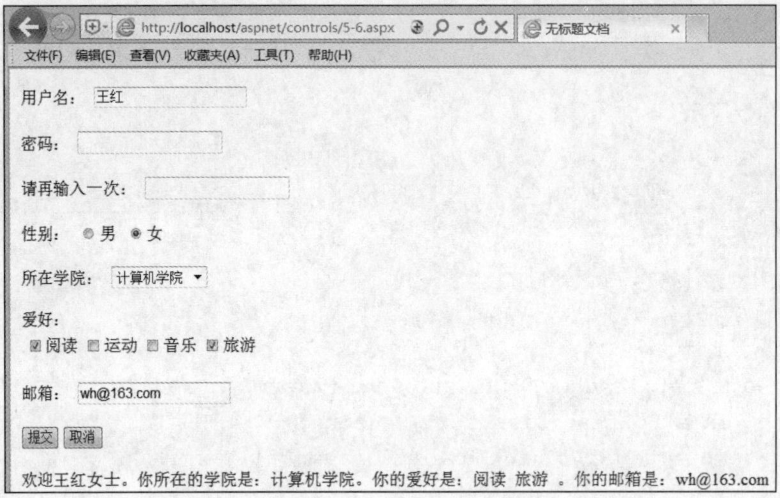

图5.27　例5-6的运行结果

实训

1. 建立一个登录网页，当用户名和密码都为“asp.net”时，输出登录成功提示；否则提示失败。要求在界面设计时用表格排版。

2. 用单选按钮列表<asp:RadioButtonList>替换例 5-3 中的复选框列表，并通过单选按钮列表的自动回送事件实现课程的选择。

3. 试一试，如果控件没有放在<form runat="server">标记中，会有什么结果?

习题

1. 使用 Label 控件有什么好处?
2. 简述所学 ASP.NET 控件的常用属性及用法。

6 Chapter

第6章 验证控件

本章导读：

Web 表单用于接收用户的输入信息，Web 应用程序要对输入的信息是否规范、合理，进行检查和判断，这项工作往往需要花费一定的时间和精力去完成。为了减少开发工作量、提高开发效率，ASP.NET 中增加了专门用于校验的验证控件。借助验证控件，开发人员只需进行一些简单的设置，就可以在网页中实现对输入数据的校验。

本章要点：

- 验证的基本概念
- 必须字段验证控件
- 比较验证控件
- 范围验证控件
- 正则表达式验证控件
- 验证总结控件

ASP.NET 中还有一些具有特殊功能的控件，如本章要学的验证控件，这些验证控件在设计用户注册页面时常常用到。比如，在注册时要求输入两次密码，上一章的注册页面是通过代码来检查两次密码是否相同，这一功能完全可以用验证控件实现。学完本章后，我们就可以在用户注册页面中增加验证控件来完善注册页面的功能。

6.1 验证控件概述

6.1.1 验证控件的作用

验证控件的作用是检验数据的有效性。

在用户输入的表单信息中，常常会有一些不正确的数据。这些不正确的数据可以分为两类：输入了错误的数据，如非合法用户名、不正确的密码；输入了无效的或没有意义的数据，如考试分数为负数，年龄为 200 等。

对于错误的数据，要由服务器程序经过对数据的处理来判断数据是否正确。而对于无效的数据，如果也要由服务器程序经过处理才能判断，则有些浪费服务器的资源。在 ASP.NET 技术中，对于无效数据，通过验证控件就可以进行检查判断，并给出提示信息，而不用经过服务器程序进行处理，提高了 Web 服务器的处理效率。验证控件的设置非常简单，大大减轻了 Web 开发人员的负担。

6.1.2 Dreamweaver CS6 中使用验证控件概述

DW CS6 中集成了验证控件的设计界面。验证控件要从“插入”菜单的“标签”菜单项中添加。在打开的“标签选择器”对话框中，展开左边窗格“ASP.NET 标签”，可以看到有一项分类是“验证服务器控件”，将光标移到“验证服务器控件”分类项上，可以看到右边窗格有 6 个 ASP.NET 验证控件，如图 6.1 所示。选择其中的一个验证控件，就可以打开验证控件的标签编辑器。进行设置后，就可以在网页中插入一个验证控件了。

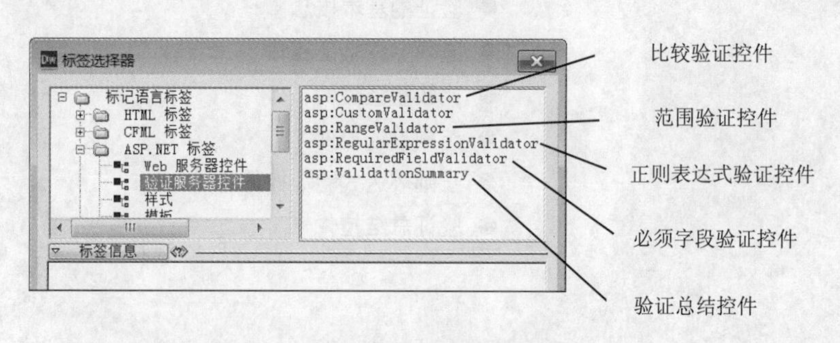

图6.1 验证服务器控件

6.2 必须字段验证控件

必须字段验证控件（RequiredFieldValidator）用于检查规定必须输入内容的字段中是否已输入内容。若没有输入，则验证不通过，并根据事先设置的提示内容给出警告；若已输入，则验证通过。格式：

```
<asp:RequiredFieldValidator runat="server"
 ControlToValidate="要验证的控件 ID "
Text="提示信息"
Display="Static|Dymatic|None"
ErrorMessage="姓名字段必须输入"
....../ >
```

其中，“ControlToValidate”“Text”和“ErrorMessage”是验证控件的三个重要属性。“ControlToValidate”用于指明被检验控件的 ID，被检查的控件如果没有输入值就提交，那么验证控件就会给出错误信息。

在验证控件的属性中，有两个关于错误信息的属性。“Text”属性是显示在验证控件所在位置的提示，当验证不通过时，“Text”中定义的内容会以红色字体出现在验证控件的位置。“ErrorMessage”中的错误信息不是给 RequiredFieldValidator 用的，而是给另一个专门搜集出错信息的验证控件（验证总结控件）用的。

“Display”属性表示错误信息的出现方式，有三种：Static 表示错误信息出现在设计时验证控件所在位置；Dymatic 表示错误信息出现时才占用页面控件；None 表示错误信息出现时不显示，但是可以在验证总结控件中显示。

例 6-1 （6-1.aspx）利用必须字段验证控件检验用户名是否已输入。

操作步骤如下：

（1）在“D:\book”目录中新建一个子目录 validators（即“D:\book\ validators”），本章的所有实例均保存在该目录下。启动 DW CS6，在“D:\book\validators”中新建一个 ASP.NET 网页，命名为 6-1.aspx。

（2）将文档窗口切换到“拆分”视图，将光标移到下面的设计窗口。从“插入”→“ASP.NET 对象”菜单项中，插入一个标签控件，标签的文本为“姓名：”。在标签旁边插入一个文本框控件。在文本框旁边，从“插入”菜单的“标签”菜单项中选择验证服务器控件的“asp:Required FieldValidator”，单击“插入”按钮后，出现必须字段验证控件的“标签编辑器”对话框。在对话框中，设置文本为“姓名不能为空”，要验证的控件输入“TextBox1”，错误信息输入“姓名字段必须输入”，如图 6.2 所示。

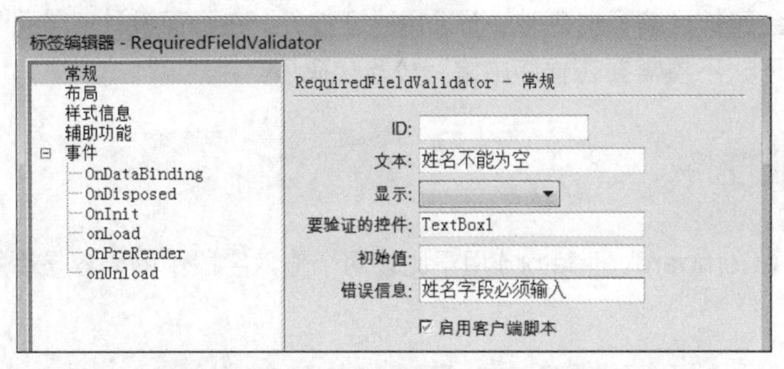

图6.2 必须字段验证控件的标签编辑器

（3）单击“确定”按钮关闭“标签编辑器”对话框。再单击“关闭”按钮，关闭“标签选择器”对话框。在设计窗口中的文本框旁边出现了“姓名不能为空”字样；同时，在代码窗口中增加了必须字段验证控件的代码。因此，“姓名不能为空”并不是普通的文字或标签控件，而是对应着一个验证控件。

（4）继续在“姓名：”下插入一个按钮控件，按钮控件的文本设为“提交”，按钮的“onClick”事件定义为“click”。

（5）在标签</head>和<body>之间输入如下代码：

```
<script language="C#" runat="server">
void click(object sender, EventArgs e) {
    Response.Write("你好！" + TextBox1.Text);
}
</script>
```

（6）存盘后，按F12功能键在浏览器中观察结果，如图6.3所示。

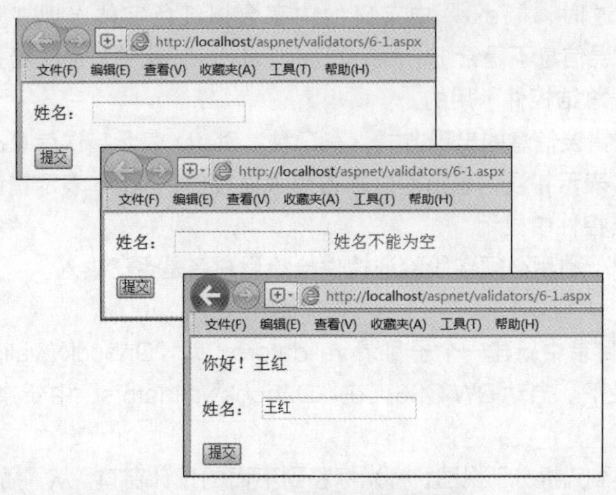

图6.3 例6-1的运行结果

在图6.3所示的用户名输入页面中，如果姓名没有输入，程序会在“姓名”字段旁边以红色字体显示“姓名不能为空”，这个提示就是事先定义在必须字段验证控件中的Text信息。如果用户输入了姓名，则验证通过，按钮单击事件就会给出一个欢迎信息。

如果没有采用验证控件，要检查用户没有输入的情形，就必须编写程序。当页面输入表单项较多时，程序代码会冗长且编写也费时。而采用验证控件，在页面设计时就可以轻松地将无效数据的检查工作完成了，不再需要在程序中编写校验代码了。

6.3 比较验证控件

比较验证控件（CompareValidator）用于比较两个输入字段中的内容是否符合控件中规定的关系。格式：

```
<asp:CompareValidator runat="server"
  ControlToValidate="要验证的控件ID"
  ControlToCompare="要比较的另一个控件的ID"
  ValueToCompare="要比较的常数值"
```

```
Type="数据类型"
Operator="比较的运算符"
Text="提示信息"
ErrorMessage="出错信息"
……/ >
```

DW CS6 中比较验证控件的“标签编辑器”对话框如图 6.4 所示。

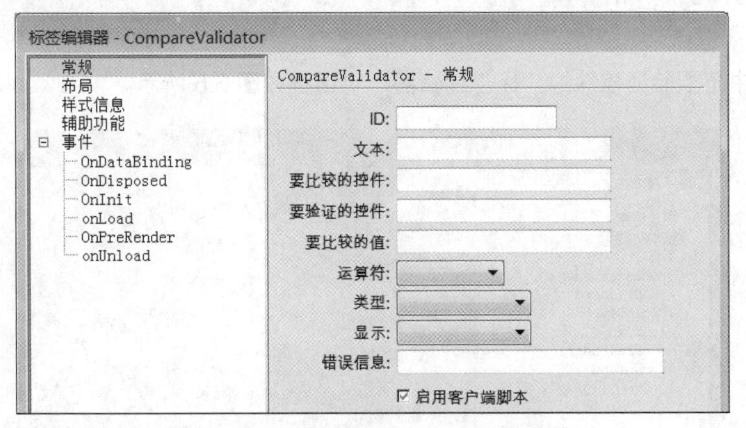

图6.4 比较验证控件的标签编辑器

比较验证控件的属性说明如下。

（1）“ControlToValidate”：设置“要验证的控件”。

（2）“ControlToCompare”：设置“要比较的控件”。

（3）“ValueToCompare”：设置“要比较的值”。“ControlToCompare”和“ValueToCompare”这两个属性只需设置一个。设置“ControlToCompare”表示与输入控件中的数据比较，设置“ValueToCompare”表示与常数值比较，而不是与其他控件的值比较。

（4）“Operator”：设置运算符。“ControlToValidate”属性必须位于比较运算符的左边，“ControlToCompare”属性位于右边，才能有效地进行比较运算。可选择的运算符有：Equal（相等）、NotEqual（不相等）、GreaterThan（大于）、GreaterThanEqual（大于等于）、LessThan（小于）、LessThanEqual（小于等于）、DataTypeCheck（数据类型检查）。当设置为“DataTypeCheck”时，比较验证控件将忽略“ControlToCompare”和“ValueToCompare”属性，只检查输入控件中的值是否可以转换为“Type”属性所规定的数据类型。

（5）“Type”：设置比较的数据“类型”，可以是 String（字符串型）、Integer（整型）、Double（双精度型）、DataTime（日期时间型）等。

（6）“Text”属性和“ErrorMessage”属性的作用同必须字段验证控件。

从上述属性中可看出，由于要进行输入比较，因此比较验证控件中的属性比必须字段验证控件要多定义被比较的对象的信息，即描述这些被比较的控件及应满足的关系。

6.4 范围验证控件

范围验证控件（RangeValidator）用于验证输入的内容是否在规定的范围内。格式：

```
<asp:RangeValidator runat="server"
  ControlToValidate="要验证的控件 ID"
  MaximumValue ="比较范围的最大值"
  MinimumValue ="比较范围的最小值"
  Type="数据类型"
  Text="提示信息"
  ErrorMessage="出错信息"
  …… />
```

DW CS6 中范围验证控件的“标签编辑器”对话框如图 6.5 所示。

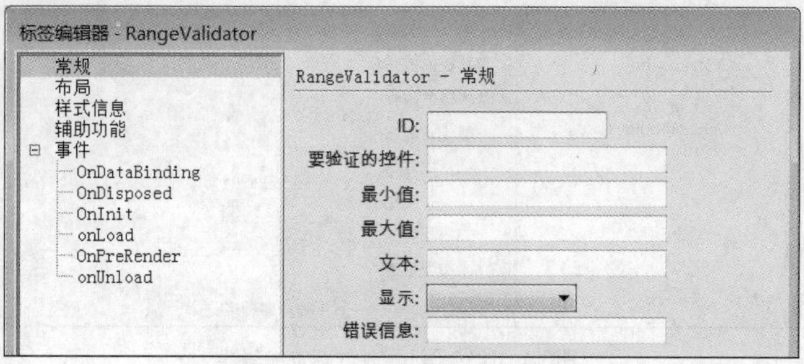

图6.5　范围验证控件的标签编辑器

由于涉及范围检查，因此范围验证控件的属性增加了关于范围及范围数据的类型“MaximumValue”“MinimumValue”和“Type”。“MaximumValue”是范围的最大值，“MinimumValue”是范围的最小值，“Type”是范围数据的类型，包括字符、数值或日期等类型。

6.5 正则表达式验证控件

对于表单中一些简单格式的数据，利用前面几个控件就可以完成验证功能。但对于一些复杂输入域的数据验证则必须要利用正则表达式验证控件（RegularExpressionValidator）。

正则表达式验证控件中要设定一个正则表达式，被验证控件的输入值与正则表达式所定义的模式相匹配，则验证通过，否则验证失改。

使用正则表达式验证控件的关键是定义正则表达式，正则表达式描述了验证的规则。

6.5.1 正则表达式概述

正则表达式是由普通字符和特殊字符组成的表达式。正则表达式中的部分特殊字符含义如表 6.1 所示。

表 6.1　正则表达式中的特殊字符

标记	含义
.	表示空格以外的任何字符
^	除去指定字符以外的其他字符
?	匹配 0 次或 1 次

续表

<table>
<tr><th>标记</th><th>含义</th></tr>
<tr><td>*</td><td>匹配 0 次或更多次</td></tr>
<tr><td>+</td><td>匹配 1 次或更多次</td></tr>
<tr><td>\d</td><td>表示 0～9 的数字</td></tr>
<tr><td>\D</td><td>非数字匹配，不包含 0～9 的数字</td></tr>
<tr><td>|</td><td>表示或</td></tr>
<tr><td>[]</td><td>表示只匹配[]中的一个字符</td></tr>
<tr><td>{}</td><td>对匹配字符个数进行限定。有三种方式：{n}表示最多匹配 n 个字符；{n,m}表示最少匹配 n 个字符，最多匹配 m 个字符；{n,}表示最少匹配 n 个字符</td></tr>
<tr><td>[a-z]</td><td>表示任意小写字符</td></tr>
<tr><td>[A-Z]</td><td>表示任意大写字符</td></tr>
<tr><td>\w</td><td>匹配任何单词字符，包括下划线</td></tr>
<tr><td>\W</td><td>匹配任何非单词字符，等效于[^A-Za-z0-9]</td></tr>
<tr><td>\</td><td>转义字符，用于匹配一些特殊的字符，如[]、( )、|、.、*等</td></tr>
</table>

下面给出一些正则表达式的例子及含义：

[A-Za-z]　　匹配一个大写或小写的字母

[abc]　　匹配 a、b、c 三个字母中的任意一个

[0-9]{2-6}　　表示 0～9 之间的数字，最少 2 个，最多 6 个

[^4]　　表示 4 以外的其他字符

.{3}　　匹配空格以外的任意三个字符

[1-9]+　　表示 1～9 之间的字符，个数至少是 1 个

[1-9]*　　表示 1～9 之间的字符，个数至少是 0 个

(red|green|blue)　　匹配单词 red 或者 green 或者 blue

6.5.2 正则表达式的应用

当要求用户输入邮箱时，就可以用正则表达式来构造邮箱的输入规则，以检查用户是否真的输入了邮箱。以下是一个邮箱的正则表达式示例。

```
[_0-9a-zA-Z]+@[.0-9a-zA-Z]+
```

邮箱的正则表达式“[_a-z0-9A-Z]+@[.a-z0-9A-Z]+”规定了邮箱输入的格式要求。邮箱由@分开的两部分构成；@前是邮箱名，可以是下划线“_”、大小写英文字母和数字，邮箱名的长度必须不小于 1 个字符；@后是网站名，可以是“.”、大小写英文字母和数字，长度不小于 1 个字符。

当要求用户输入六位以上密码但不超过十位，并且密码是由数字 0～9、字母 a～z 和 A～Z 以及下划线“_”构成时，可以采用如下的正则表达式：

```
[0-9a-zA-Z_]{6,10}
```

正则表达式功能强大，通过构造实现特定功能的正则表达式，网页可以实现灵活高效的输入

表单验证。

6.5.3 正则表达式验证控件

正则表达式验证控件的格式为：

```
<asp:RegularExpressionValidator runat="server"
ControlToValidate="要验证的控件 ID "
ValidationExpression="正则表达式"
Text="提示信息"
ErrorMessage="出错信息"
…… />
```

属性“ValidationExpression”用于定义验证的正则表达式。

DW CS6 中正则表达式验证控件的“标签编辑器”对话框如图 6.6 所示。

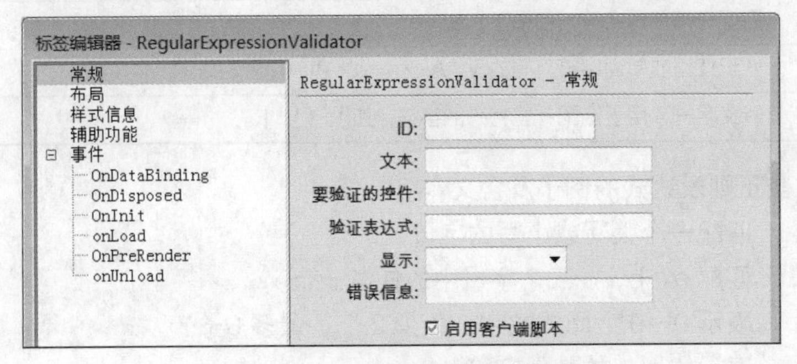

图6.6　正则表达式验证控件的标签编辑器

6.6 验证总结控件

当一个表单中有很多验证控件的时候，只要其中的一个验证没有通过，那么这个页面的验证就没有通过，可采用验证总结控件（ValidationSummary）来集中给出验证结果，也就是错误消息列表。

验证总结控件本身不提供任何验证，它需要和前面讲到过的其他验证控件一起使用，以集中给出验证的结果，这些验证结果就是在各个验证控件中由属性“ErrorMessage”定义的出错提示信息。

验证总结控件的格式如下：

```
<asp:ValidationSummary id="控件名" runat="server"
  DisplayMode="显示模式"
  ShowSummary="控件是否显示"
  ShowMessageBox="是否显示对话框"
  HeaderText="标题" />
```

DW CS6 中验证总结控件的“标签编辑器”对话框如图 6.7 所示。

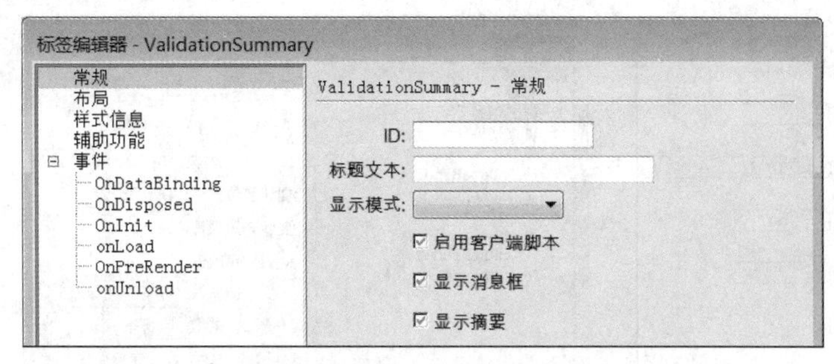

图6.7　验证总结控件的标签编辑器

验证总结控件的属性说明如下。

（1）“DisplayMode”：设置“显示模式”，即指明显示错误列表的方式，可选值有 BulletList（项目列表）、List（列表）、SingleParagraph（单段）。

（2）“ShowSummary”：设置“显示摘要”，布尔型，表明是否显示验证错误摘要。为 true 显示；为 false 不显示。

（3）“ShowMessageBox”：设置“显示消息框”，布尔型，表明是否以对话框显示错误摘要。为 true 显示对话框，为 false 不显示对话框。

（4）“HeaderText”：设置“标题文本”，显示错误信息摘要的标题。

6.7 综合应用：设计带验证功能的用户注册动态页面

下面我们就利用本章所学的验证控件，设计带有输入验证功能的用户注册页面。页面具有如下验证功能：必须输入用户名；必须输入密码；两次密码必须相同；年龄输入在 15 到 25 之间；对邮箱用正则表达式进行校验；电话号码不超过 11 位；显示所有验证结果。

例 6-2　（6-2.aspx）建立一个带验证功能的用户注册动态页面。

操作步骤如下：

（1）启动 DW CS6，在“D:\book\validators”中新建一个 ASP.NET 网页，命名为 6-2.aspx。

（2）在设计视图建立如图 6.8 所示页面，在页面上放置六个 ASP.NET 对象中的文本框控件、一个按钮控件和一个标签控件。其中用于输入密码的文本框的文本模式设置为“密码”。所有控件的 ID 值用 DW CS6 自动生成的名字，六个文本框控件的 ID 从上到下分别为：TextBox1、TextBox2、TextBox3、TextBox4、TextBox5、TextBox6。

（3）下面增加验证控件。在“用户名”文本框旁增加必须字段验证控件，其设计窗口可参考图 6.2，要验证的控件为“TextBox1”，验证文本设为“用户名不能为空!”，错误信息设为“用户名必须输入”。

（4）在“密码”文本框旁也增加一个必须字段验证控件，要验证的控件为“TextBox2”，验证文本设为“密码不能为空!”，错误信息设为“密码必须输入”。

（5）在“请再输入一次”文本框旁增加一个比较验证控件，其标签编辑器中的输入如图 6.9 所示。

用户名：[ASP:TEXTBOX]

密码：[ASP:TEXTBOX]

请再输入一次：[ASP:TEXTBOX]

年龄：[ASP:TEXTBOX]

邮箱：[ASP:TEXTBOX]

电话：[ASP:TEXTBOX]

提交

[ASP:LABEL]

图6.8　初始注册页面设计

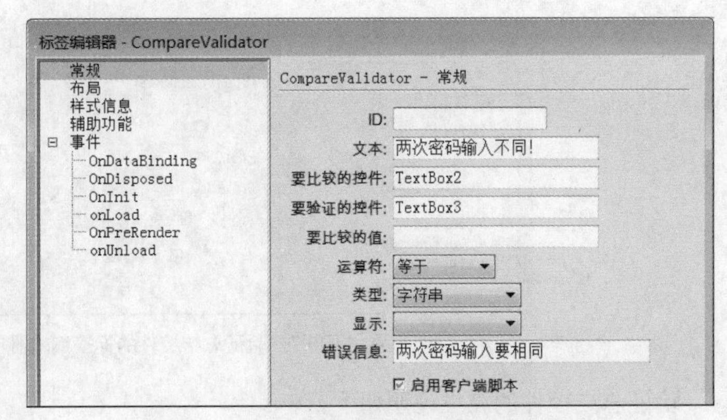

图6.9　比较验证控件验证两次密码是否相同

（6）在“年龄”文本框旁插入一个范围验证控件，其标签编辑器中的输入如图 6.10 所示。

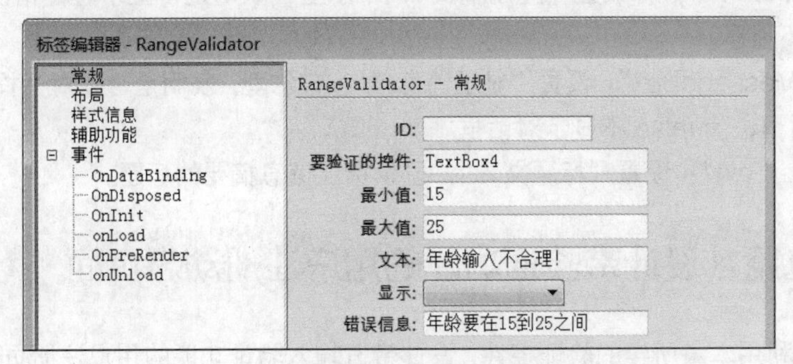

图6.10　范围验证控件验证年龄

（7）在“邮箱”文本框旁插入一个正则表达式验证控件，其标签编辑器中的输入如图 6.11 所示。

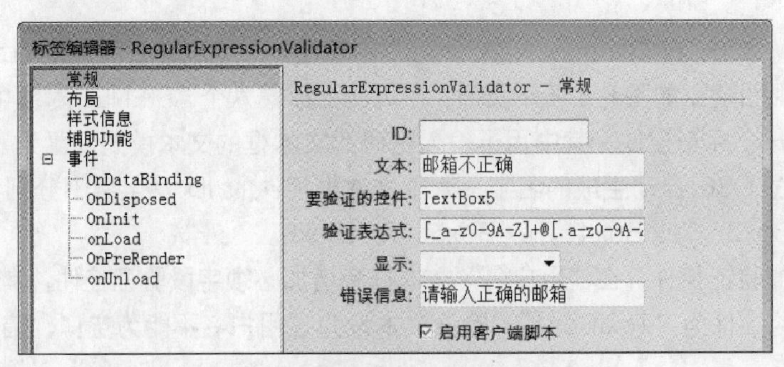

图6.11　正则表达式验证控件验证邮箱

（8）在“电话”文本框旁插入一个正则表达式验证控件，用于验证电话号码的位数（手机号码为 11 位，固定电话为 7 或 8 位），其标签编辑器中的输入如图 6.12 所示。

（9）在页面最后即标签控件之后插入一个验证总结控件，其标签编辑器设置如图 6.13 所示。

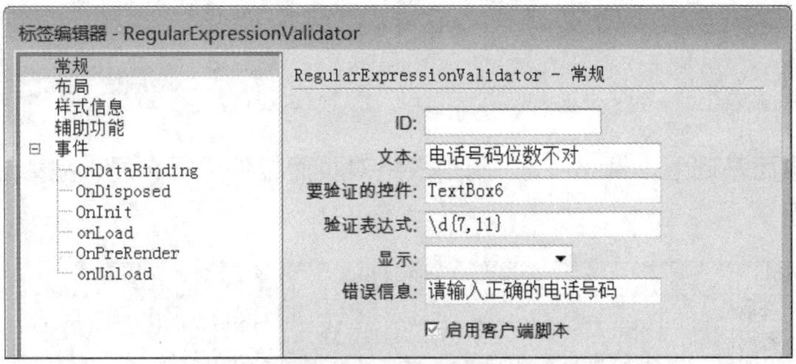

图6.12　正则表达式验证控件验证电话号码

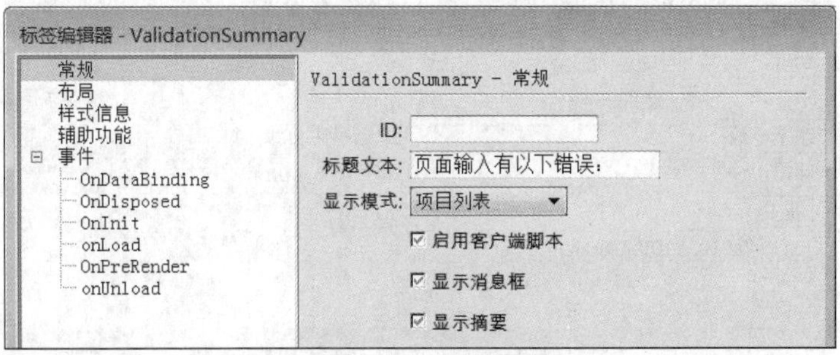

图6.13　验证总结控件

（10）在</head>和<body>之间输入如下事件处理代码：

```
<script language="C#" runat="server">
void click1(Object sender, EventArgs e) {
  Label1.Text = "欢迎你," + TextBox1.Text + "同学";
}
</script>
```

（11）存盘后，按 F12 键在浏览器中查看运行结果。图 6.14 左图是所有输入均校验通过时的运行结果，即校验控件验证通过后，执行按钮单击事件代码，给出问候语。图 6.14 右图是输入不符合要求时，验证控件给出的红色提示。

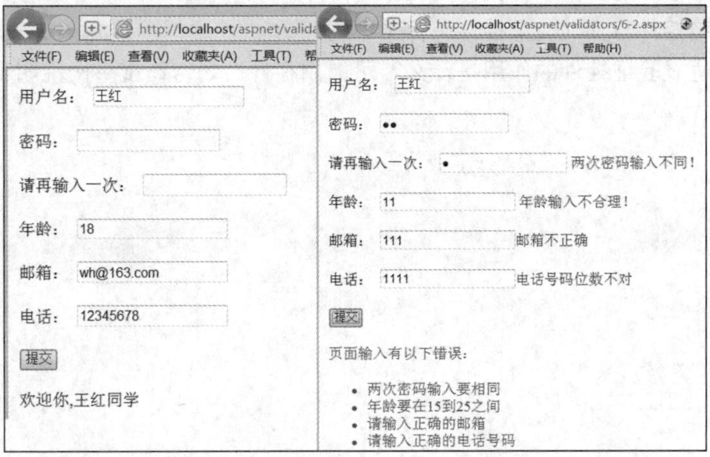

图6.14　例6-2的运行结果

实训

在用户注册页面基础上（例 6-2），利用表格对页面控件进行布局，完善注册页面设计。可参考如下设计界面。

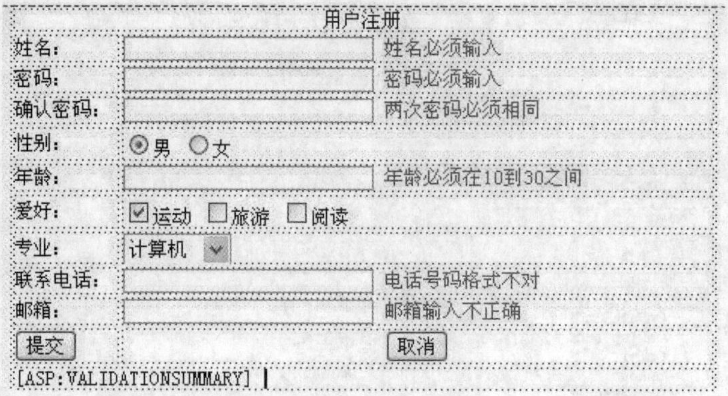

用户注册		
姓名：		姓名必须输入
密码：		密码必须输入
确认密码：		两次密码必须相同
性别：	◉男 ○女	
年龄：		年龄必须在10到30之间
爱好：	☑运动 ☐旅游 ☐阅读	
专业：	计算机	
联系电话：		电话号码格式不对
邮箱：		邮箱输入不正确
提交		取消
[ASP:VALIDATIONSUMMARY]		

习题

1. 判断题

（1）验证控件仅能检验输入控件是否输入了内容。（ ）

（2）使用验证控件可以大大简化验证过程。（ ）

2. 设计正则表达式，用于验证手机号码输入是否正确。

3. 设计正则表达式，用于验证邮箱名的输入是否正确。邮箱名的构成要求：由大小写英文字母、0～9 的数字或下划线组成。假设邮箱名的长度不能超过 20 位。

4. 设计正则表达式，用于验证身份证输入是否正确。

5. 简答题

（1）简述你所学过的验证控件及其功能。

（2）验证总结控件与其他验证控件有什么不同?

（3）正则表达式验证控件的作用是什么？可以用在什么场合？试举例说明。

7 Chapter

第 7 章 常用内置对象

本章导读：

Web 服务器控件和验证控件是 ASP.NET 网页的重要元素。要建立复杂的 ASP.NET 程序，还要用到 ASP.NET 的内置对象。ASP.NET 中有五个无需创建即可直接调用和访问的内置对象：Response 对象、Request 对象、Application 对象、Session 对象和 Server 对象。内置对象提供了动态网页的重要功能，通过内置对象，可以构建功能强大的 Web 应用系统。

本章要点：

- Response 对象
- Request 对象
- Application 对象
- Session 对象
- Server 对象

在访问某些网页或论坛时，可以看到网页显示出了本机的 IP 地址；在浏览一些网站时，网站会显示出当前单击次数。这些都是通过内置对象实现的。动态网页经常用到的用户登录功能，也离不开内置对象的配合。本章学完内置对象的常用属性和事件后，我们就可以完成这几项典型的内置对象的应用了。

7.1 Response 对象

Response 对象是用于获取当前请求的内部响应对象，可以用来决定何时或如何将输出由服务器端发送到客户端。

7.1.1 常用属性和方法

Response 对象常常被用到的属性是 Charset，该属性用于设置输出页面采用的编码方式。

一般网页常用的编码方式是“简体中文编码”，即 GB2312。可以通过浏览器的菜单“查看”→“编码”→“简体中文（GB2312）”进行设置。

利用 Response 对象设置编码方式的方法是：

```
Response.Charset= "GB2312"
```

上述语句一般用于服务器输出文件前，利用 Charset 属性设置编码方式为简体中文。

Response 对象的常用方法有：Write、WriteFile 和 Redirect。

7.1.2 向网页输出文本

在前面几章的例题中，已经用到了 Response 对象的 Write 方法，即通过 Response.Write 向浏览器中输出信息。通过 Response 对象的 WriteFile 方法还可以向网页上输出文本文件。

1. Write 方法

Write 方法用于把消息向页面上输出，如：

```
Response.Write("这是一条消息");
```

将向屏幕输出一句话“这是一条消息”。

例 7-1　（7–1.aspx）Response 对象的 Write 方法练习。

操作步骤如下：

（1）在“D:\book”目录中新建一个子目录 objects（即“D:\book\ objects”），本章的所有实例均保存在该目录下。启动 DW CS6，在“D:\book\objects”中新建一个 ASP.NET 网页，命名为 7–1.aspx。

（2）将文档窗口切换到“代码”视图。在<body>标记后输入如下代码：

```
<%
  for (int i = 0; i<5; i++) {
      Response.Write("<p><font size = " + i + ">ASP.NET 动态网页</font>");
  }
%>
```

（3）存盘后按 F12 功能键，运行结果如图 7.1 所示。

例 7-1 以从小到大的字体，在浏览器中输出“ASP.NET 动态网页”几个字。在 Write 方法输出的字符串当中，嵌入了<font>字体标记。字体的大小用循环变量 i 表示，从 1 开始，每循环一次，字体增大 1，因此输出结果的文字呈现从小到大的变化。

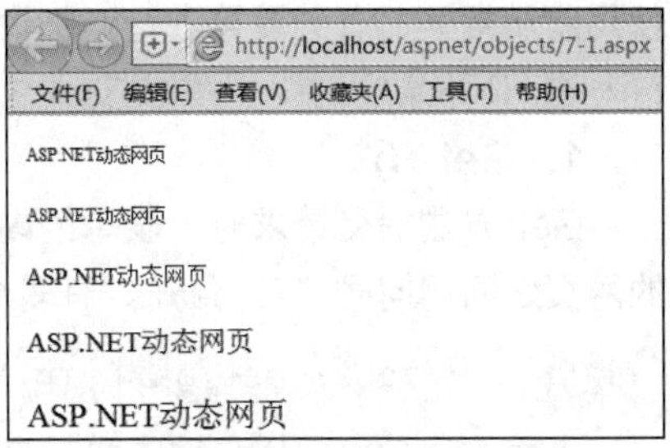

图7.1　例7-1的运行结果

2. WriteFile 方法

WriteFile 方法把文件的内容向页面输出，如：

```
Response.WriteFile("mytext.txt");
```

将向屏幕输出文件 mytext.txt 的内容。

当文件内容是中文时，可以加上“Response.Charset= "GB2312";”语句设置服务器输出字符编码为简体中文。

7.1.3 网页重定向

Response 对象的 Redirect 方法使浏览器重定向到另一个 URL 位置。Redirect 方法是 Web 应用开发中的重要方法。语法格式如下：

```
Response.Redirect(URL)
```

其中，URL 可以是网址或网页的程序名。例如：

```
Response.Redirect("another.aspx");
```

执行完页面将跳转到 another.aspx。

例 7-2　（7-2.aspx）Response 对象的 Redirect 方法练习。

操作步骤如下：

（1）启动 DW CS6，在“D:\book\objects”中新建一个 ASP.NET 网页 7-2.aspx。

（2）切换到“代码”视图。在<body>标记后输入如下代码：

```
<%
   Response.Redirect("7-1.aspx");
%>
```

（3）存盘后，按 F12 功能键在浏览器中查看运行结果。

可以看到，运行结果和例 7-1 的运行结果一样，浏览器的地址栏也相同。这是因为执行 7-2.aspx 时，网页被重定向到了 7-1.aspx，所以看起来像执行 7-1.aspx 一样。

7.2 Request 对象

Request 对象是获取当前请求的内置对象，用来捕获由客户端提交给服务器端的数据，如用户输入的数据。

7.2.1 Get 方法和 Post 方法

在学习 HTML 表单时，曾简单介绍过 Get 方法和 Post 方法。这两种方法和 Request 对象的使用密切相关，有必要再进行详细说明。

在 HTTP 协议中，用户提交请求有两种方法：Get 方法和 Post 方法。

1. Get 方法

Get 方法提交请求时，表单的内容是直接放在 URL 后面传递给服务器的，表单和提交请求的网页之间用问号“?”分开。有多个表单项时，值和表单之间用一个&符号分开。如：

```
http://localhost/aa/temp.aspx?name=test&age=22
```

上面的语句表明用户请求是提交给服务器上的动态网页 temp.aspx 处理的，提交了两个表单项：name 的值是 test、age 的值是 22，是以 Get 方法提交的。

由于表单项的内容暴露在 URL 中，以 Get 方法提交请求时，请求内容可以看得到并能够被记录下来，因此 Get 方法提交的内容安全性欠佳。

通常 Get 方法还限制字符串的长度，因此，也不适于提交表单内容较多的请求。

2. Post 方法

另一种提交请求的方法是 Post 方法。与 Get 方法相比，采用 Post 方法提交请求时，用户浏览器的地址栏中不会显示相关的查询字符串。所以 Post 方法比较适于发送比较大量的数据到服务器，提交的数据安全性也比较好。一般 ASP.NET 网页采用 Post 方法提交请求。

由于提交请求的方法不同，因此通过 Request 对象获取请求内容的方法也不同。

7.2.2 获取用户请求

1. Request.QueryString 方法

对于 Get 方法提交的请求，可以利用 Request 对象的 QueryString 方法获取 URL 后面相关的变量及其值。格式是：

```
Request.QueryString["变量名"];
```

上述格式中的变量名是指 URL 后的变量名，如：

```
Request.QueryString["name"];
Request.QueryString["age"];
```

上述两条语句分别获取 Get 方法提交请求 URL 中的 name 和 age 值。

例 7-3 和例 7-4 共同完成提交请求并跳转到相应网页的功能。例 7-3 用 Get 方法提交请求，例 7-4 用 Response 对象的 QueryString 方法得到请求的值。

例 7-3-1　（7-3-1.htm）用 Get 方法提交请求。

操作步骤如下：

（1）启动 DW CS6，在“D:\book\objects”中新建一个 HTML 页面，命名为 7-3-1.htm。再在同一目录下新建一个空的 ASP.NET 网页，命名为 7-3-2.aspx。

（2）切换到“拆分”视图，在设计窗口建立一个四行一列的表格，分别填写如图 7.2 所示的内容，并将表格居中对齐。

（3）选中“课程查询”，单击鼠标右键，在弹出的快捷菜单中选择“创建链接”，如图 7.3 所示。在打开的“选择文件”对话框中，选择刚创建的 7-3-2.aspx，如图 7.4 所示。

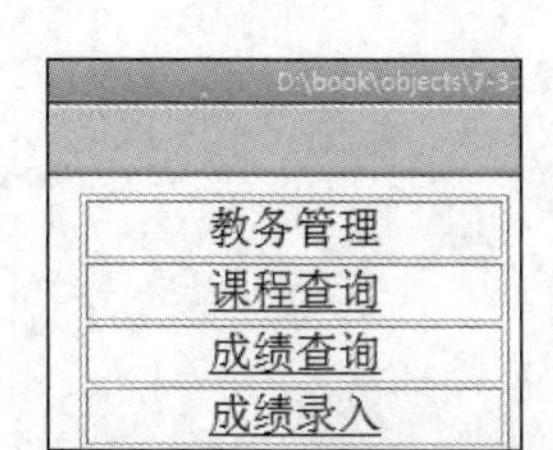

图7.2　例7-3-1的表格

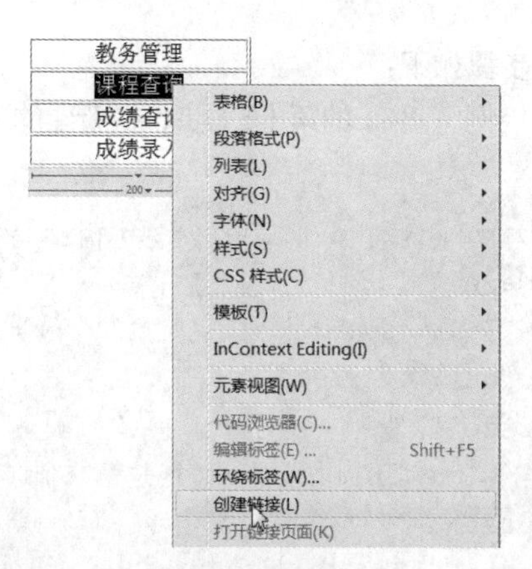

图7.3　创建链接

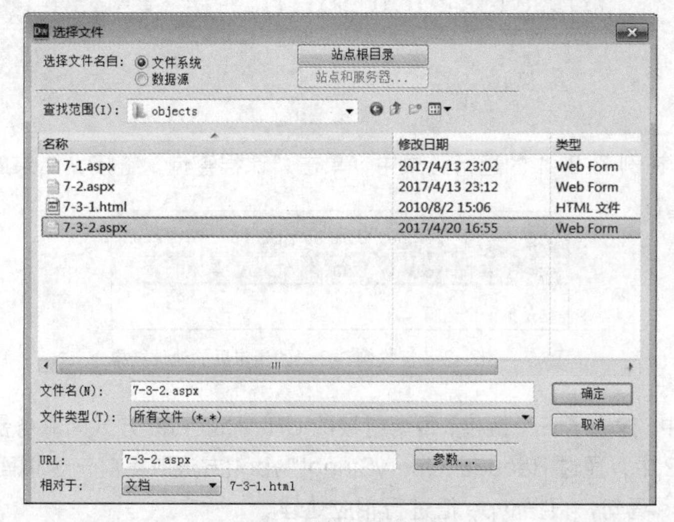

图7.4　选择链接的文件

（4）单击“确定”按钮，关闭“选择文件”对话框。同样对“成绩查询”和“成绩录入”建立链接，都是链接到7–3–2.aspx。

（5）下面为链接加上表单项，构造Get方式的请求。将光标移到设计窗口的第一个链接标记中，在DW CS6属性面板的href中增加“?type=1”，如图7.5所示。依次修改其余两个链接标签，在href中分别增加“?type=2”和“?type=3”。

（6）按F12功能键，运行结果如图7.6所示。

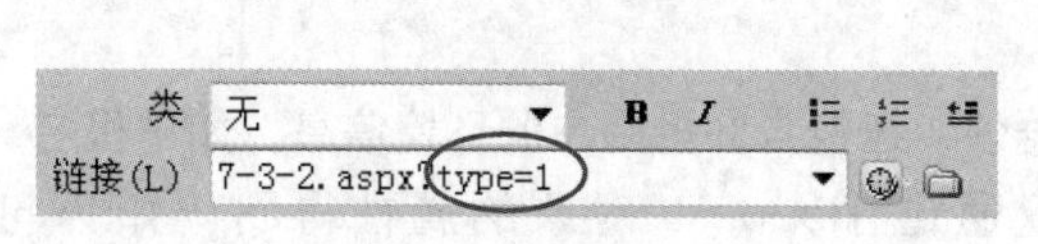

图7.5　修改链接标签

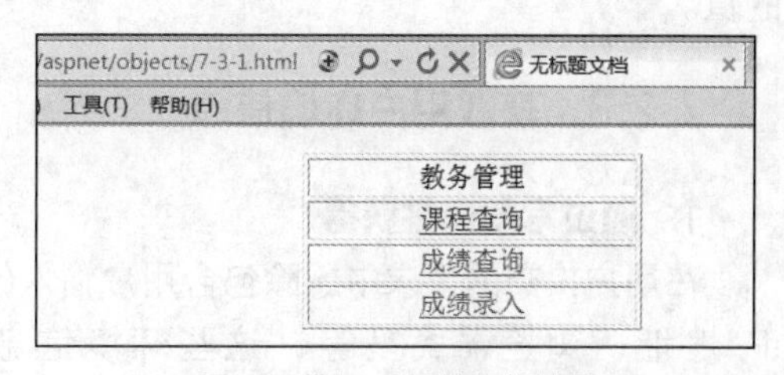

图7.6　例7–3–1的运行结果

例7-3-2　（7–3–2.aspx）用Request对象的QueryString方法获取Get方法提交的变量。

操作步骤如下：

（1）接例7-3-1的第（6）步，在新建的7-3-2.aspx中输入如下代码：

```
<%
  switch (Request.QueryString["type"]) {
    case "1":
      Response.Write("这是第一个选项");
    break;
    case "2":
        Response.Write("这是第二个选项");
    break;
    case "3":
        Response.Write("这是第三个选项");
    break;
  }
%>
```

（2）存盘后，在例7-3-1的运行结果中，单击“课程查询”链接，结果如图7.7所示。

图7.7 例7-3-2接收例7-3-1的请求后的处理结果

在例7-3-1中，建立了三个链接，每个链接的URL都以Get方式向服务器传送了变量type的值。在例7-3-2中，通过Request.QueryString["type"]方法取得前一个页面提交的type值，并通过switch case语句，根据type值进行相应处理。

2. Request.Form方法

对于Post方法提交的请求，可以利用Request对象的Form方法得到请求的数据。但要注意的是，这些数据必须由表单提供。在发出请求的页面中，所有表单中的控件信息都可以从Form集合中得到。格式是：

```
Request.Form["变量名"]
```

如Request.Form["UserName"]语句可以获取Post方法提交请求中的表单项UserName的值。

7.2.3 获取用户环境信息

1. 通过常用属性获得

在用户提交的请求中，除包含用户输入的数据外，还包含许多用户的环境信息，如主机名、IP地址、浏览器类型等，这些环境信息可以通过Request对象的属性得到。如语句Request.UserHostName可以获得用户的机器名。

表7.1列出了一些较为常用的属性，其他属性及方法可查阅帮助文档。

表 7.1　Request 对象的部分属性

属性名	含义
Path	网页的完整路径（包括文件名）
ApplicationPath	网页所在位置的文件夹（不含文件名）
PhysicalApplicationPath	网页在机器上的绝对路径（不含文件名）
UserHostName	远程客户端的 DNS 名称
UserHostAddress	远程客户端的 IP 主机地址
IsSecureConnection	HTTP 连接是否使用加密

2. 通过 ServerVariables 集合获得

ServerVariables 集合也是 Request 对象的一个属性，是包含环境变量的集合。如下语句获取客户端服务器的名称：

```
strTemp = Request.ServerVariables["Http_Host"];
```

表 7.2 列出了一些较为常用的服务器环境变量。

表 7.2　常用的服务器环境变量

环境变量名	含义
ALL_HTTP	客户端发送的 HTTP 头
APPL_PHYSICAL_PATH	Web 应用程序的物理路径（不含文件名）
CONTENT_LENGTH	客户端发出内容的长度
LOCAL_ADDR	接受请求的服务器地址
PATH_INFO	相对路径（含文件名）
QUERY_STRING	查询 HTTP 请求中问号（?）后的信息
REMOTE_ADDR	客户端的 IP 地址
REMOTE_HOST	客户端的主机名称
REMOTE_USER	已经过验证的客户的用户名
REQUEST_METHOD	HTTP 请求方式（Get 或 Post 等）
SCRIPT_NAME	执行脚本的程序名（含相对路径）
SERVER_NAME	服务器主机名或 IP 地址
SERVER_PORT	接受请求的端口号

3. 通过 Browser 属性获得

利用 Request 对象的 Browser 属性可以得到浏览器的相关信息。但是 Browser 属性本身又是个对象，因此还要进一步使用 Browser 对象的属性。Browser 对象主要有两个属性：Browser 属性，表示浏览器的名称；MajorVersion 属性，表示浏览器版本号。如：

```
strTemp = Request.Browser.Browser;
strTemp = Request.Browser.MajorVersion;
```

上述第一条语句获取浏览器的名称，第二条语句获取浏览器的版本号。

表 7.3 列出了 Browser 对象的常用属性。

表 7.3　Browser 对象的常用属性

属性名	含义
Type	客户端浏览器的名称和主要版本号
Browser	客户端浏览器的名称
Version	客户端浏览器的版本
Platform	客户端使用的平台名称
Frames	客户端浏览器是否支持 HTML 框架，布尔型值
Cookies	客户端浏览器是否支持 Cookie，布尔型值
Javascript	客户端浏览器是否支持 JavaScript，布尔型值

例 7-4　（7-4.aspx）获取用户上网信息，包括 IP 地址及浏览器版本等。

操作步骤如下：

（1）启动 DW CS6，新建一个 ASP.NET 网页 7-4.aspx。

（2）切换到“代码”视图，在<body>和</body>标记之间输入如下代码：

```
<%
  string strTemp;
  strTemp = Request.Path;
  Response.Write("网页的完整路径--" + strTemp + "<p>");

  strTemp = Request.ApplicationPath;
  Response.Write("网页所在的文件夹--" + strTemp + "<p>");

  strTemp = Request.ServerVariables["Http_Host"];
  Response.Write("客户端主机名--" + strTemp + "<p>");

  strTemp = Request.Browser.Browser;
  Response.Write("浏览器的种类--" + strTemp + "<p>");
%>
```

（3）存盘后，按 F12 功能键在浏览器中查看结果，可以得到运行环境的相关信息，运行结果如图 7.8 所示。

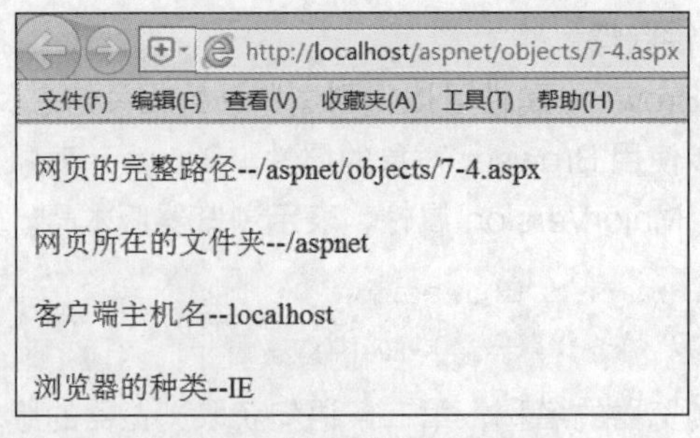

图7.8　例7-4的运行结果

7.3 Application 对象

Application 对象代表一个目录及其所有子目录中的 ASP.NET 文件。通过 Application 对象，同一网站下的不同网页之间共享数据十分方便。Application 对象就相当于 Web 应用程序共享的全局变量。

7.3.1　存取 Application 对象的变量值

Application 对象的功能十分强大，使用方法却不复杂。把需要共享的变量保存在 Application 对象中，使用时再从 Application 对象中读取出这些变量。因为 Application 对象是可以由所在目录中的程序共享的对象，因此这些变量就可以作为全局变量使用。

1. 在 Application 对象中保存变量值

格式：

```
        Application["变量名"]=值
```

变量值可以是字符串、数值等。下面的语句将 name 变量保存在 Application 中：

```
Application["name"]="Tom";
```

2. 从 Application 对象中读取变量值

格式：

```
        变量=Application["变量名"]
```

下面的语句将 Application 对象中保存的 name 值赋给变量 strTemp：

```
strTemp = Application["name"];
```

3. 从 Application 对象中删除变量

格式：

```
    Application.Remove["变量名"]
```

下面的语句从 Application 对象中删除了变量 name：

```
Application.Remove["name"];
```

7.3.2　Application 对象的生命周期

Application 对象的生命周期起始于 Web 应用程序的第一个页面开始执行时，终止于 Web 服务器关闭或使用 Clear 方法清除。

用户在请求 ASP.NET 文件时，将启动应用程序并且创建 Application 对象。一旦 Application 对象被创建，就可以共享和管理整个应用程序的信息。在应用程序关闭之前，Application 对象一直存在。

7.3.3　Lock 和 UnLock 方法

Application 对象可以由网站的应用程序共享，而网站程序可能同时会有多个用户访问，那么就可能出现多个用户同时访问某个保存在 Application 对象中的变量的情况。当多个用户同时需要修改 Application 中的某个变量时，就有可能产生数据不一致的问题。

为了避免这种情况的发生，Application 对象提供了两个方法：Lock 和 UnLock。当需要修改某个 Application 对象中保存的变量值时，先用 Lock 方法将 Application 对象锁住，禁止其他用户修改 Application 对象中的变量值，然后再对变量值进行修改。修改结束后，再用 UnLock 方法把锁打开。这样就避免了访问冲突的问题。

格式：

```
Application.Lock;
Application["变量名"]=表达式;
Application.UnLock;
```

7.3.4 Application 对象获取网站单击次数

有多种方法可以计算网站的单击次数。用 Application 对象获取网站单击次数是一种简单的计算方法。

例 7-5 （7-5.aspx）计算网站单击次数。步骤如下：

（1）启动 DW CS6，新建一个 ASP.NET 网页 7-5.aspx。

（2）切换到“代码”视图，在<body>和</body>标记间输入如下代码：

```
<%
  Application.Lock();
  Application["count"]=Convert.ToInt32(Application["count"])+1;
  Application.UnLock();
  Response.Write("该网页被浏览的次数 " + Application["count"]);
%>
```

（3）存盘后，按 F12 功能键查看运行结果，可以看到网页显示被浏览 1 次，如图 7.9 所示。

图7.9 例7-5的运行结果

每刷新一次或新打开一个 IE 访问该页面，IE 中显示的浏览次数就增加 1。

例 7-5 在 Application 对象中增加了一个 count 变量，每刷新网页一次，count 的值增加 1，以此表示网页被单击的次数。当然，真正的网站计数还要考虑更多的问题，本例只是一个 Application 对象的使用示范。

7.3.5 Application 对象的事件

Application 对象有两个基本事件：Application_OnStart 事件和 Application_OnEnd 事件，分别在 Application 对象启动时和终止时被触发。Application_OnStart 事件是在首次创建新的会话之前执行，而 Application_OnEnd 事件是在关闭 Web 服务器的时候执行。

利用这两个事件，可以对 Web 应用程序做一些初始化及收尾工作。

需要说明的是，这两个事件不是放在普通的 ASP.NET 程序中，而是放在一个叫作 Global.asax 的文件中。

7.3.6 Global.asax

Global.asax 文件也称作 ASP.NET 应用程序文件，是一个可选文件。它用于定义在 ASP.NET 应用程序执行之前的一些初始化任务或 Web 应用程序结束时进行的一些收尾工作。Global.asax 中的代码可以包括应用程序级别事件的处理程序以及会话事件、方法和静态变量等。

Global.asax 的文件名是确定的，不能改动。

要注意的是，Global.asax 文件必须位于一个 Application 对象的根目录下，否则不起作用。每个应用程序在其根目录下只能有一个 Global.asax 文件，IIS 会自动找到它，并执行里面的代码。

例 7-6 （Global.asax）建立 Global.asax，设置网页单击的初始次数。

（1）启动 DW CS6，单击“新建”菜单，在打开的“新建文档”窗口选择“其他”中的“文本”页面类型，单击“创建”按钮，打开一个空白的文本编辑窗口。输入以下代码后，将文件命名为 Global.asax，保存到“D:\book\”下。

```
<script language="c#" runat="server">
void Application_onStart() {
   Application.Lock();
   Application["count"]=1000;
   Application.UnLock();
}
</script>
```

（2）重新运行例 7-5.aspx，结果如图 7.10 所示。

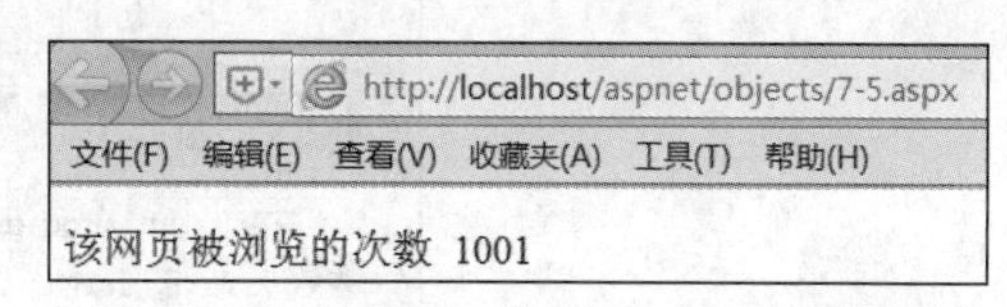

图7.10 建立Global.asax后例7-5的运行结果

同样是运行例 7-5 计算网页被浏览次数，结果却不同，网页被浏览次数不再增加 1 次，而是直接变成 1001。这就是因为在 Global.asax 中对单击次数进行了初始化。当网页执行时，会引发 Global.asax 中的 Application_onStart 事件，保存在 Application 对象中的 count 变量，初值设成了 1000。再执行例 7-5 时，单击次数在初值基础上增加 1，因此网页被浏览次数就成了 1001。要说明的是，上述 Global.asax 是放在“D:\book\”中的。

在整个 Web 应用的运行期间，Application 对象中的变量不会被释放，而是一直占用 Web 服务器的空间。如果在 Application 对象中保存了大量的变量，就会造成服务器的资源被大量占用，服务器的工作效率降低。因此，Application 对象中保存的变量不要太多，不用的变量要及时从 Application 对象中删除。

7.4 Session 对象

ASP.NET 中的 Session 对象用于存储特定的用户会话所需的信息。一个用户在一段时间内对站点的一次访问就是一次会话。用户在同一网站的应用程序的页面之间切换时，存储在 Session

对象中的变量始终存在，不会被清除。

Application 对象中保存的是整个应用程序共享的数据，Session 对象中保存的则是一次会话中可以共享的信息。会话是和用户相关的，因此通过 Session 对象，可以记录各个用户的信息，来区分不同用户的身份。

7.4.1 存取 Session 对象的变量值

Session 对象在使用形式上类似于 Application 对象，只需将要记录的变量名作为 Session 对象的参数，进行赋值或取值即可。

存取 Session 对象的格式为：

```
Session["name"]="Tom";
变量=Session["变量名"];
```

Session 对象没有 Lock 和 UnLock 方法。由于会话是针对单个用户的，其他用户无法改变当前用户的 Session 对象的项目值，因此要修改 Session 对象中的变量值时，不存在多用户访问冲突问题，也就无需使用 Lock、UnLock 方法。

7.4.2 Session 有效期及会话超时设置

在 Session 对象的生命周期内，Session 的值是有效的。但如果在大于生命周期的时间里没有再访问应用程序，Session 会自动过期，其存储的信息将不存在。

1. Internet 信息服务中的 Session 设置

打开 IIS 管理器，在“功能视图”中双击“ASP”。在打开的“ASP”页的“服务”下，展开“会话属性”。在“超时[timeout]”中以 hh:mm:ss 格式显示了 Session 会话超时的设置，如图 7.11 所示。

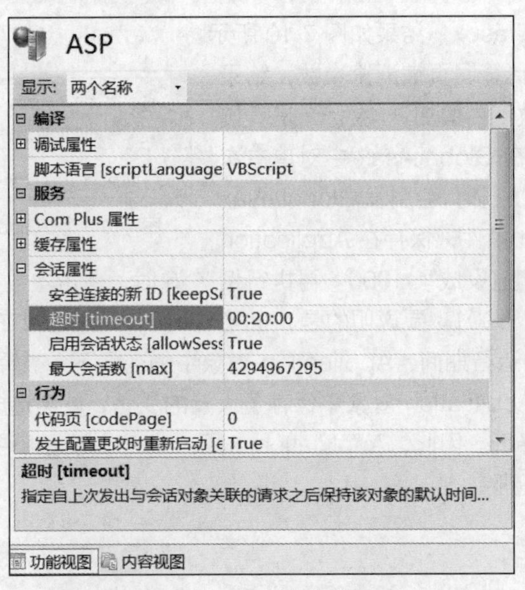

图7.11 Session的超时设置

可以看到会话超时时间是 20 分钟，也就是若连续 20 分钟未发生交互，则 IIS 视作这次会话结束，原来 Session 中保留的信息会清空。可以直接在这个窗口中修改会话超时时间。

2. 在程序中的会话超时设置

也可以在程序中设置会话超时时间。方法如下：

```
Session.Timeout=分钟数
```

在指定的分钟数内，若用户没有任何活动，则 Session 过期，Session 中存储的数据失效。另外，通过 Abandon（放弃）方法也可以使 Session 对象即时失效，方法如下：

```
Session.Abandon
```

Abandon 方法的作用是：销毁 Session 对象并立即释放 Session 占用的资源。当 Session 对象所记录的内容不再有用的时候，可使用这种方法将 Session 对象立即销毁。

7.4.3 Session 对象的事件

类似 Application 对象，Session 对象也有 Session_OnStart 和 Session_OnEnd 事件。

Session_OnStart 事件在客户第一次从应用程序中请求 ASP.NET 页面的时候执行，Session_OnEnd 事件在客户关闭会话的时候执行。OnStart 和 OnEnd 事件的代码也都放在 Global.asax 文件中。

使用 Session 对象时也要注意服务器资源。所有 Session 对象都在服务器端的内存中保存，即 Session 对象也是要占据服务器的资源的，因此要注意服务器的负载，不要定义太多的 Session 对象。

7.4.4 Session 对象获取用户单击次数

Session 对象也可以用来记录网页单击次数，不同于用 Application 对象实现网页单击次数，Session 对象记录的是单个用户在一次连接中对网页的单击次数。

例 7-7 （7-7.aspx）用 Session 对象记录网页单击次数。步骤如下：

（1）启动 DW CS6，新建一个 ASP.NET C#网页 7-7.aspx。在设计窗口并排放置一个 ASP.NET 对象中的按钮和两个标签控件，如图 7.12 所示。

图7.12 例7-7的设计界面

（2）按钮控件的 OnClick 事件设置为“btnClick”，在</head>和<body>标记间输入如下事件处理代码：

```
<script language="c#" runat="server">
void btnClick(object sender, EventArgs e) {
  Application["pageCount"] = Convert.ToInt32(Application["pageCount"])+1;
  Session["userCount"] = Convert.ToInt32(Session["userCount"])+1;
  Label1.Text = "该网页的浏览次数是：" + Application["pageCount"] + "次";
  Label2.Text = "您单击了：" + Session["userCount"] + "次";
}
</script>
```

（3）存盘后，按 F12 功能键运行，浏览器中仅出现一个提交按钮。单击“提交”按钮，出现单击次数都为 1 次的提示。如果再新打开一个 IE 窗口，输入同样的 URL 执行例 7-7，可以看到在新的 IE 窗口中，网页的浏览次数是 2，而用户的单击次数仍是 1，如图 7.13 所示。

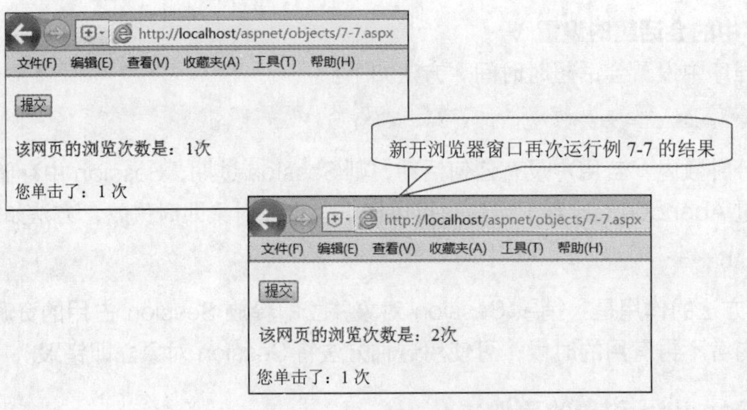

图7.13 例7-7的运行结果

再打开 IE 窗口，情况也是这样，网页的浏览次数不断累加，而用户的单击次数每次都从 1 次起增加。

该例中有两个单击次数：网页被单击的次数和用户（一个对话中）单击的次数，前者保存在应用程序对象 Application 中，后者保存在会话对象 Session 中。当多个用户访问该网页时，Session 对象中的变量总是记录本次会话用户的单击数，都是从 1 开始计数。而 Application 对象中的变量记录的是网页被所有用户单击的总次数，只要网页所有的 Web 服务器没有停止运行，那么 Application 对象中的单击次数将一直增加下去。

7.4.5 Session 对象记录登录状态

在 Web 应用开发中，一般都会通过 Session 对象保留登录成功相关信息，以备后续处理使用。在下面的登录页面中，对于用户名和密码均输入“asp.net”的客户，不仅给出一个欢迎信息，同时还会用 Session（"flag"）来保留登录成功信息。

例 7-8 （7-8.aspx）Session 对象的使用练习。步骤如下：

（1）启动 DW CS6，新建一个 ASP.NET C#网页，界面设计如图 7.14 所示。网页上放置文本框 2 个、按钮 2 个，其中，密码的输入文本框要将文本模式设置为“密码”，提交按钮的 OnClick 事件名为“click1”、重置按钮的 OnClick 事件名为“click2”。

图7.14 例7-8的界面设计

（2）切换到代码窗口，在标记</head>和<body>之间，输入如下的事件处理语句：

```
<script language="c#" runat="server">
void click1(object sender, EventArgs e) {
  if (TextBox1.Text=="asp.net" & TextBox2.Text=="asp.net") {
       Session["flag"]="OK";
       Response.Write("欢迎您！您已登录成功！");
  }
```

```
  else {
      Response.Write("用户名或密码错误！请重新输入");
  }
}
void click2(object sender, EventArgs e) {
       TextBox1.Text=" ";
       TextBox2.Text=" ";
}
</script>
```

（3）存盘后，按F12功能键，在浏览器中查看运行结果。当用户名和密码都输入了“asp.net”后，浏览器给出欢迎提示，如图7.15所示。

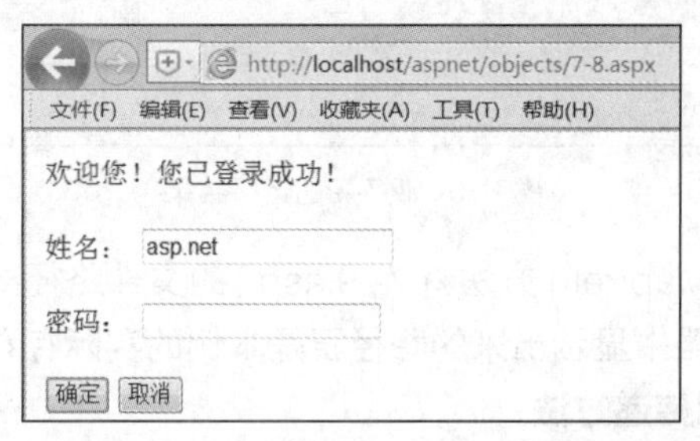

图7.15 例7-8输入了正确用户名和密码时的运行结果

上例在用户名和密码输入正确时，用Session对象保存登录成功的状态信息，将用户的登录标志flag变量记录在Session对象中，并且将Session["flag"]的值设置为“OK”。若后续页面需要检查用户是否已登录时，可以直接通过Session["flag"]进行判断。

7.5 Server对象

Server对象反映了Web服务器的各种信息，用于实现对服务器的属性和方法的访问。

7.5.1 设置页面超时间隔

在Web应用开发中，常利用Server对象的ScriptTimeout属性控制页面的运行时间。ScriptTimeout属性说明了在页面超时之前可以运行多长时间，即页面的超时时间。设置方法如下：

```
Server.ScriptTimeout=超时秒数
```

7.5.2 Server对象的常用方法

1. Server.MapPath

利用Server对象的MapPath方法可以获得文件的实际路径，这里的实际路径是完全路径，包含文件名。格式是：

```
FilePath = Server.MapPath("文件名")
```

返回值FilePath是字符串类型，是包含文件名在内的实际路径。

在后续的数据库访问章节中，就是利用Server.MapPath从数据库别名中取得全路径的。

例 7-9 （7-9.aspx）Server.MapPath 练习。

（1）启动 DW CS6，在“D:\book\objects”中新建一个 ASP.NET 网页 7-9.aspx。

（2）切换到“代码”视图，在<body>标记后输入以下代码：

```
<%
  string FilePath;
  FilePath=Server.MapPath("7-9.aspx");
  Response.Write(FilePath);
%>
```

（3）存盘后，按 F12 功能键运行，结果如图 7.16 所示。

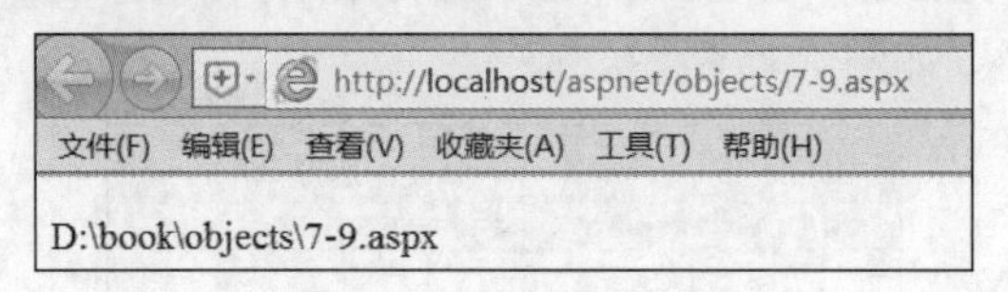

图7.16 例7-9的运行结果

例 7-9 中，利用 Server.MapPath 方法将 7-9.aspx 的文件路径求出，再通过 Response.Write 方法送到浏览器窗口，浏览器中显示出来的路径正是本例的实际存盘路径。

2. Server 对象的控制传递方法

Server 对象有两个控制传递的方法：Server.Execute（URL）和 Server.Transfer（URL）。Execute 方法跳转到新页面，执行完毕后返回原网页，继续执行后面的代码；Transfer 方法跳转到新页面，执行完毕后不返回原网页，原页面终止执行。

实训

1. 利用 Request 对象读取浏览器的信息，并显示在表格中。

2. 编写程序使得当第 1000 个用户访问页面的时候，显示一条祝贺信息。为了能及时测试程序结果，可以建立 Global.asax 文件，将页面初始单击次数设置为 990。

3. 设计一个进行强制登录检查的网页，用 Session 对象保存登录状态。若用户名和密码通过检查，则进入例 7-3-1 所示的教务管理页面。

习题

1. 判断题

（1）Session 和 Application 对象的事件过程只能书写在 Gloabal.asax 文件中。 （ ）

（2）一个 WeB 站点，仅能建立一个与根目录对应的 Application 对象。 （ ）

（3）会话是针对单个用户的，其他用户没有办法改变当前用户的 Session 对象的任何一个项目的值。 （ ）

2. 简答题

（1）当 HTML 表单用 Get 方法向服务器端发送信息时，如何获得提交数据？

（2）在一个网站中只能有一个 Application 对象吗？如果不是，应该用什么方法来创建新的

Application 对象?

（3）如果想要记录某个用户所喜欢的栏目，是应该把这个值写在 Application 对象中还是写在 Session 对象中？说明原因。

（4）Session 对象和 Application 对象各自的作用和最主要的区别。

Chapter 8

第 8 章 访问数据库

本章导读：

大型网站都需要使用数据库，数据库访问是 Web 应用开发中的重要内容。数据库技术和动态网页技术的结合促进了电子商务、电子政务的蓬勃发展。

本章要点：

- 数据库及 SQL 基础
- 利用 ADO.NET 对象访问数据库
- 数据网格
- 添加记录、修改记录和删除记录的服务器行为
- 数据列表和重复区域

8.1 任务概述：建立成绩发布网站

本章将围绕成绩发布网站的建设，学习在 DW CS6 中设计 ASP.NET 数据库访问页面的方法。成绩发布系统主要实现以下功能：单个成绩查询、批量成绩查询、录入成绩、修改成绩、删除成绩。学生只能进行单个成绩查询，其他功能只有教师用户才能操作。

上述功能需要用到的数据库访问技术有：指定数据的查询、批量数据的查询、添加记录、修改记录和删除记录。

8.1.1 成绩发布网站功能

成绩发布网站的用户有两类：学生和教师。学生用户只能查询自己的成绩；教师用户则可以批量查询及进行成绩资料的录入、修改和删除。

进入成绩发布网站，首先要登录，根据登录结果进行不同的处理。图 8.1 所示是成绩发布系统的功能模块图。

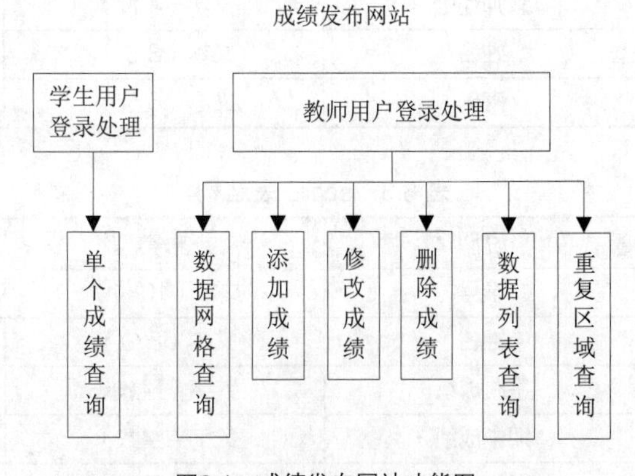

图8.1　成绩发布网站功能图

8.1.2 设计子任务分解

根据成绩发布网站的功能图，可以分解出以下子任务。

学生用户登录处理：根据学号和密码，判断是否与后台数据库中用户表的资料一致。如果不一致，则退出系统；如果一致，则进入单个成绩查询页面。

单个成绩查询：是提供给学生用户的查询页面。根据学号查出该名学生的考试成绩。

教师用户登录处理：根据教师编号和密码，判断是否与后台数据库中用户表的资料一致。如果不一致，则退出系统；如果一致，则进入教师查询页面。

数据网格查询：以表格形式查询成绩资料，单击表格中的姓名链接，可以查询指定学生的成绩详细资料。

添加成绩：录入学生的成绩资料。

修改成绩：修改学生的成绩资料。

删除成绩：删除学生的成绩资料。

数据列表查询：在数据列表模板中设计成绩显示的格式，可批量查询出成绩资料。

重复区域查询：利用静态网页标记设计成绩显示的格式，每条数据按设计的格式输出，可批量查询出成绩资料。

8.1.3 数据库详细设计

成绩发布网站的数据库 study 中有三个表：学生用户表 stuInfo，教师用户表 teachInfo 和学生成绩表 score。表结构如表 8.1 至表 8.3 所示。

表 8.1 stuInfo 表结构

字段名称	说明	数据类型	是否主键
stuID	学号	文本（10 位）	是
stuPswd	密码	文本（6 位）	否

表 8.2 teachInfo 表结构

字段名称	说明	数据类型	是否主键
teachID	教师编号	文本（4 位）	是
teachName	姓名	文本（8 位）	否
teachPswd	密码	文本（6 位）	否

表 8.3 score 表结构

字段名称	说明	数据类型	是否主键
stuID	学号	文本（10 位）	是
stuName	姓名	文本（8 位）	否
score1	平时成绩	数字（整数）	否
score2	期中成绩	数字（整数）	否
score3	期末成绩	数字（整数）	否

8.2 ADO.NET 基础

8.2.1 数据库基础及成绩发布数据库创建

网站中发布的信息一般都存储在数据库中。数据库是指按一定方式组织起来的数据的集合。

1. 数据库的基本概念

一个数据库可以有多个数据表，每个表由行和列组成。表 8.4 所示是学生信息表 student 的一些数据记录。

数据表是一系列相关数据的集合，如成绩表、地址簿、课程表、选课表等。数据表的每一行是一条记录，如第一行记录了学生“李玲雨”的基本信息。每一列是一个字段，字段名称在表中必须唯一，如学号、姓名、性别、出生日期等，分别表示了“学生”的各种信息。

表 8.4　student 表的数据

SNo	Name	Sex	Birthday
0001	李玲雨	女	1990.08.23
0002	张小光	男	1989.11.05
0003	刘宝江	男	1991.03.19
0004	汪月华	女	1989.12.27

2. 常见的数据库管理系统软件

数据库管理系统（DataBase Management System，DBMS）是用来操作与管理数据库的系统软件，如 Microsoft Access、Microsoft SQL Server、Oracle 等都是数据库管理系统软件。通过这些软件，用户可以定义、创建、查询和修改数据库。

3. 成绩发布网站数据库创建

下面以 Access 2010 为例，介绍成绩发布网站的数据库创建。

（1）启动 Microsoft Access 2010，单击“文件”菜单中的“新建”，单击右边窗口的“空数据库”，选择数据库存放路径为“D:\book”，数据库文件名设为“study.accdb”，如图 8.2 所示。

图8.2　在Access中创建成绩数据库study.accdb

（2）单击“创建”按钮后，可以看到新建了一个名为“表 1”的数据表，界面右侧则显示了字段名称，如图 8.3 所示。

（3）用鼠标右键单击“表 1”，在快捷菜单中选择“设计视图”，如图 8.4 所示。在弹出的“另存为”对话框中输入表的名字“stuInfo”，如图 8.5 所示。

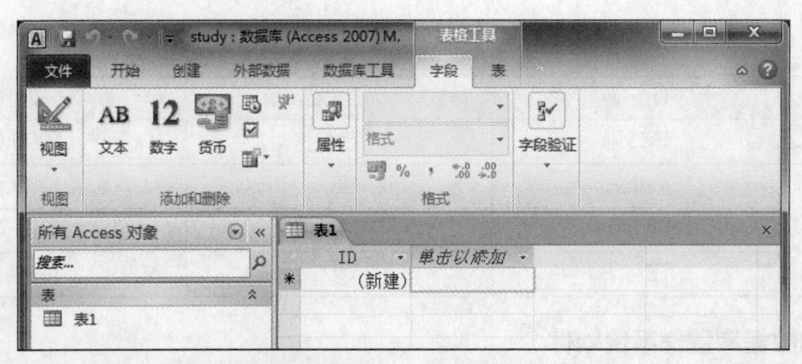

图8.3　成绩数据库study.accdb的设计窗口

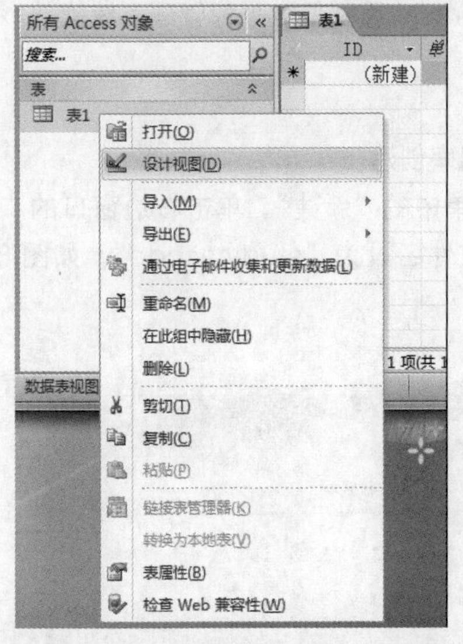

图8.4　进入设计视图

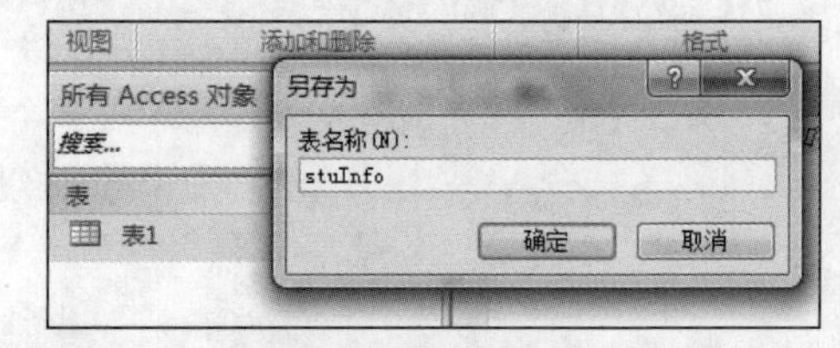

图8.5　输入表名

（4）单击“确定”按钮，打开 stuInfo 表的设计视图。根据表 8.1 中所列的 stuInfo 表结构，在设计视图中创建字段名、选择数据类型。在字段名称栏输入“stuID”，在数据类型栏指定文本类型，在说明栏输入字段的含义“学号”，并在字段大小栏输入 10，如图 8.6 所示。stuID 字段左边有个小“钥匙”，表示该字段是主键字。再输入密码字段 stuPswd 的名称、数据类型、说明和字段大小。

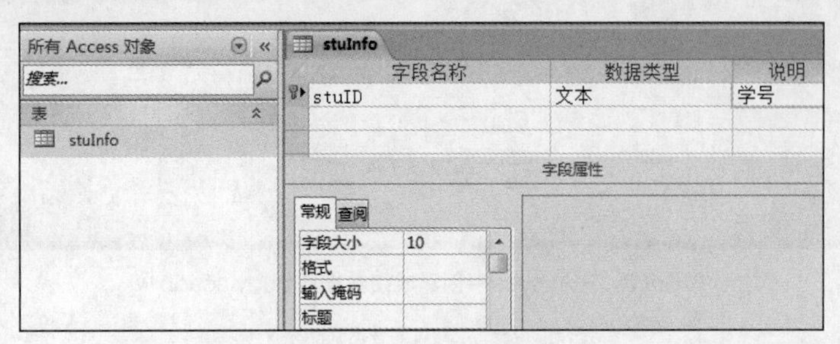

图8.6　定义字段

（5）单击 Access 2010 左上角快速访问工具栏中的保存图标保存当前表结构，完成 stuInfo 表的设计。

（6）在 Access 2010 的“创建”选项卡下，单击“表设计”图标，如图 8.7 所示。

（7）参照步骤（4），在弹出窗口中根据表 8.2 创建 teachInfo 表。在 teachID 字段旁的按钮上单击鼠标右键，在弹出的快捷菜单中选择“主键”，将 teachID 创建为主键，如图 8.8 所示。

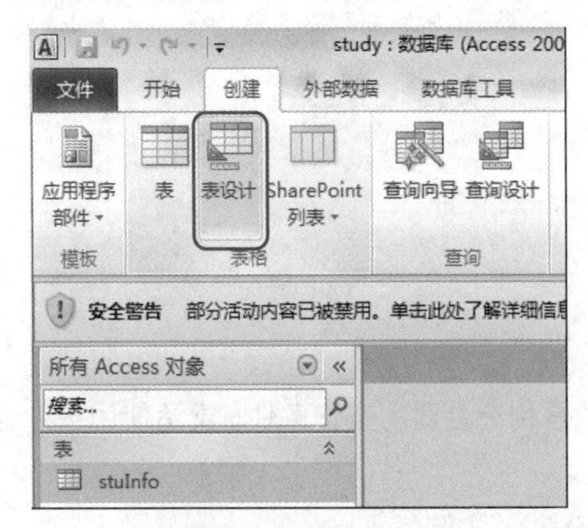

图8.7　创建新表

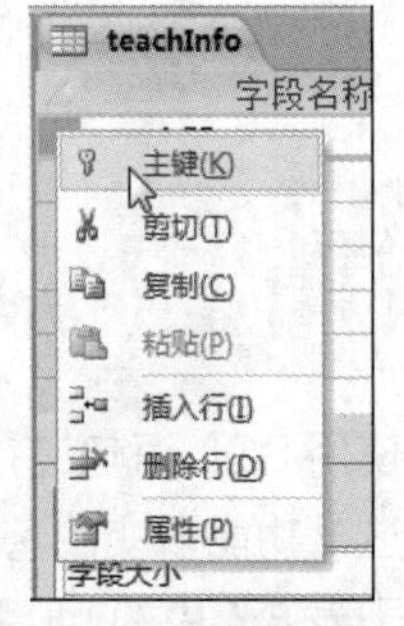

图8.8　创建主键

（8）参考前面两张表的设计步骤完成 score 表的设计。图 8.9 所示是 teachInfo 和 score 两张表的设计视图。其中，score 表中的成绩字段均为整数类型，设计方法是：在表设计窗口中录入字段名称，如 score1 后，选择“数据类型”为“数字”，然后在下半部分的设计窗口中，单击“字段大小”旁的下拉箭头，在下拉列表中找到“整数”。

（9）至此，成绩发布数据库 study.accdb 创建完毕，由 stuInfo、teachInfo 和 score 三张表构成，如图 8.10 所示。

teachInfo

字段名称	数据类型	说明
teachID	文本	教师编号
teachName	文本	教师姓名
teachPswd	文本	密码

score

字段名称	数据类型	说明
stuID	文本	学号
stuName	文本	姓名
score1	数字	平时成绩
score2	数字	期中成绩
score3	数字	期末成绩

图8.9　teachInfo表和score表

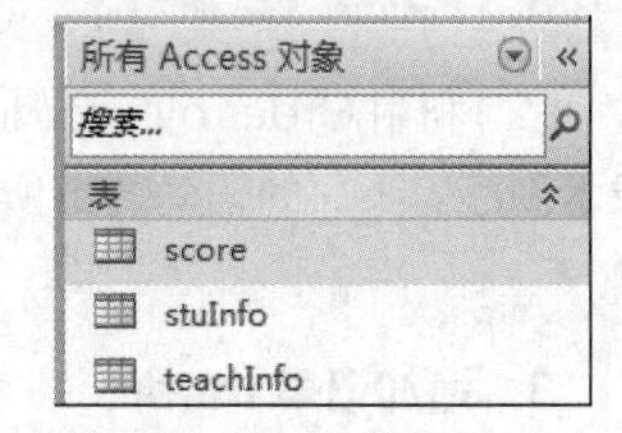

图8.10　study.accdb数据库创建完毕

8.2.2　SQL 简介

数据库管理系统软件是一个直接管理和操作数据库的平台，而动态网站是通过网页上的表单项来访问数据库的。SQL 是访问数据库的标准语言，全称是结构化查询语言（Structured Query Language）。最基本的 SQL 语句是查询语句 Select、添加数据语句 Insert、更改数据语句 Updata 和删除数据语句 Delete。

1. 查询语句

SQL 查询是通过 Select 语句实现的。查询语句的功能是查询表中的数据信息。Select 语句是 SQL 的基础。Select 语句的语法如下：

```
 Select  目标表的列名或列表达式集合
 From  基本表或（和）视图集合
[Where  条件表达式]
[Group by  列名集合]
[Having  组条件表达式]]
[Order by  列名[集合]…]
```

中括号“[]”中的内容为可选项。

在使用SQL语句进行数据查询时，最重要的是构造合适的查询条件。灵活使用各种运算符，可以构造出功能多变的条件表达式。

对于表8.4中的student表，可以使用以下Select语句查询。

（1）查出所有女生的记录：

```
Select * from student where sex="女"
```

（2）查出所有女生的姓名。可对上述SQL语句稍加修改得到。

```
Select name from student where sex="女"
```

2. 复杂条件查询

（1）利用逻辑运算符And和Or，可以将简单条件组合成复合条件。And表示两个条件都要满足，Or表示两个条件只要满足其中一个即可。下面的语句查出学号大于0002的男生。

```
Select * from student where SNo>"0002" and sex="男"
```

下面语句查出所有男生以及学号大于0002的女生：

```
Select * from student where SNo>"0002"  or  sex="男"
```

（2）利用Order by asc/desc可将查询结果排序输出，asc表示升序，默认是采用升序，desc表示倒序。下面的语句查出所有女生并且按学号的升序排序。

```
Select * from student where sex="女" order by SNo
```

3. 增加记录Insert

Insert语句用于向数据表添加新的记录。语法如下：

```
Insert Into 表名(<字段1,字段2…>)  VALUES (<值1,值2…>)
```

Insert语句中的字段名也可以不写，若没有指定字段名，则系统会按照创建表时的字段排列，依次填入各值。下面的语句在student表中增加一条记录。

```
Insert into student(SNo,birthday,sex,name) values(5,"1985.08.15","女","黄华")
```

4. 修改记录Update

Update语句用于修改记录中的字段值。语法如下：

```
Update 表名 Set 字段1=值1，字段2=值2
Where 条件
```

下面的语句将 student 表中的“张小明”修改成“张大明”。

```
UPDATE student SET name="张大明" WHERE name="张小明"
```

5. 删除记录 Delete

Delete 语句用于删除数据表中的记录。语法如下：

```
Delete From 表名 Where 条件
```

注意

如果没有在 Delete 语句中加上 Where 条件，则该语句将删除表中的所有记录！

下面的语句将删除学号为 5 的学生记录。

```
Delete from student where SNo="5"
```

8.2.3 ADO.NET 概述

1. 什么是 ADO.NET?

数据库访问技术是 Web 应用开发的重要技术。ADO.NET 是 ASP.NET 应用程序进行数据库访问的基础，是一组由.NET Framework 提供的对象类的名称，包含了所有允许数据处理的类，利用这些类可以进行典型的数据库访问。

2. 常用的 ADO.NET 对象

ASP.NET 中常用的 ADO.NET 对象有五个，它们的名称及主要功能如表 8.5 所示。

表 8.5 常用的 ADO.NET 对象

ADO.NET 对象	功 能
Connection	连接数据库
Command	打开数据表，执行 SQL 语句
DataReader	读取数据，从头至尾依次读出，一次读取一条数据
DataAdapter	用来对数据源执行各种 SQL 语句，并返回结果
DataSet	用来访问数据库，存在于内存中

这五个对象中，Connection 对象用于连接数据库，其余四个对象可以划分为两组，DataReader 对象和 Command 对象为一组，DataAdapter 对象与 DataSet 对象为一组。在进行数据库访问时每一组的对象常常配对使用，两种组合分别对应了两种不同的数据库访问过程。

8.2.4 ADO.NET 的命名空间

命名空间（namespace）也叫名字空间。.NET Framework 为建立在其上的应用程序提供了很多支持功能，为了把.NET 平台提供的这些支持功能很好地组织起来，微软引入了命名空间的概念，每一个命名空间可以代表某一类功能。

.NET Framework 为数据库访问这种应用提供的命名空间如表 8.6 所示。

表 8.6 .NET Framework 用于数据库访问的常用命名空间

命名空间	说 明
System.Data	由构成 ADO.NET 结构的对象和类型组成，核心是 DateSet
System.Data.OleDB	为 OLE DB 数据源提供的管理对象
System.Data.SqlClient	为 SQL Server 提供的管理对象

在编写数据库访问代码之前，应该根据需要引用特定的命名空间。引用命名空间要使用 Import 语句。下面的语句引入命名空间 system.data。

```
<%@ Import namespace="system.data" %>
```

一般来说，如果访问 SQL Server 数据库，选用 System.Data.SqlClient 命名空间的对象，效率会高些；而访问 SQL Server 以外的数据库，可选用 System.Data.OleDB 命名空间的对象。

ADO.NET 常用对象在 System.Data.OleDB 命名空间的名称如表 8.7 所示。

表 8.7 ADO.NET 常用对象在 System.Data.OleDB 命名空间中的名称

ADO.NET 对象	在 System.Data.OleDB 命名空间的名称
Connection	OleDBConnection
Command	OleDBCommand
DataReader	OleDBDataReader
DataAdapter	OleDBDataAdapter

由表 8.7 可见，System.Data.OleDB 命名空间中有四个常用的 ADO.NET 对象，它们的名字前缀都是“OleDB”。

DataSet 包含在 System.Data 命名空间中，使用 OleDbDataAdapter 可以填充驻留在内存中的 DataSet，该数据集可用于查询和更新数据源。DateSet 数据集与数据库类型无关，不论是 SQL Server 还是 OLE DB 类型的数据库都可以建立数据集。

8.3 在 Dreamweaver CS6 中连接数据库

8.3.1 Dreamweaver CS6 中的数据库访问

1. Dreamweaver CS6 对 ASP.NET 的支持

Dreamweaver CS6 对 ASP.NET 动态网页的设计提供了支持。作为轻量级工具，DW CS6 不仅能够方便地设计出常用的 ASP.NET 控件，对于基本的数据库访问操作，如单张数据表的增加、修改、删除和查询，DW CS6 也提供了很好的可视化开发支持，大大简化了数据库访问过程的设计。而对于复杂的数据库访问操作，如多表查询或复杂的数据处理，则可以在 DW CS6 中通过手写 SQL 代码及 ADO.NET 的相关处理代码完成。界面设计中需要的 ASP.NET 控件，仍可以在 DW CS6 中通过可视化方式完成设计。

2. Dreamweaver CS6 中的应用程序面板

应用程序面板集中了 Dreamweaver CS6 中制作 ASP.NET 动态网页的核心功能，建立数据库访问网页必须展开应用程序面板并执行其中的菜单项。图 8.11 所示是 DW CS6 的应用程序面板。

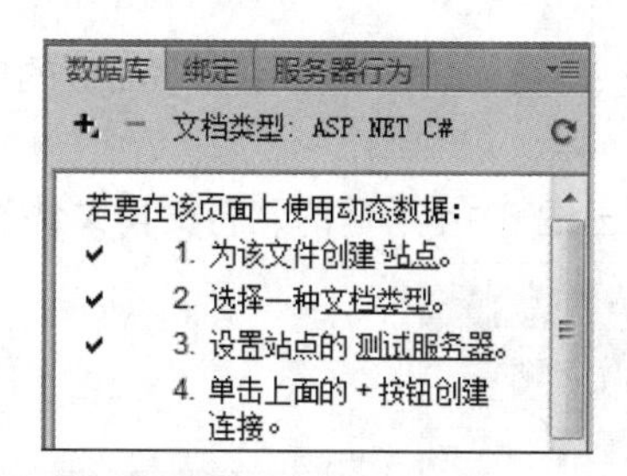

图8.11 应用程序面板

在应用程序面板中，依次有数据库、绑定、服务器行为三个选项卡，提供了构建数据库功能的可视化设计界面。各选项卡的功能如表8.8所示。

表8.8 应用程序选项卡的功能

选项卡	功能
数据库	选择数据源，建立数据库连接
绑定	连接数据库元素，建立数据集
服务器行为	数据变更及数据检索

每个选项卡的下面都提供了“+”和“-”两个按钮，单击“+”按钮可以展开选项卡的功能菜单，完成相应的设定，单击“-”按钮可以删除设定。

在应用程序面板中，利用“数据库”选项卡可以建立数据库连接对象，利用“绑定”选项卡能够建立数据集，这两步只是建立数据库应用程序的基础。而数据检索及增加记录、修改记录和删除记录等功能还需要在“服务器行为”选项卡的菜单项中进行可视化的设定。“服务器行为”选项卡提供了数据库访问的重要功能，是构建内容丰富、功能强大的数据库应用程序的关键。

8.3.2 部署DreamweaverCtrls.dll控件

在使用Dreamweaver CS6开发ASP.NET动态网页前必须部署DreamweaverCtrls.dll控件文件。如果没有部署DreamweaverCtrls.dll控件文件，运行带数据库访问功能的ASP.NET页面时将不能正常执行，会产生如图8.12所示的错误信息。

图8.12 没有部署文件时的出错信息

解决上述问题的办法是将DreamweaverCtrls.dll文件部署到站点根目录下的bin子目录中。DW CS6中提供了部署DreamweaverCtrls.dll控件文件的方法。步骤如下：

（1）新建一个 ASP.NET 动态网页，切换到应用程序面板的“绑定”或“服务器行为”选项卡，如图 8.13 所示。

（2）单击“部署”链接，弹出图 8.14 所示的“将支持文件部署到测试服务器”对话框。

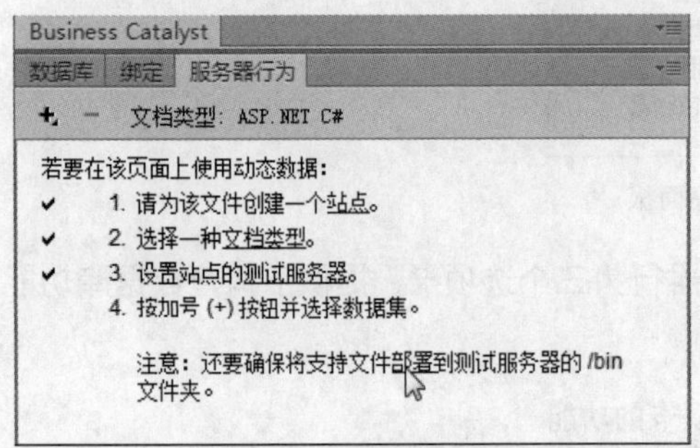

图8.13 “服务器行为”选项卡的部署功能

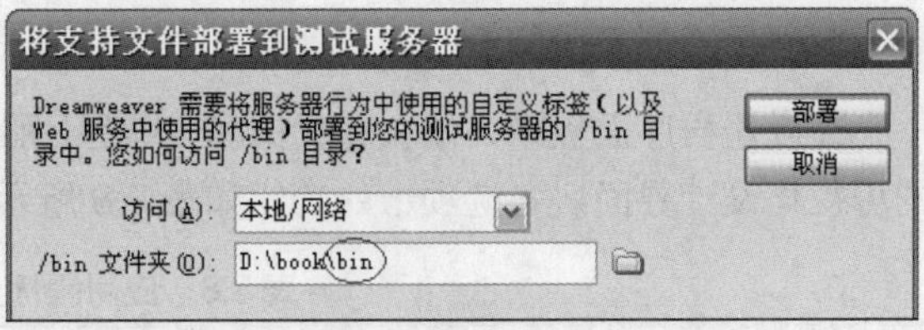

图8.14 将支持文件部署到测试服务器

（3）在/bin 文件夹中输入 bin 路径后，单击“部署”按钮，DW CS6 就自动把 DreamweaverCtrls.dll 文件部署到“D:\book\bin”目录下。在站点的根目录中，生成了 bin 文件夹，里面包含了 DreamweaverCtrls.dll 文件，如图 8.15 所示。

图8.15 站点根目录bin文件夹

部署 DreamweaverCtrls.dll 控件文件后，运行数据库访问网页时浏览器就不会出现图 8.12 中的出错信息。

8.3.3 连接 Access 数据库

要访问数据库，首先要连接上数据库。下面介绍在 DW CS6 中连接 Access 2010 数据库的详细步骤。

（1）启动 DW CS6，新建一个 ASP.NET C#动态网页。

（2）展开应用程序面板，切换到“数据库”选项卡。单击“+”按钮，选择“OLE DB 连接”，如图 8.16 所示。

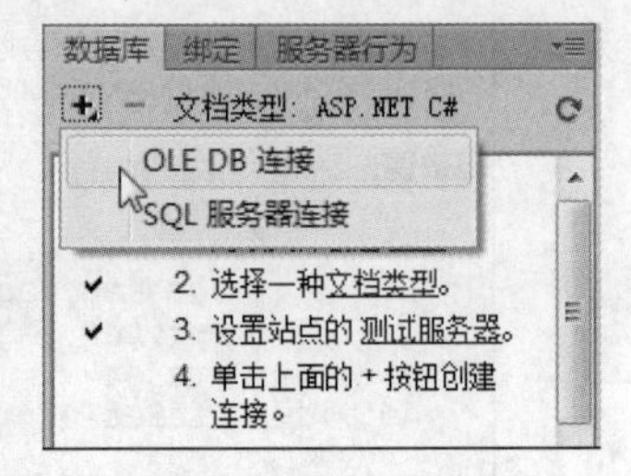

图8.16 选择OLE DB连接

（3）在打开的对话框中单击“建立”按钮，打开“数据链接属性”对话框，切换到“提供程序”选项卡，如图 8.17 所示。在“OLE DB 提供程序”列表框中，选择“Microsoft Office 12.0 Access Database Engine OLE DB Provider”，这是 Access 2010 的驱动程序。

（4）单击“下一步”按钮，进入“连接”选项卡。在“数据源:”文本框中输入数据库的路径，单击“测试连接”按钮，若出现图 8.18 所示的测试连接成功的信息，表明数据库连接成功。

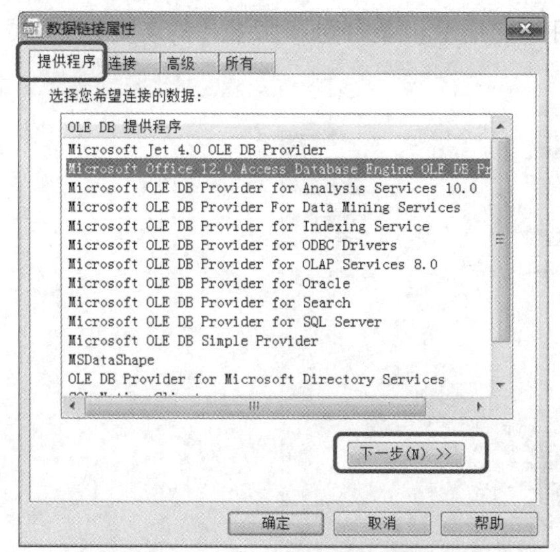

图8.17 选择OLE DB提供程序

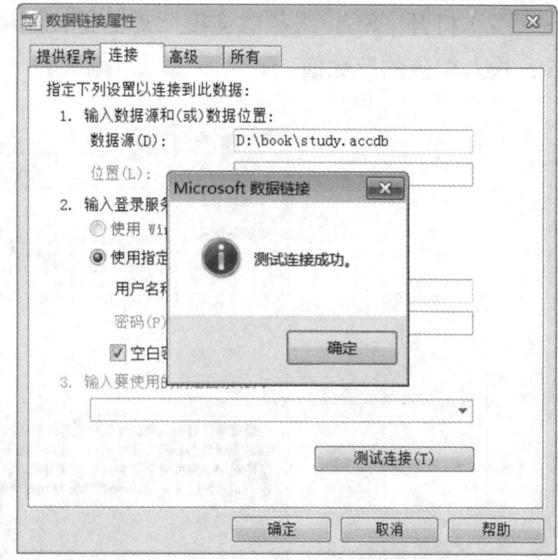

图8.18 输入数据库名称并测试连接

（5）单击“确定”按钮，关闭测试连接成功对话框。再单击“确定”按钮，关闭“数据链接属性”对话框，回到“OLE DB 连接”对话框，输入连接名称，如图 8.19 所示。

（6）单击“确定”按钮后，DW CS6 开始创建数据库连接，在应用程序面板的“数据库”选项卡下面，出现刚才创建的数据库连接 conn，如图 8.20 所示。在资源管理器中可以看到，在“D:\books”中生成了“_mmServerScripts”文件夹。在 Dreamweaver CS6 的安装路径下找到“MMHTTPDB.asp”和“MMHTTPDB.js”文件，复制到“_mmServerScripts”文件夹中。展开 conn，可以看到 study.accdb 数据库中的三个表 score、stuInfo 和 teachInfo。数据库连接创建成功。

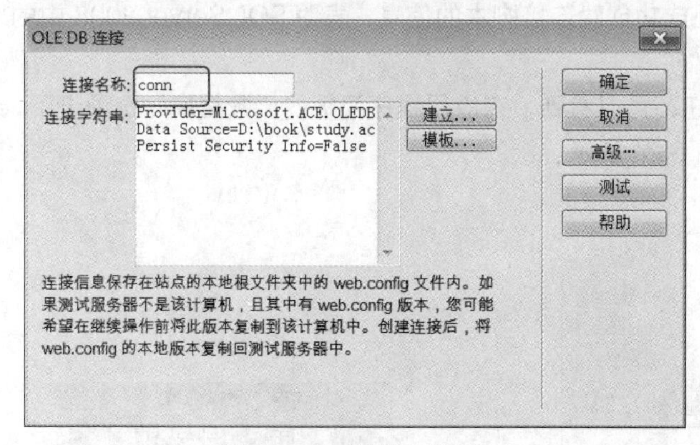

图8.19 输入连接名称

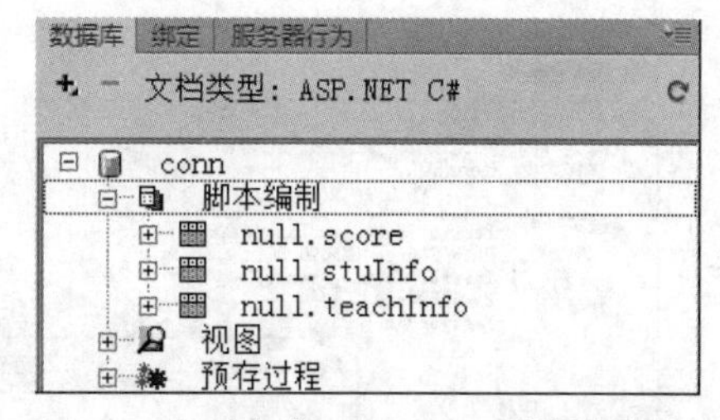

图8.20 已建立的Access 2010数据库连接

8.3.4 连接 SQL Server 数据库

在 DW CS6 中连接 SQL Server 数据库时，操作环节不多，但是需要填写相应的设置参数。

（1）单击“数据库”选项卡中的“+”按钮，选择“SQL 服务器连接”，如图 8.21 所示。

图8.21 连接SQL Server数据库

（2）打开“SQL 服务器连接”对话框，如图 8.22 所示。需要根据对话框中的连接字符串要求，输入相应的参数值。

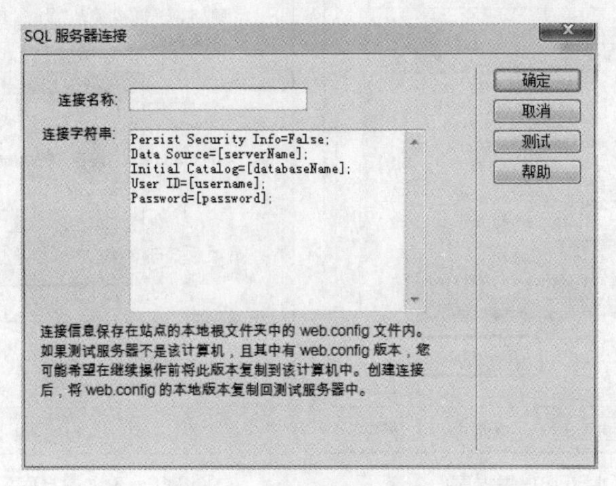

图8.22　SQL服务器连接

连接字符串框中“[]”部分的内容是需要输入的。输入项说明如下：

- “Data Source=[serverName];”设置服务器名称，也即安装 SQL Server 数据库的机器名。
- “Initial Catalog=[databaseName];”设置数据库名称。
- “User ID=[username];”和“Password=[password];”设置 SQL Server 数据库中用户的密码，也可以用 sa 及其密码代替。

（3）图 8.23 所示是 SQL Server 2008 中数据库 study 在 DW CS6 中的连接字符串设置。输入连接名称，单击“测试”按钮，若出现成功创建连接脚本的信息，表明 SQL Server 2008 中的数据库连接成功。

（4）测试成功后，单击“确定”按钮，可以看到，在应用程序面板的“数据库”选项卡下，生成了 SQL Server 数据库的连接，如图 8.24 所示。

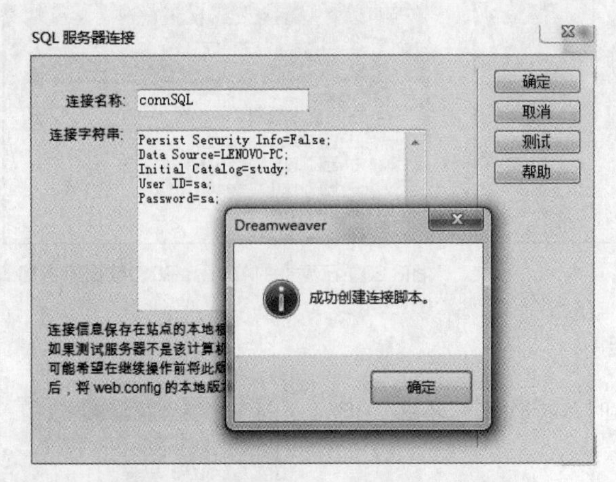

图8.23　SQL Server 2008的连接字符串

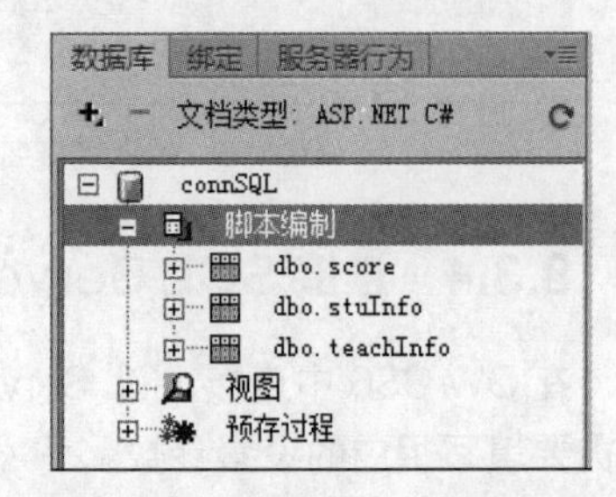

图8.24　生成SQL Server数据库连接

8.4 数据绑定

8.4.1 子任务一：根据学号进行成绩查询

从数据库访问技术的角度看，这是个简单的指定记录的查询。用户的输入和查询结果的输出显然是通过表单实现的。那么输入表单中的数据如何提交到数据库中以及数据库中的查询结果如何反馈到表单项？这些就要用到数据集和数据绑定来实现。

8.4.2 建立数据集

在 DW CS6 中建立数据库连接之后，就需要建立数据集及数据绑定。通过建立数据集，可以从后台数据库中筛选所需要的数据。通过建立数据绑定，可以将数据集中的字段绑定到表单项，从而实现数据库中数据在浏览器的输出。

在 Dreamweaver CS6 中建立数据集的步骤如下。

（1）切换到应用程序面板的“绑定”选项卡。单击“+”按钮，在下拉菜单中选择“数据集（查询）”。

（2）在出现的“数据集”对话框中，选择“表格”旁的下拉箭头，选中当前连接 conn 中的 score 表，如图 8.25 所示。

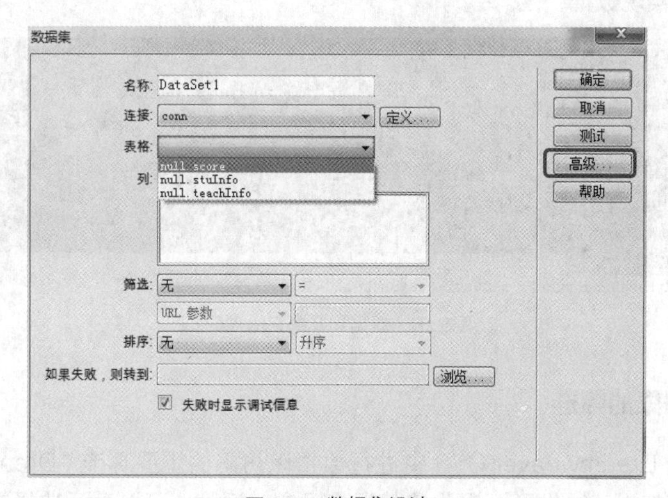

图8.25 数据集设计

（3）单击“数据集”对话框右边的“高级”按钮，打开扩展的“数据集”对话框，这时对话框右侧的“简单”按钮代替了原来的“高级”按钮。需要在这个对话框中对生成的 SQL 语句进行一些调整：删除表名前面的“null.”变成“SELECT * FROM score”，如图 8.26 所示。单击“确定”按钮，关闭“数据集”对话框。

（4）在应用程序面板的“绑定”选项卡下面，出现刚才创建的数据集 DataSet1，这个数据集是由 score 表中的数据构成的。展开数据集 DataSet1 左边的“+”号，可以看到 score 表中的数据，如图 8.27 所示。至此，已完成在 Dreamweaver CS6 中绑定数据库的过程。

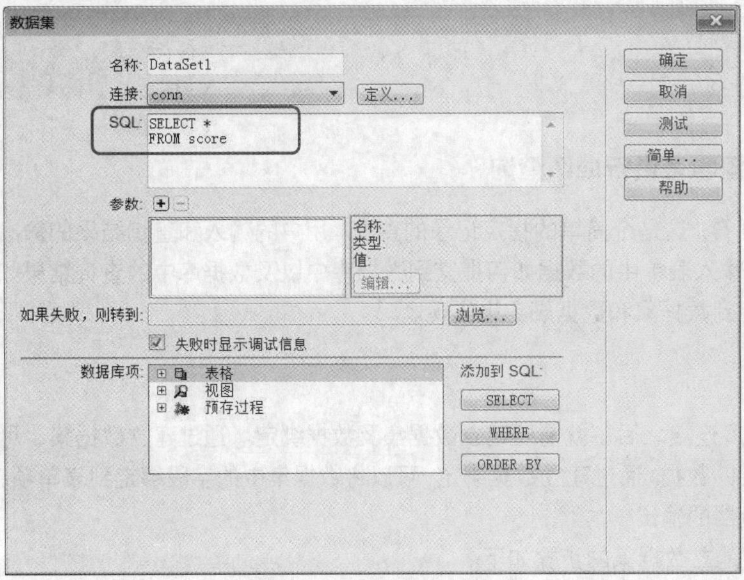

图8.26　数据集的高级设计

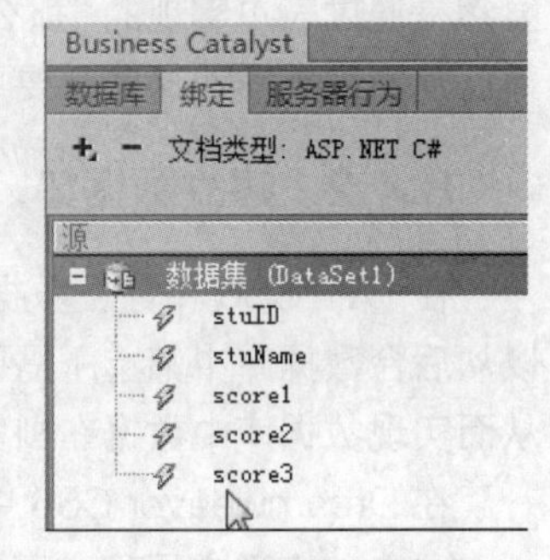

图8.27　已绑定的数据集

在建立了数据集后，DW CS6 的文档窗口中增加了图 8.28 所示的代码。其中，标签<MM:DataSet></MM:DataSet>和<MM:PageBind>是 Dreamweaver 中自定义的 ASP.NET 标签，分别用于设定数据集和实现数据绑定。

```
<MM:DataSet
id="DataSet1"
runat="Server"
IsStoredProcedure="false"
ConnectionString='<%# System.Configuration.ConfigurationSettings.AppSettings(
"MM_CONNECTION_STRING_conn") %>'
DatabaseType='<%# System.Configuration.ConfigurationSettings.AppSettings(
"MM_CONNECTION_DATABASETYPE_conn") %>'
CommandText='<%# "SELECT * FROM score" %>'
Debug="true"
></MM:DataSet>
<MM:PageBind runat="server" PostBackBind="true" />
```

图8.28　数据集及绑定的代码

8.4.3　数据集的筛选

建立数据集是 Dreamweaver CS6 中进行数据库访问的重要环节。Dreamweaver CS6 通过自定义的数据集控件，提供了可视化的数据集设定对话框，可以灵活选择需要绑定的数据库记录。

在 DW CS6 中双击应用程序面板中已建好的数据集 DataSet1，重新打开图 8.26 所示的“数据集”对话框，单击“简单”按钮，切换回普通“数据集”对话框。在对话框中，“筛选：”和“排序：”下拉列表中有表中的字段，选择相应的数据字段，可以对数据集中的数据进行筛选和排序。单击“高级”按钮，切换到扩展的“数据集”对话框，可以修改 SQL 语句。

8.4.4　子任务一实现：设计根据学号查询成绩的页面

下面运用数据集绑定和数据筛选知识，完成一个成绩发布网站的“单个成绩查询”页面

（8-1.aspx）。假设页面内容是查询数据库中学号为“2011306101”的学生成绩记录。操作步骤如下：

（1）启动 DW CS6，新建一个 ASP.NET 页面 8-1.aspx，保存在“D:\ book\score”中。

（2）展开应用程序面板，按照 8.3.3 节介绍的步骤建立数据库连接 conn。

（3）以 conn 为连接，按照 8.4.2 节介绍的步骤建立数据集 DataSet1，其中数据筛选的设定如图 8.29 所示，即对“stuID”字段根据“输入的值”进行筛选，选定 stuID、stuName 和 score3 三个字段的数据输出。

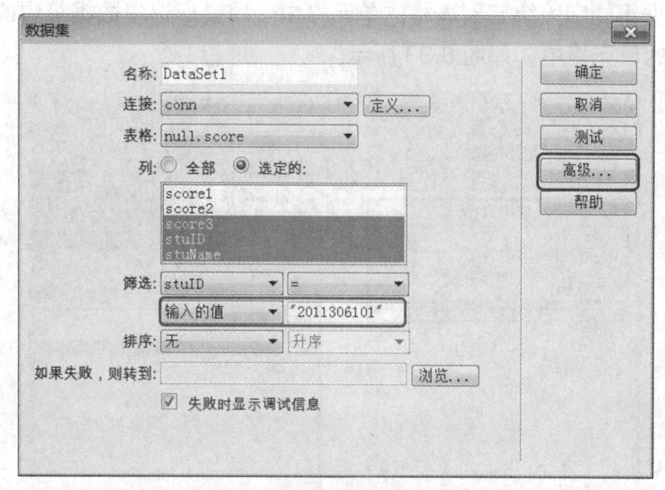

图8.29　数据集筛选的设定

（4）单击“高级”按钮，切换到“数据集”高级设置对话框，删除 SQL 语句中表名前面的“null.”变成“SELECT * FROM score WHERE stuID = ?”，如图 8.30 所示。单击“测试”按钮，在打开的“测试 SQL 指令”窗口可以看到一条数据，如图 8.31 所示，这就是指定学号的成绩记录，说明数据集筛选出了正确的结果。单击“确定”按钮，关闭测试窗口，再关闭“数据集”对话框。

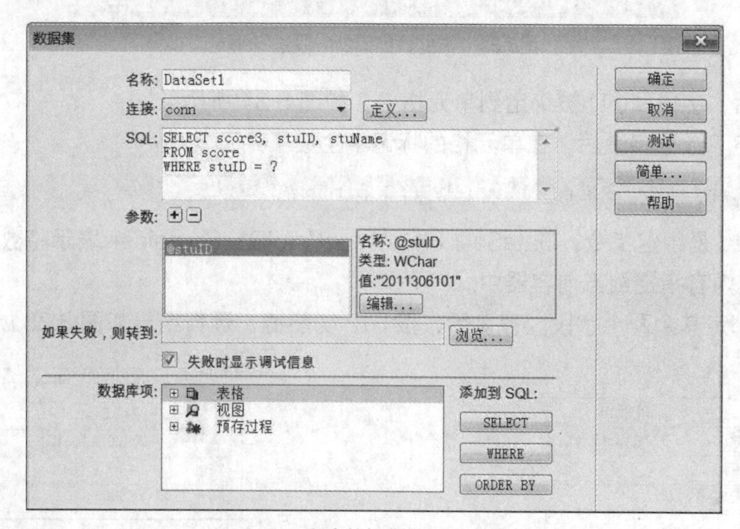

图8.30　修改数据集筛选SQL语句

（5）下面设计输出界面。在文档窗口的“设计”视图中，建立图 8.32 所示的表格，作为成绩输出界面。

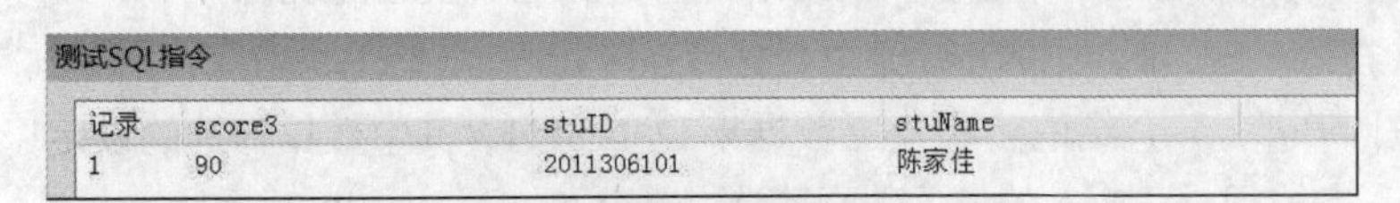

测试SQL指令

记录	score3	stuID	stuName
1	90	2011306101	陈家佳

图8.31 数据集的测试

成绩查询	
学号：	
姓名：	
期末成绩：	

图8.32 单个成绩查询的输出界面

（6）下面将数据集的字段绑定到表格的单元格中。用鼠标选中数据集中的 stuID，拖曳到设计界面中学号旁边的单元格中，如图 8.33 所示。

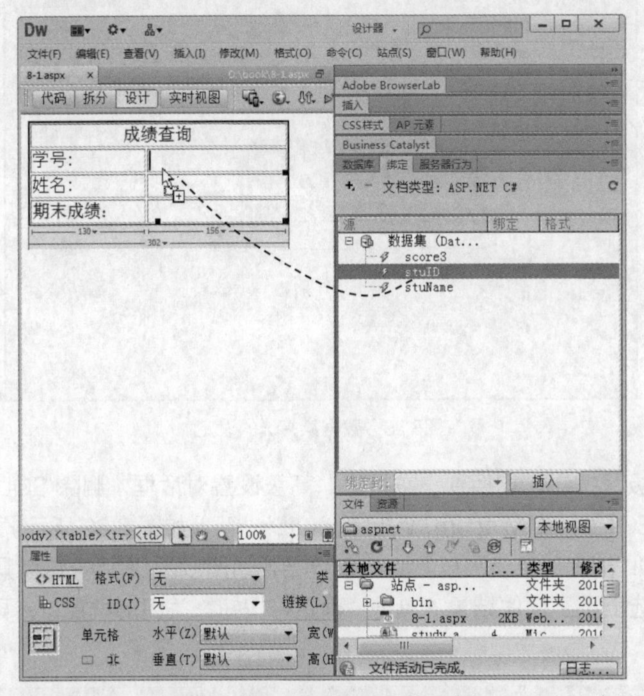

图8.33 拖曳数据集的字段进行绑定

松开鼠标后，字段 stuID 被绑定到单元格中，如图 8.34 所示。

单元格绑定了数据字段后，在单元格的标记中生成了如下代码：

```
<%# DataSet1.FieldValue("stuID", Container) %>
```

其中，<%#>是绑定指令，DataSet1.FieldValue("stuID", Container)表示将数据集 DataSet1 中的 stuID 字段内容指定到当前容器中。

（7）依次绑定其余两个字段。存盘后，按 F12 功能键，运行结果如图 8.35 所示。

成绩查询	
学号：	{DataSet1.stuID}
姓名：	
期末成绩：	

图8.34 数据集字段绑定到单元格

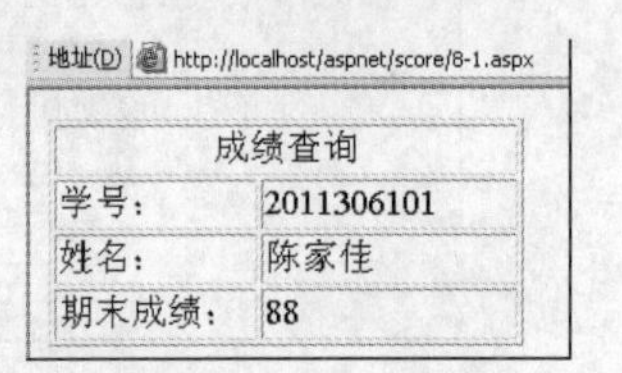

成绩查询	
学号：	2011306101
姓名：	陈家佳
期末成绩：	88

图8.35 运行结果

上述页面中，学号是在设计数据集时事先设定好的。而在实际网站应用中，学号是由用户输入的。用户通过输入界面提交学号请求，成绩查询页面根据用户输入的学号进行查询。输入学号需要在一个单独页面中完成，并将学号传递给成绩查询页面。成绩查询页面根据传递过来的 URL 请求进行查询。下面改进上述设计过程，使其能根据 URL 请求中的学号进行相应的成绩查询。

（8）双击应用程序面板中的数据集，重新打开“数据集”对话框，单击“简单”按钮切换回普通“数据集”对话框，选择筛选方式为“URL 参数”，并将值修改为“sno”，表示数据集将根据页面 URL 中的参数 sno 的值，选取 stuID 所在的记录，如图 8.36 所示。

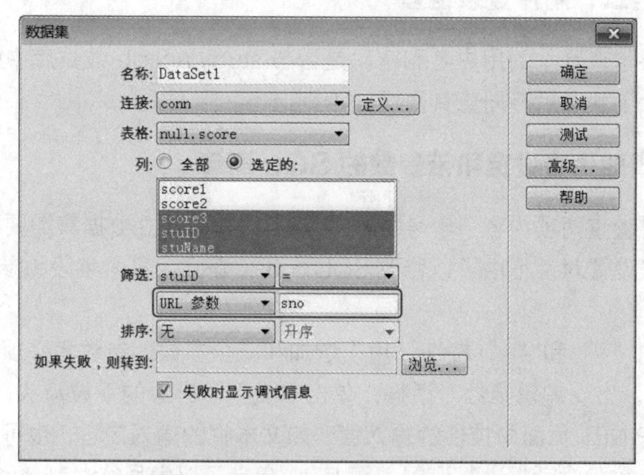

图8.36　根据URL进行筛选的数据集设置

（9）单击“高级”按钮，切换到“数据集”高级设置对话框，删除 SQL 语句中表名前面的“null.”变成“SELECT * FROM score WHERE stuID = ?”，如图 8.37 所示。单击“确定”按钮，关闭“数据集”对话框。

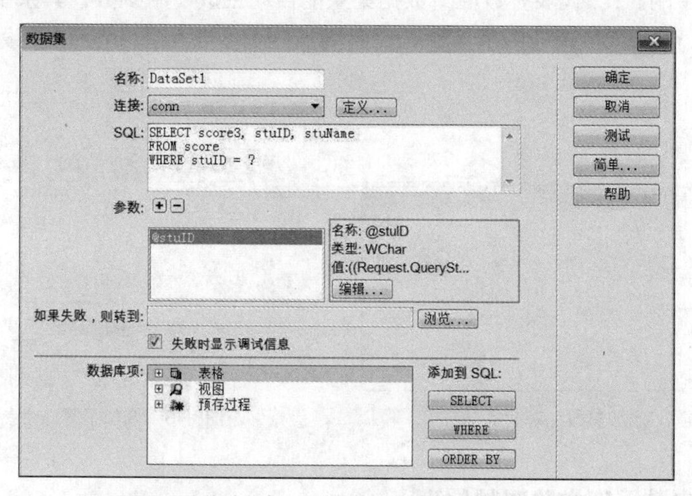

图8.37　修改根据URL进行筛选的数据集SQL语句

（10）重新存盘后，运行页面，输出页面没有数据显示。这是因为 URL 中并没有将学号参数值 sno 传递给页面。修改 URL，在原来的 URL 后增加“?sno=”及相应的学号值，按回车键，重新运行页面，可以看到，浏览器输出了 URL 中输入学号的成绩资料，如图 8.38 所示。URL 的值当然不应该手工输入，而应该由前一个页面传递过来。后面的设计中会解决这个问题。

下面我们就来学习学生登录页面的设计。如何判断登录成功以及将登录者的学号传递给查询页面是设计的两个重点。

地址(D) http://localhost/aspnet/score/8-1.aspx?sno=2011306105

成绩查询	
学号：	2011306105
姓名：	何利
期末成绩：	72

图8.38 根据URL查询单个学生成绩

8.4.5 子任务二：用户登录检查

学生登录页面将检查登录的用户名和密码是否与 study.accdb 数据库中的 stuInfo 表相符。若登录成功，则记录下状态后转向查询页面；否则退出。

8.4.6 数据集的高级设定和带参数的 SQL 语句

登录处理要同时检查两项内容“学号”和“密码”，说明建立数据集需要根据两个字段进行。在“数据集”的高级设置对话框中可以修改 SQL 代码，建立以多个字段为参数的数据集。

1. 设置参数

“参数:”旁边的“+”和“-”按钮，用于增加和减少参数。参数名必须以“@”开头。

单击“+”按钮，出现编辑参数对话框，单击“类型”旁边的下拉箭头，可以选择参数的类型。参数可以是 ASP.NET 页面中控件的输入值，如文本框的输入内容，也可以通过单击“建立”按钮，打开“添加参数”对话框进行设置。图 8.39 定义了以学号@stuName 作为输入参数，参数的值来自文本框 TextBox1 中的输入值，参数的类型为字符型 WChar。单击“确定”按钮，关闭“添加参数”对话框，即在数据集中增加了@stuName 参数。

2. SQL 语句中引用参数

Where 子句中的“?”代表参数值。数据集只能自动生成一个参数，其余参数则需要手工填写。图 8.40 显示了在 SQL 语句中手工输入代码增加一个参数 stuName 以及设置其参数值。

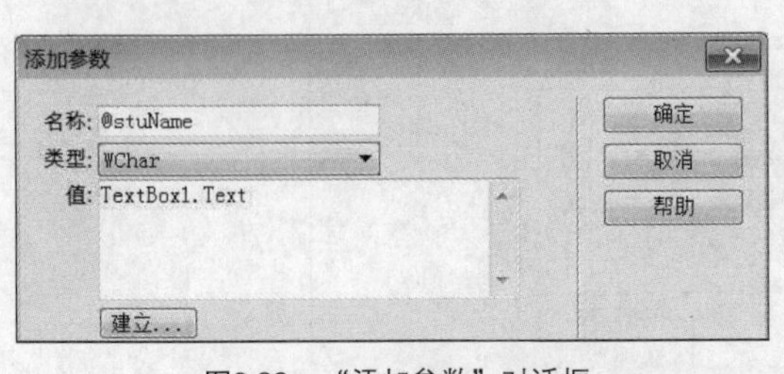

图8.39 “添加参数”对话框

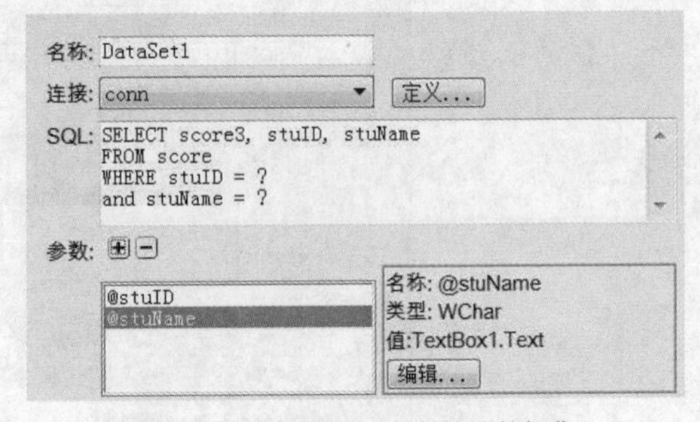

图8.40 增加了第二个参数的数据集

8.4.7 建立数据集失败时的处理

“数据集”对话框还提供了失败时的链接处理，单击“如果失败，则转到:”旁的“浏览”按钮，可以打开“选择重定向文件”对话框，指定建立数据集失败时的出错处理程序。当数据集建立失败时，可以链接到这个指定的程序进行后续处理。

8.4.8 子任务二实现：设计用户登录检查页面

下面运用带参数的 SQL 查询语句和数据绑定知识，设计学生登录页面 (8-2.aspx)。操作步骤如下：

(1) 启动 DW CS6，新建一个 ASP.NET 页面 8-2.aspx，保存在“D:\ book\score”中。

(2) 首先建立一个 4 行 2 列的表格，在表格中放置两个文本框和两个按钮，如图 8.41 所示。密码框的文本模式要设置为“密码”。两个按钮的面板文本应分别设置为“登录”和“取消”，其中“取消”按钮的事件设置为“click”。

学生登录	
学号：	[ASP:TEXTBOX]
密码：	[ASP:TEXTBOX]
登录	取消

图8.41 子任务二设计界面

注 意

在页面设计中添加第一个 ASP.NET 控件后，DW CS6 会自动在这个控件标记外生成 Form 标记，在设计窗口中则表现为出现红色的虚线。这时要调整 Form 标记的位置，将 Form 开始标记<Form runat="server">移至<table>之前，将 Form 结束标记</Form>移到</table>之后。然后再添加其余 ASP.NET 控件。

在标记</head>和<body>之间输入如下代码，作为取消按钮的单击事件处理代码。

```
<script language="c#" runat="server">
  void click(Object sender, EventArgs e)
  {
     TextBox1.Text="";
     TextBox2.Text="";
  }
</script>
```

(3) 展开应用程序面板，按照前面介绍的步骤建立数据库连接 conn 和数据集 DataSet1。DataSet1 的数据来自 stuInfo 表，并设置根据学号 stuID 进行筛选，筛选值等于 URL 参数 stuID。单击“数据集”对话框的“高级”按钮，切换到高级设置对话框。删除 stuInfo 表名前的“null.”，在 where 子句中增加密码字段 pswd，同时增加参数@pswd，值为“TextBox2.Text”，如图 8.42 所示，其中第一个参数@stuID 的值也要修改为 TextBox1.Text。单击“确定”按钮，关闭“数据集”对话框。

(4) 将文本框的文本属性与数据集的字段进行绑定。前面介绍过直接用拖曳的方法进行绑定，这里再介绍另一种绑定方法：在文档窗口的设计视图中，选中学号输入文本框 TextBox1，单击属性面板文本旁的图标，在弹出的“动态数据”对话框中选择字段“stuID”，如图 8.43 所示。

单击“确定”按钮，关闭“动态数据”对话框。文本框绑定数据集中的stuID字段后，文本框标记变成：

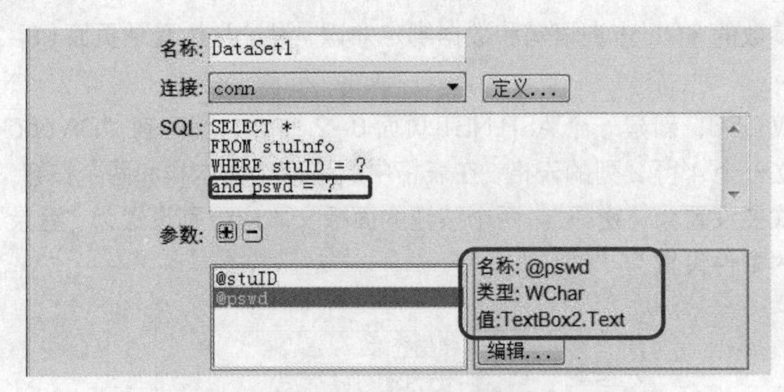

图8.42　登录处理的数据集

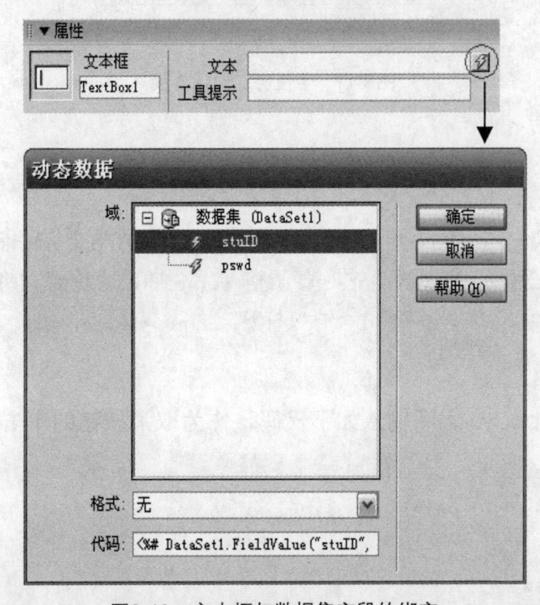

图8.43　文本框与数据集字段的绑定

```
    <asp:TextBox ID="TextBox1" runat="server" Text='<%# DataSet1.FieldValue("stuID",
Container) %>' />
```

用同样的方法，将密码输入文本框TextBox2与数据集字段“pswd”进行绑定。至此，输入表单项的内容就与数据集中的字段绑定在一起了。

（5）利用数据集的RecordCount属性判断登录成功与否，RecordCount是数据集的记录条数。当用户输入的学号和密码与stuInfo表中的记录相符时，在数据集中可以查询到一条记录，RecordCount的值大于0；当用户的输入与表中的记录不相符时，数据集查询结果为空，RecordCount为0。

在网页中自动生成的数据集及绑定代码后面，输入图8.44中矩形框内的代码，其中DataSet1是数据集的名字。

```
  <Parameters>
    <Parameter  Name="@stuID"  Value='<%# TextBox1.Text %>'  Type="WChar"   /
>
    <Parameter  Name="@pswd"  Value='<%# TextBox2.Text %>'  Type="WChar"   />

  </Parameters>
</MM:DataSet>
<%
  if (DataSet1.RecordCount > 0) {
     Session["flag"] = "OK";
     Response.Redirect("8-1.aspx?sno=" + TextBox1.Text);
  }
%>
<MM:PageBind runat="server" PostBackBind="true" />
```

图8.44　判断登录成功及登录成功处理代码

（6）存盘后，按 F12 功能键，在浏览器中查看运行结果。在弹出的登录页面中输入正确的学号和密码，单击“登录”按钮后，进入单个成绩查询页面，并显示出成绩资料，如图 8.45 所示。

图8.45　登录成功后查询成绩

分析：在前面介绍服务器控件及验证控件时，也曾出现过登录检查的实训题及例题，但这些设计中都是把一个固定的用户和密码作为合法用户，编写在程序代码中。而实际的应用系统中，用户资料是保存在数据库中的。本例模拟实际项目，以 stuInfo 表保存学号和密码，通过数据绑定，将用户名和密码的文本框内容与 stuInfo 表中的字段进行比较，判断是否为合法用户。

本例中关于数据集记录数的 if 语句是很关键的代码。通过数据集记录数 RecordCount 来判断是否存在与输入的学号和密码相符的记录，如果存在，则说明是合法用户，否则是不合法用户。

对于合法用户，先利用“Session["flag"] = "OK"”记录下登录状态，再利用 Response.Redirect 跳转到成绩查询页面，并且在跳转时，将当前页面中的用户信息，即保存在 TextBox1 中的学号（TextBox1.Text）也传递过去。学号信息放在 sno 参数中，因为在进行成绩查询页面的数据集设计时，已约定是通过 URL 中的 sno 参数进行查询（见图 8.38）。

教师用户的登录处理与此类似，请参照本例的步骤完成。

8.5 数据网格

8.5.1　子任务三：以表格显示批量查询结果

大量数据的查询也是网站建设中经常遇到的。对于成绩发布网站，教师用户经常需要批量查询成绩数据。在批量查询结果中，教师可能还需要详细查询其中的一条结果。这两项任务，都可以用数据网格轻松完成。

8.5.2　Dreamweaver CS6 的服务器行为概述

前面的设计用到了应用程序面板中的“数据库”和“绑定”选项卡，数据网格的设计则要用到另一个选项卡——“服务器行为”。“数据库”选项卡主要提供建立数据库连接的功能，“绑定”选项卡主要提供建立数据集的功能。这两个选项卡中的设置项较为单一。而“服务器行为”选项卡中包含了丰富的设置项，数据库访问中常用的“插入记录”“更新记录”“删除记录”以及批量查询等功能，都是通过“服务器行为”实现的。

切换到应用程序面板中的“服务器行为”选项卡。单击“+”按钮，出现服务器行为的下拉菜单。根据功能的不同，服务器行为下拉菜单可以分为绑定数据集、数据展现、数据变更、服务器行为管理几类，如图 8.46 所示。

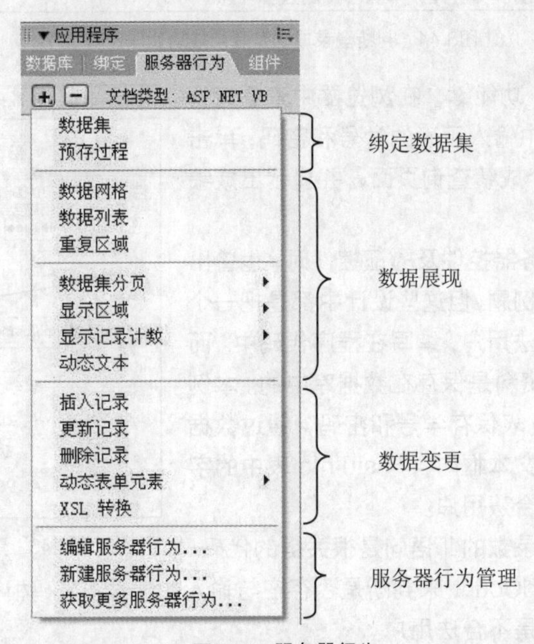

图8.46　服务器行为

绑定数据集：用于建立数据集，与“绑定”选项卡的功能相同。

数据展现：封装了多种 ASP.NET 的数据显示控件，用于可视化地定制并批量显示数据库的记录。

数据变更：数据库的变更处理主要包括数据的增加、删除和修改，能够可视化地设计数据变更功能。

服务器行为管理：用于将网页功能包装成服务器行为，扩展 Dreamweaver CS6 的功能。

8.5.3　数据网格的分页和外观设计

ASP.NET 有多种数据显示控件，如 DataGrid、DataList 和 Repeater。Dreamweaver CS6 将上述控件分别封装在服务器行为下拉菜单中的“数据网格”“数据列表”和“重复区域”项目中，并提供了可视化的操作界面。

数据网格是指 ASP.NET 的 DataGrid 控件，能够以表格形式显示数据。DataGrid 控件功能强大，设置灵活方便。通过设定 DataGrid 控件的属性，可以在网页中呈现多种风格的数据表格。数据网格是建立在数据集基础上的，数据集中的数据可通过数据网格以表格方式显示。

下述数据网格采用的数据集就是以 study.accdb 数据库中的 score 表建立的。

1. 数据网格的基本设置

从服务器行为下拉菜单中选择“数据网格”，在弹出的“数据网格”对话框中将数据集设定为“DataSet1”，如图 8.47 所示。

对话框中的“显示”项可以设定一次显示的记录数。

2. 数字页码的分页

“导航”项用于指定在数据网格中建立分页时的链接方法。单击导航旁边的下拉箭头，出现两种导航方法，如图 8.48 所示。如果是“编号链接到每一页”，则数据网格中会以数字形式出现全部的分页页码。

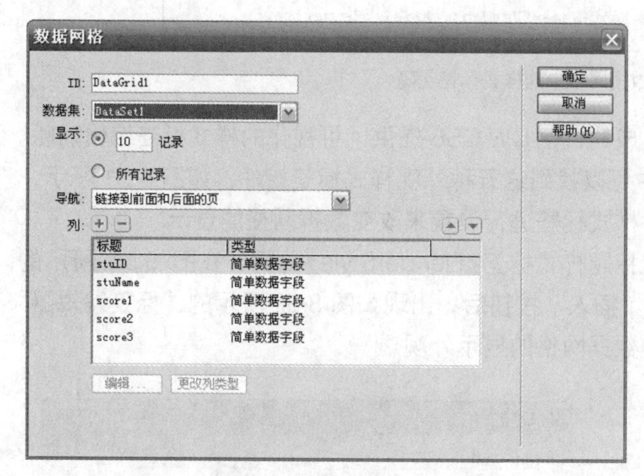

图8.47 数据网格

图8.48 两种导航方式

3. 改变列标题

数据网格中显示的数据标题可以在设计网页时进行更变。比如在建立数据库时是以字母或数字对字段命名，通过改变数据网格的列标题，可以在网页中显示出中文名称的标题。

在“数据网格”对话框中选中要改变列标题显示的字段，单击“编辑”按钮，弹出“简单数据字段列”对话框，修改标题，如图 8.49 所示。单击“确定”按钮，关闭“简单数据字段列”对话框，可以看到数据网格中的列标题已改变。

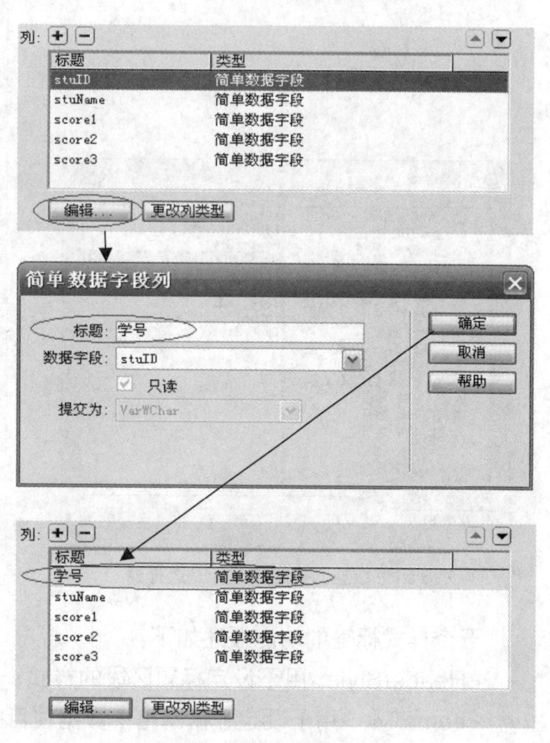

图8.49 改变列标题

4. 数据网格的显示外观与样式标签

数据网格的显示外观有着丰富的表现形式。除了从“数据网格”对话框中将列标题设置成中文显示标题、分页形式设置为数字页码外，数据网格还提供了五个样式标签，分别用来设定字体、颜色、间隔宽度和底色等。

在 DW CS6 的代码视图中观察数据网格的标签代码，可以看到，在<asp:datagrid>标签下含有以下五种样式标签：<HeaderStyle>、<ItemStyle>、<AlternatingItemStyle>、<FooterStyle>和<PagerStyle>，如图 8.50 所示。

```
<HeaderStyle HorizontalAlign="center" BackColor="#E8EBFD" ForeColor="#3D3DB6"
 Font-Name="Verdana, Arial, Helvetica, sans-serif" Font-Bold="true" Font-Size=
"smaller" />
<ItemStyle BackColor="#F2F2F2" Font-Name="Verdana, Arial, Helvetica,
sans-serif" Font-Size="smaller" />
<AlternatingItemStyle BackColor="#E5E5E5" Font-Name="Verdana, Arial,
Helvetica, sans-serif" Font-Size="smaller" />
<FooterStyle HorizontalAlign="center" BackColor="#E8EBFD" ForeColor="#3D3DB6"
 Font-Name="Verdana, Arial, Helvetica, sans-serif" Font-Bold="true" Font-Size=
"smaller" />
<PagerStyle BackColor="white" Font-Name="Verdana, Arial, Helvetica,
sans-serif" Font-Size="smaller" />
```

图8.50 数据网格中的样式标签代码

上述复杂的样式代码是由系统自动生成的，但 DW CS6 提供了可视化的样式标签编辑功能。在 DW CS6“插入”菜单的标签选择器中可以找到这五种外观样式标签控件，如图 8.51 所示，在样式的“标签编辑器”对话框中可以对样式标签进行设置来改变数据网格的显示。

五个样式标签的设置界面均相同。以标题样式标签<HeaderStyle>为例，在图 8.51 所示的标签选择器中选择<HeaderStyle>，单击“插入”按钮后，出现如图 8.52 所示的“标签编辑器”对话框。根据对话框中的属性，可以设定数据网格的显示外观。

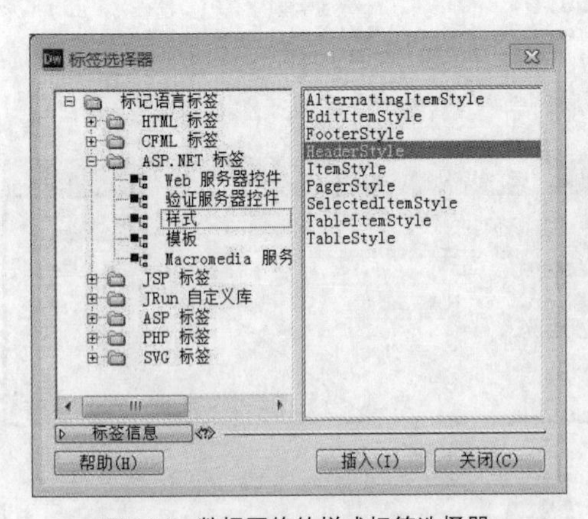

图8.51 数据网格的样式标签选择器

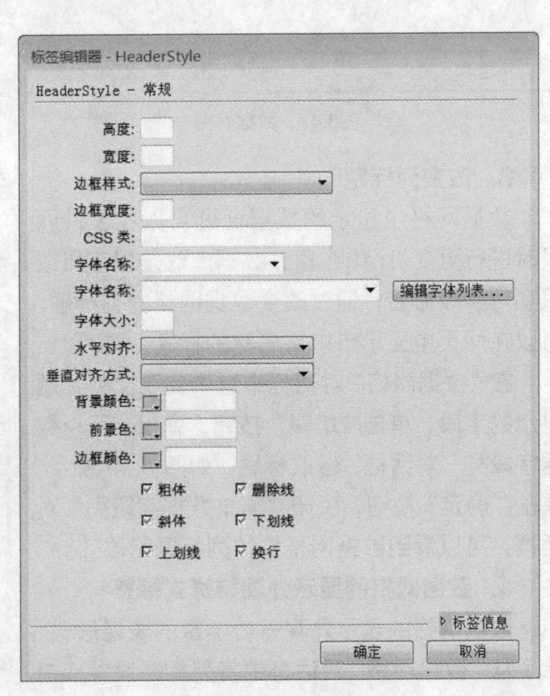

图8.52 标签编辑器

五个样式标签的功能概述如下：

<HeaderStyle>用于设定标题区段的样式；

<ItemsTyle>用于设定数据网格中数据项目的样式；

<AlternatingItemStyle>用于设定间隔行的样式，<AlternatingItemStyle>的样式属性可以

覆盖<ItemStyle>的属性，设定间隔行样式后，一行按<ItemStyle>样式显示，下一行按<AlternatingItemStyle>显示，两两交替；

<FooterStyle>用于指定数据网格页尾区段的样式，页尾区位于分页区之上，数据网格的 ShowFooter 属性必须设定为 true，<FooterStyle>样式才可见；

<PagerStyle>用于指定数据网格分页区段的样式。

8.5.4 数据网格的链接设计

数据网格中的字段可以建立超链接。

在“数据网格”对话框中，选中要建立链接的字段，右击“更改列类型”按钮，如图 8.53 所示。

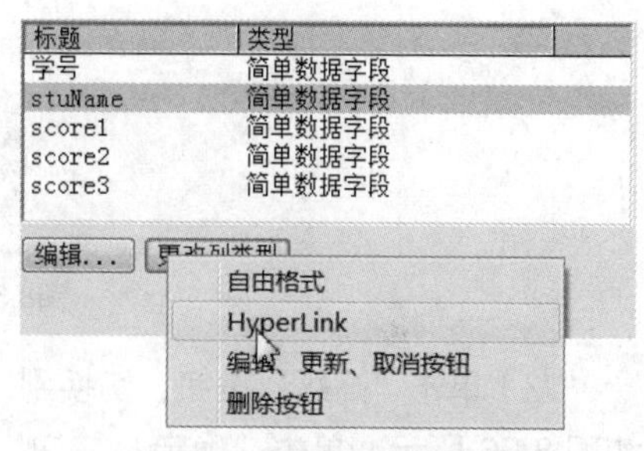

图8.53 更改超级链接列类型

在出现的快捷菜单中选择“HyperLink”，打开“超级链接列”对话框，如图 8.54 所示。在对话框中有“超级链接文本”和“链接页”两类设定项目，两类项目中均有数据字段。其中“超级链接文本”中的数据字段是出现下划链接线的字段，而“链接页”中的数据字段是指传递到下一页面的数据字段，即通过 URL 传递到下一个页面的数据字段名。一般在数据集中选择一个能唯一标识每条记录的字段作为“链接页”中的数据字段。“链接页”中的格式字符串即单击数据网格中的链接字段后，要转向的目的网页，其中问号“?”后的参数是要传递到目的网页的变量名和数据字段，{0}表示一个与数据字段的值相对应的占位符，通常用 0 来指示第一个（且唯一的）元素。当页面运行时，{0}所在位置将会被具体的数据替代。

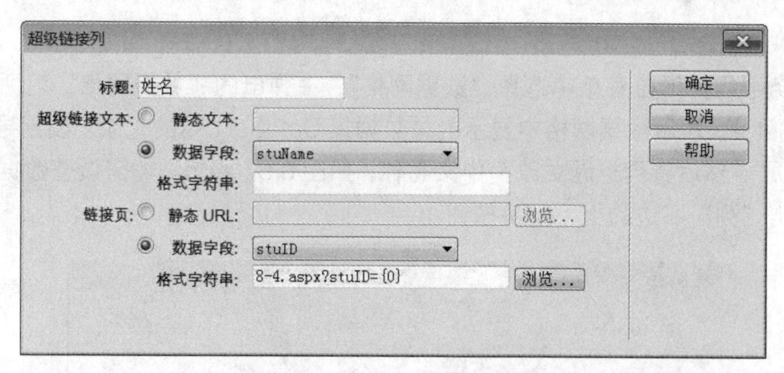

图8.54 “超级链接列”对话框

8.5.5 子任务三实现：数据网格批量查询及链接查询

整个功能将由两个页面完成，一个页面（8-3.aspx）实现批量数据的查询，另一个页面（8-4.aspx）实现单条记录的详细查询，两个页面之间通过链接建立关系。

操作步骤如下：

（1）启动 DW CS6，新建一个 ASP.NET 页面 8-3.aspx，保存在“D:\ book\score”中。

（2）建立数据网格之前要先建立数据库连接和数据集。按照 8.3 节和 8.4 节的介绍建立数据库连接 conn 和数据集 DataSet1，数据集中的表格选择 score 表，并选定其中的部分列，如图 8.55 所示。

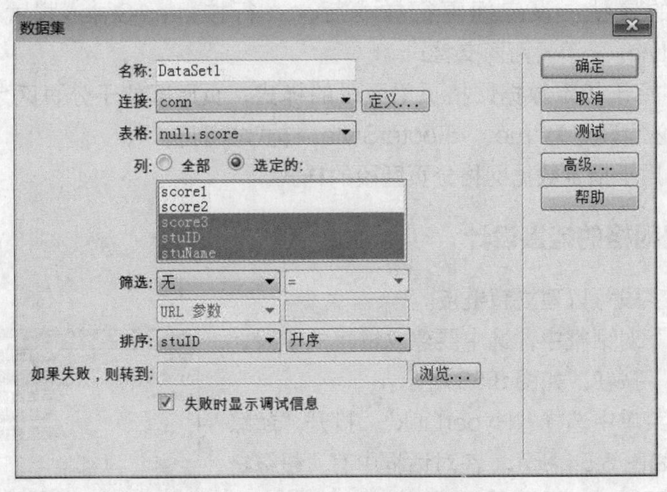

图8.55　批量成绩查询的数据集设置

（3）单击“高级”按钮，切换到“数据集”的高级设置对话框，删除 SQL 语句中的“null.”，如图 8.56 所示，单击“确定”按钮，关闭“数据集”对话框。

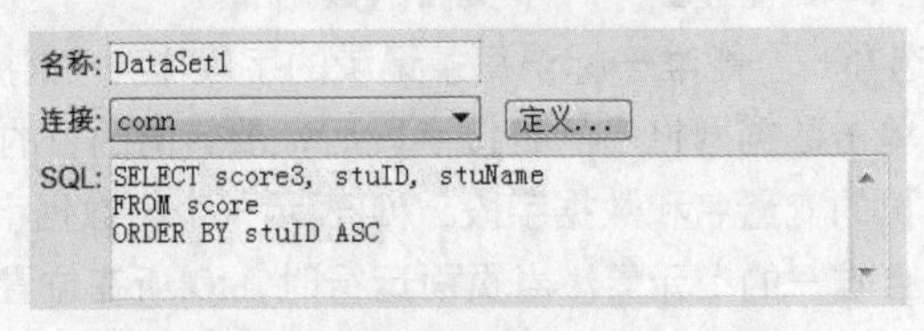

图8.56　批量成绩查询的数据集SQL语句

（4）从服务器行为下拉菜单中选择“数据网格”，在弹出的“数据网格”对话框中将数据集设定为“DataSet1”，表示数据网格中显示的是数据集 DataSet1 中的记录。设置导航方式为“编号链接到每一页”，然后将列标题更改为中文名称，如图 8.57 所示。如需调整数据网格中的列标题顺序，可单击“列”右边的上下箭头按钮。

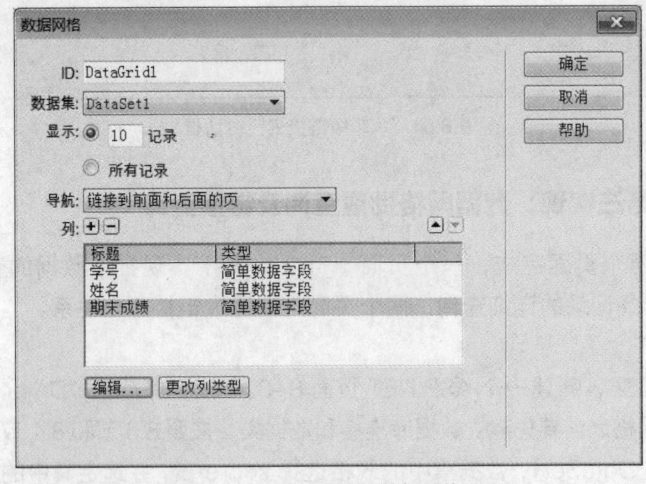

图8.57　批量成绩查询的数据网格设置

（5）单击“确定”按钮，完成数据网格的设置。存盘后，按 F12 功能键在浏览器中查看结果。浏览器中出现 score 表的前十条记录，左下角是数据导航，如图 8.58 所示，单击数字可以显示前十条或后十条记录的内容。

以上步骤完成了批量成绩查询的初步设计，在数据网格查询过程中，还可能需要对某同学的成绩进行详细查询。下面修改数据网格，在批量成绩查询页面增加链接查询设计。

（6）在 DW CS6 中双击“服务器行为”选项卡下的数据网格，选中“姓名”列字段，单击“更改列类型”按钮，选择 HyperLink 菜单项，将“超级链接文本”和“链接页”中的“数据字段”分别设置为“stuName”和“stuID”。单击格式字符串旁的“浏览”按钮，在打开的窗口中输入文件名“8-4.aspx”，单击“确定”按钮，回到“超级链接列”对话框，继续单击“确定”按钮，关闭“超级链接列”对话框。重新运行 8-3.aspx，得到如图 8.59 所示的结果。可以看到，数据网格中的姓名字段出现了超链接标志。

地址(D) http://localhost/aspnet/score/8-3.aspx

学号	姓名	期末成绩
2011306101	陈家佳	88
2011306102	陈一一	80
2011306103	程舍	83
2011306104	程思思	86
2011306105	何利	72
2011306106	何其	74
2011306107	何刚	69
2011306108	胡小亮	96
2011306109	胡琴	95
2011306110	黄研	82

1 2 3 4 5 6

图8.58　批量成绩查询的初步结果

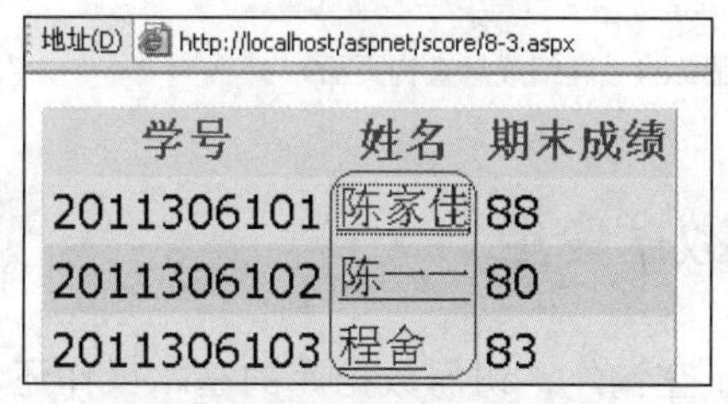

图8.59　数据网格中建立了超链接

（7）下面设计 8-4.aspx 详细查询页面。在同一目录下新建一个空白 ASP.NET C#页面 8-4.aspx，按图 8.60 建立数据集，数据集中的记录是根据 URL 参数 stuID 进行筛选的。页面运行时，数据集就根据前一个页面通过 URL 传递过来的 stuID 筛选出一条记录。单击“高级”按钮，切换到“数据集”的高级设置对话框，删除 SQL 语句中的“null.”，关闭“数据集”对话框。

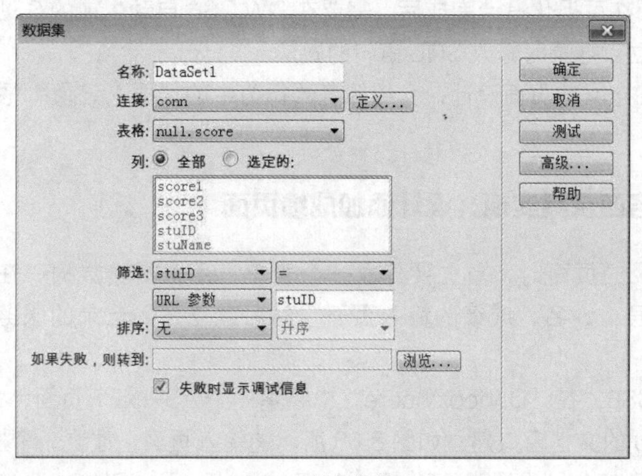

图8.60　数据集筛选

（8）在 DW CS6 中建立一个 5 行 2 列的表格，用于详细资料查询。将数据集中的字段分别与表格中的字段绑定，如图 8.61 所示。

（9）存盘后。重新运行 8-3.aspx，在数据网格中单击姓名链接，浏览器将打开 8-4.aspx 页面，并显示出详细成绩资料，如图 8.62 所示。

学号：	{DataSet1.stuID}
姓名：	{DataSet1.stuName}
平时成绩：	{DataSet1.score1}
期中成绩：	{DataSet1.score2}
期末成绩：	{DataSet1.score3}

图8.61　详细成绩查询页面

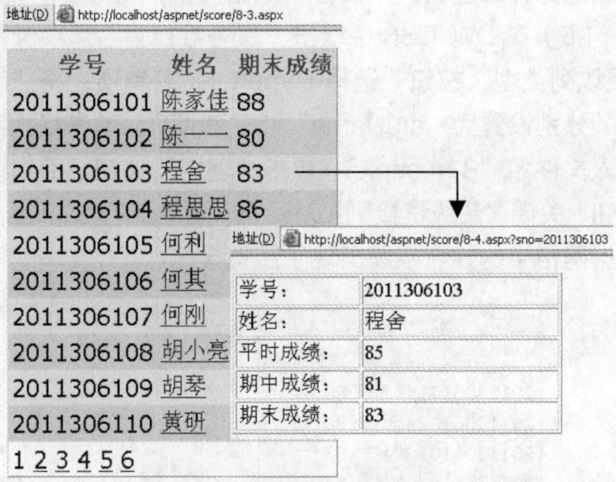

地址(D) http://localhost/aspnet/score/8-3.aspx

学号	姓名	期末成绩
2011306101	陈家佳	88
2011306102	陈一一	80
2011306103	程舍	83
2011306104	程思思	86
2011306105	何利	
2011306106	何其	
2011306107	何刚	
2011306108	胡小亮	
2011306109	胡琴	
2011306110	黄研	

1 2 3 4 5 6

地址(D) http://localhost/aspnet/score/8-4.aspx?sno=2011306103

学号：	2011306103
姓名：	程舍
平时成绩：	85
期中成绩：	81
期末成绩：	83

图8.62　批量成绩查询及其链接查询

8.6 数据变更

除了查询外，访问数据库的基本操作还包括增加记录、修改记录和删除记录。在服务器行为的下拉菜单中还提供了“插入记录”“更新记录”和“删除记录”的可视化设计界面，用于在网页中实现相关功能，并自动生成相应的标签代码。这三个功能所对应的标签分别是 MM:Insert、MM:Update、MM:Delete，和数据集标签 MM:Dataset 等以“MM:”开头的标签一样，这三个标签也是 Dreamweaver 中的自定义 ASP.NET 标签，三个标签所对应菜单项的设定操作类似。

需要说明的是，在可视化设计完成后，需要在 DW CS6 自动生成的 SQL 代码中删除表名前的“null.”，类似建立数据集时修改 SQL 语句的做法。

下面围绕成绩发布网站页面设计，介绍服务器行为中的“插入记录”“更新记录”和“删除记录”菜单。

8.6.1　子任务四及其实现：设计添加成绩页面

在建立添加记录的页面时，首先要建立一个表单，用来提交数据。在添加成绩页面的设计中，首先建立学号、姓名、成绩的输入页面，然后建立插入记录的服务器行为。操作步骤如下：

（1）启动 DW CS6，在“D:\book\score”中新建一个 ASP.NET 页面，命名为 8-5.aspx。

（2）在 DW CS6 的文档窗口建立如图 8.63 所示的输入页面，放置一个提交按钮，并将五个输入文本框控件的 ID 值分别设置为：TextBox1、TextBox2、TextBox3、TextBox4 和 TextBox5。

注意在页面设计中，添加第一个 ASP.NET 控件后，要调整 Form 标记的位置，将 Form 标记移至表格标记之外。具体做法请参见登录页面（8-2.aspx）设计中的介绍。

（3）在应用程序面板建立 study.accdb 数据库连接 conn。

（4）从服务器行为下拉菜单中选择“插入记录”，打开“插入记录”对话框，设定“连接”为刚建立的 conn，“插入到表格”选择需要增加记录的表名 score，如图 8.64 所示。

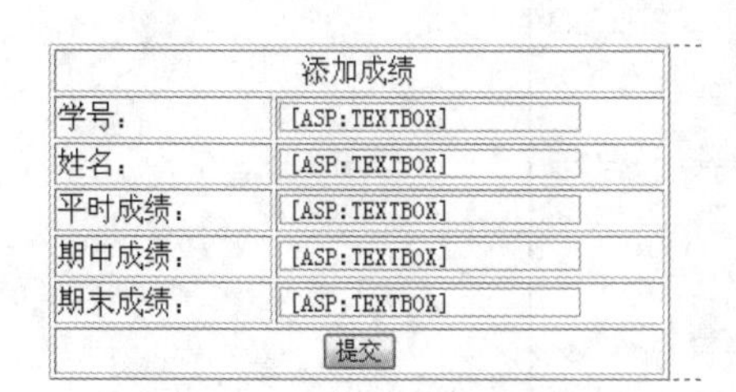

图8.63 添加成绩页面设计

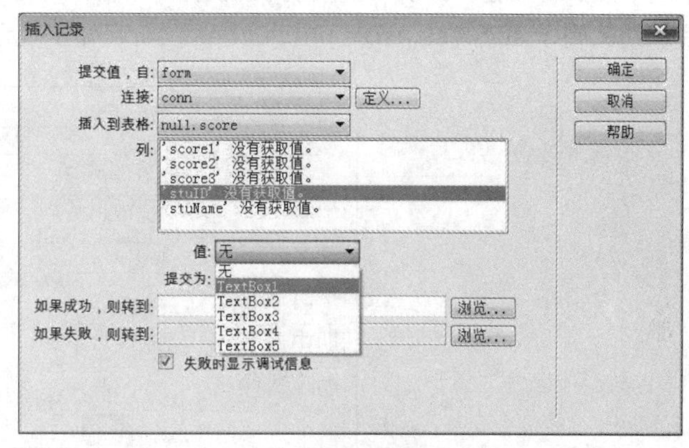

图8.64 “插入记录”对话框

这时列字段列表中的 stuID、stuName、score1、score2 及 score3 等字段均显示“没有获取值”，这是因为没有将输入表单项与字段进行绑定。选中列表中的 stuID，单击“值”旁的下拉箭头，在出现的下拉列表中选择 TextBox1——这是界面设计中学号文本框控件的 ID 值。按上述方法，依次将 stuName 与 TextBox2、score1 与 TextBox3、score2 与 TextBox4、score3 与 TextBox5 绑定。绑定完毕后的列如图 8.65 所示。

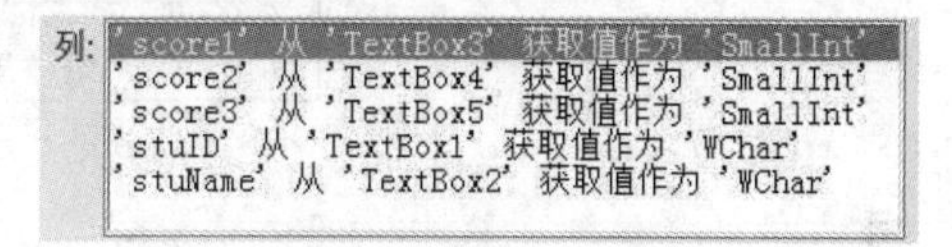

图8.65 插入记录中的列字段与界面文本框绑定

（5）在同一目录下新建一个 ASP.NET 页面，命名为 success.aspx。在 success.aspx 页面的<body>标签后插入如下代码：

```
<%
   response.write("已成功录入成绩！")
%>
```

（6）切换到 8-5.aspx，单击“插入记录”对话框中“如果成功，则转到”旁的浏览按钮，在打开的对话框中选择刚建立的 success.aspx，单击“确定”按钮，关闭对话框，如图 8.66 所示。

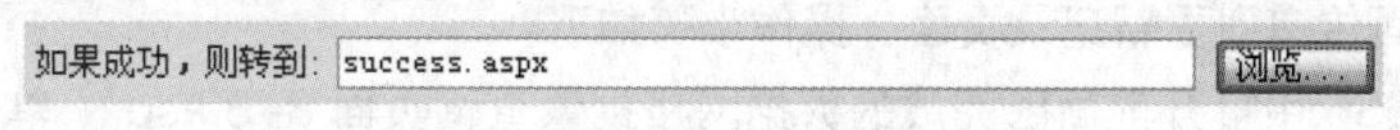

图8.66 插入记录成功的跳转页面

（7）单击“确定”按钮，关闭“插入记录”对话框。在应用程序面板的“服务器行为”选项卡中出现插入记录图标，表示在网页中完成了插入记录的设定。

（8）切换到 DW 的代码视图，在 CS6 自动生成的标签 MM:DataSet 中找到添加记录的代码“INSERT INTO null.score (score1, score2, score3, stuID, stuName) VALUES (?, ?, ?, ?, ?)”，删除 score 前面的“null.”，变成“INSERT INTO score (score1, score2, score3, stuID, stuName) VALUES (?, ?, ?, ?, ?)”。

（9）存盘后，按 F12 功能键运行。首先出现添加记录输入页面，在其中输入成绩资料后，单击“提交”按钮，出现“已成功录入成绩”的提示，这是因为在 score 表中成功添加一条记录后，跳转到了 success.aspx，由 success.aspx 输出提示信息，如图 8.67 所示。

图8.67　添加成绩页面的运行结果

如果没有修改 SQL 语句，即未按步骤（8）删除表名字前的“null.”，在单击“提交”按钮后会出现“System.Data.OleDb.OleDbException: INSERT INTO 语句的语法错误”的报错提示，这时只须按步骤（8）操作，删除代码中的“null.”即可。

8.6.2　子任务五及其实现：设计更新成绩页面

“更新记录”也是服务器行为中的一种，利用更新记录可以实现成绩表数据的更改。在设计更新记录的服务器行为之前，和添加成绩页面设计一样，要先建立一个数据输入表单。不同的是，该表单的初始内容不是空的，而是从前一个页面传递过来的。

为此，我们先修改数据网格批量查询页面，在其中增加更新链接，需修改的数据可通过数据网格批量查询页面传递到更新记录页面。操作步骤如下：

（1）在 DW CS6 中打开前面已完成的数据网格批量查询页面 8-3.aspx，单击“服务器行为”选项卡中的数据网格，打开“数据网格”对话框。单击“列”旁的“+”按钮，选择下拉菜单中的“HyperLink”（超级链接）。在打开的“超级链接列”对话框中，选择“超级链接文本”中的“静态文本”，并输入“更新”，标题也设置为“更新”，“链接页”中的数据字段选择“stuID”。单击格式字符串文本框旁的“浏览”按钮，在弹出的对话框中输入“8-6.aspx”（即将设计的更新成绩页面文件名）后，关闭对话框，回到“超级链接列”对话框，即可自动生成格式字符串，如图8.68所示。单击“确定”按钮，关闭“超级链接列”对话框。

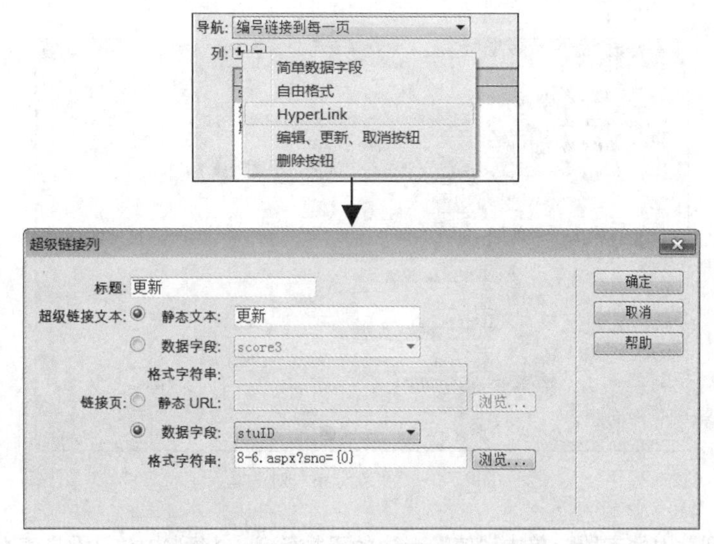

图8.68　建立更新链接列

（2）存盘后，按F12功能键运行8-3.aspx，可以看到数据网格中出现了“更新”链接列，如图8.69所示。

下面建立更新成绩页面。操作步骤如下：

（1）在“D:\book\score”中新建一个ASP.NET页面，命名为8-6.aspx。

（2）设计一个7行2列的表格，用于显示全部的成绩资料，在表格中放置5个文本框控件和1个按钮控件。

（3）建立一个筛选数据集，用于根据前一个页面传入的sno筛选出成绩记录。数据集来源于score表，筛选值选“URL参数”，值是“sno”。单击“高级”按钮，切换到“数据集”的高级设置对话框，将SQL语句中的“null.”删除，变成“SELECT * FROM score WHERE stuID = ?”。单击“确定”按钮，关闭“数据集”对话框。

（4）将数据集中的字段与表单中的文本框进行绑定。因为主键字段一般不允许更改，可将不能更改的字段所在的文本框设置成“只读”属性，如图8.70所示。

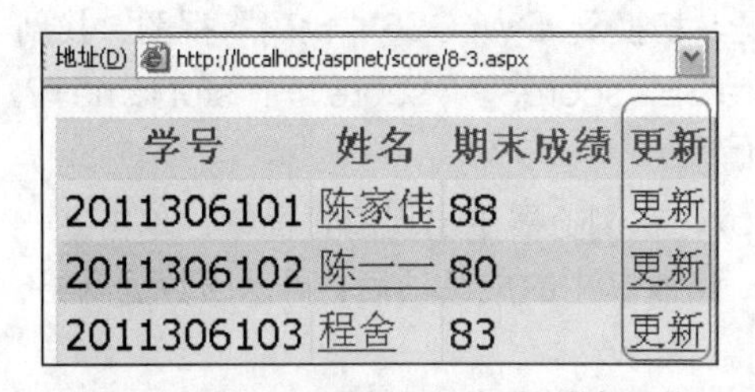

图8.69　增加了“更新”链接列的数据网格

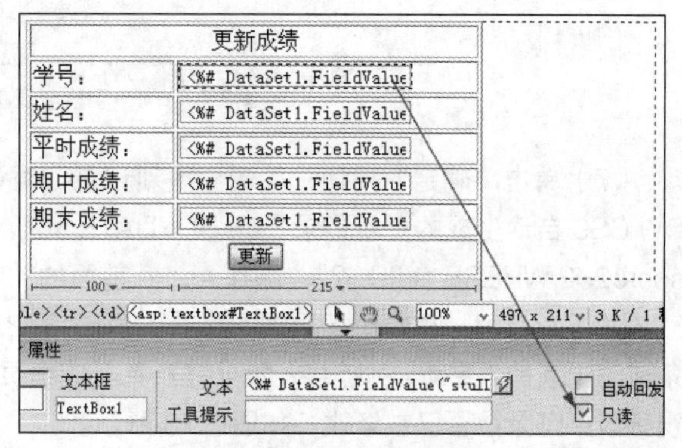

图8.70　更新成绩页面设计

（5）单击“服务器行为”选项卡中的“更新记录”菜单项，在打开的“更新记录”对话框中，将“连接”设置为当前连接 conn，“更新表格”设置为 score，如图 8.71 所示。

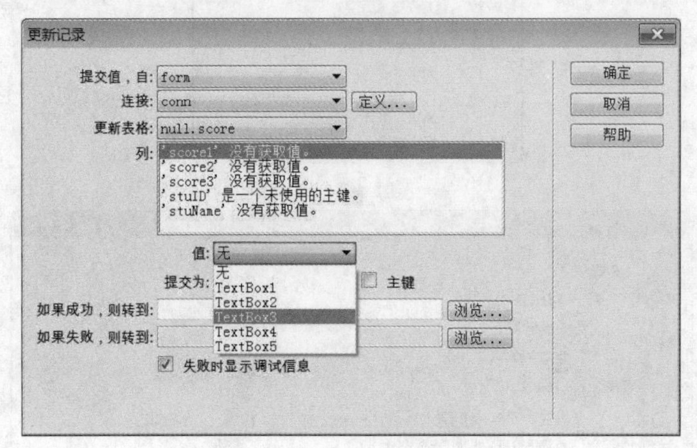

图8.71 “更新记录”对话框

（6）选中“列”中的字段，单击“值”旁边的下拉箭头，将列中的字段与表单控件进行绑定。绑定好列之后，单击“如果成功，则转到”旁的“浏览”按钮，在打开的对话框中选择数据网格查询页面 8-3.aspx，表示更改完记录后再回到批量查询页面，单击“确定”按钮，关闭对话框，回到“更新记录”对话框，如图 8.72 所示。

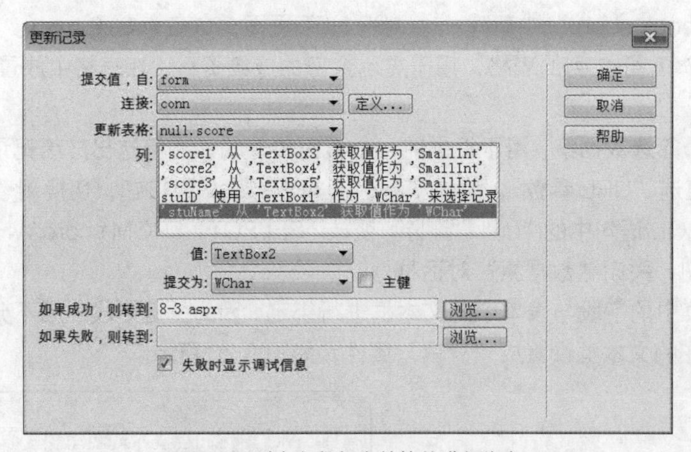

图8.72 列中字段与表单控件进行绑定

（7）单击“确定”按钮，关闭“更新记录”对话框。切换到 DW CS6“代码”视图，找到 DW CS6 自动生成的更新记录代码“UPDATE null.score SET score3=?, score1=?, stuName=?, score2=? WHERE stuID=?”，删除 score 前面的“null.”。

（8）存盘后，重新运行数据网格查询页面 8-3.aspx，在浏览器中出现的页面中，单击某一条成绩记录的“更新”列链接，即可打开更新成绩页面，修改其中的成绩项后，再返回数据网格，观察该条记录是否已被修改，如图 8.73 所示。

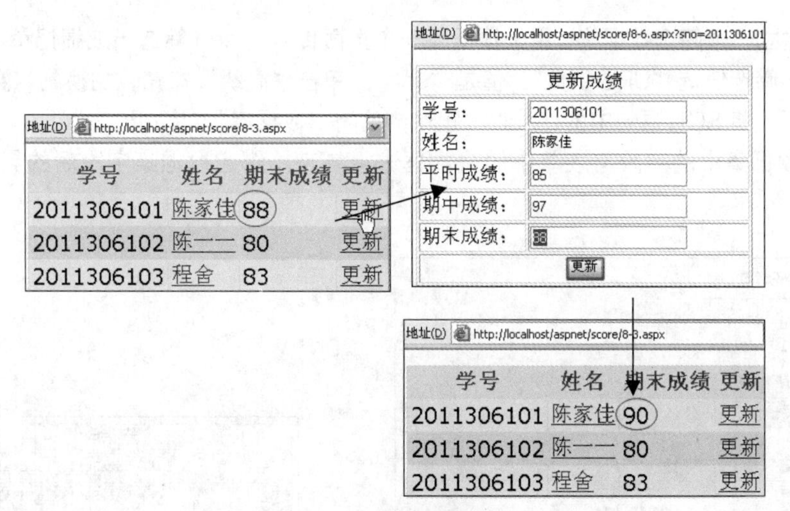

图8.73 更新成绩页面

8.6.3 子任务六及其实现：设计删除成绩页面

在建立删除记录页面时，和前面所学的“更新记录”功能一样，首先要建立一个表单，用来显示当前要删除的数据。该表单的初始内容不是空的，而是从前一个页面传递过来的，是数据库中已有的数据。

因此，删除成绩记录页面的设计也包含两项工作：修改批量查询页面，在数据网格中增加一个“删除”链接列，链接到“删除记录”页面；设计删除成绩页面。

首先修改数据网格批量查询页面，在其中增加“删除”链接列。具体步骤可参考上节内容，其中的“超级链接列”对话框设置如图 8.74 所示。

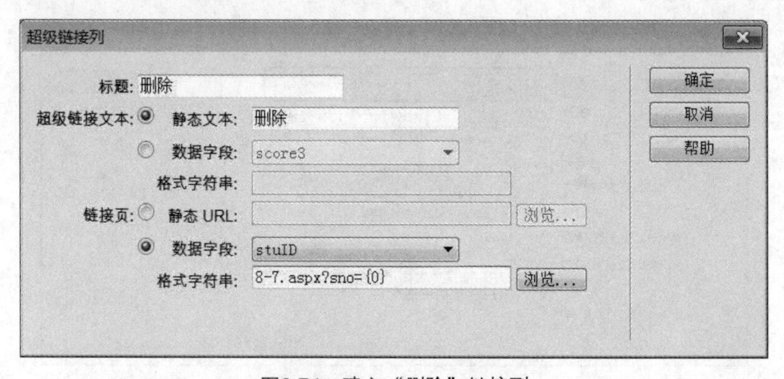

图8.74 建立“删除”链接列

原来的“数据网格”对话框经过这两次修改后，变成如图 8.75 所示的设置。

然后建立删除成绩页面。操作步骤如下：

（1）在“D:\book\score”中新建一个 ASP.NET 页面，命名为 8-7.aspx。

（2）仿照更新成绩页面设计，建立一个 7 行 2 列的表格，在表格中放置 5 个文本框和 1 个按钮控件。由于这些文本框用来显示数据，无须用户录入或修改，因此将五个文本框的“只读”属性都勾选。

（3）再建立一个筛选数据集，用于根据前一个页面传入的sno筛选出成绩记录。数据集来源于score表，筛选值选“URL参数”，值是“sno”。单击“高级”按钮，切换到“数据集”的高级设置对话框，将SQL语句中的“null.”删除，关闭“数据集”对话框。

（4）将数据集中的字段与表单中的文本框进行绑定。绑定数据集字段后的界面如图8.76所示。

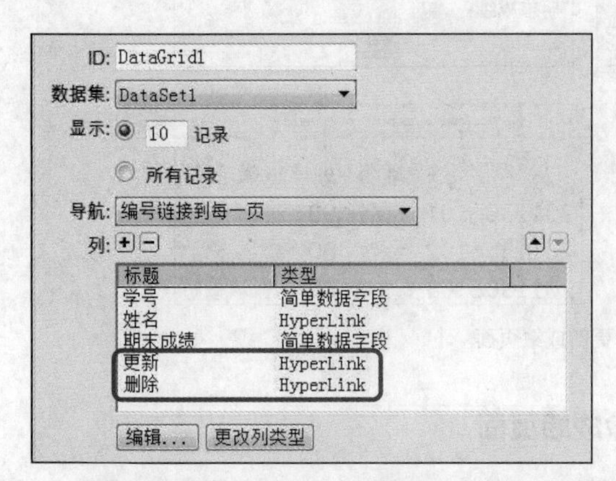

图8.75　增加了“更新”和“删除”链接列的“数据网格”对话框

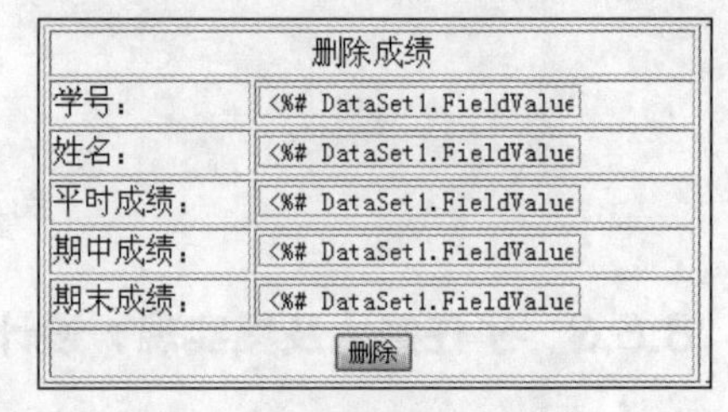

图8.76　删除成绩页面设计

（5）单击“服务器行为”选项卡中的“删除记录”菜单项。在打开的“删除记录”对话框中，将“首先检查是否已定义变量”设置为“表单变量”，并在旁边的文本框中填上TextBox1。将“连接”设置为当前连接conn，“表格”设置为score。“主键值”设置为“URL参数”，并在旁边的文本框中输入“sno”。将“如果成功，则转到”设置为数据网格查询页面8-3.aspx。如图8.77所示。要说明的是，“首先检查是否已定义变量”的默认设置是“主键值”，这时，全跳过当前删除成绩页面而直接将记录删除掉。

图8.77　“删除记录”对话框

（6）单击“确定”按钮，关闭“删除记录”对话框。切换到DW CS6“代码”视图，修改SQL代码。在MM:DataSet标签中找到DW CS6自动生成的删除记录代码“DELETE FROM null.score WHERE stuID=?”，删除score前面的“null.”。

（7）存盘后，重新运行数据网格查询页面8-3.aspx，在浏览器中出现的页面中，单击某一条成绩记录的“删除”列链接，打开删除成绩页面，如确认需删除，则单击页面的“删除”按钮，返回数据网格，观察该条记录是否已被删除。图8.78是运行示意图。

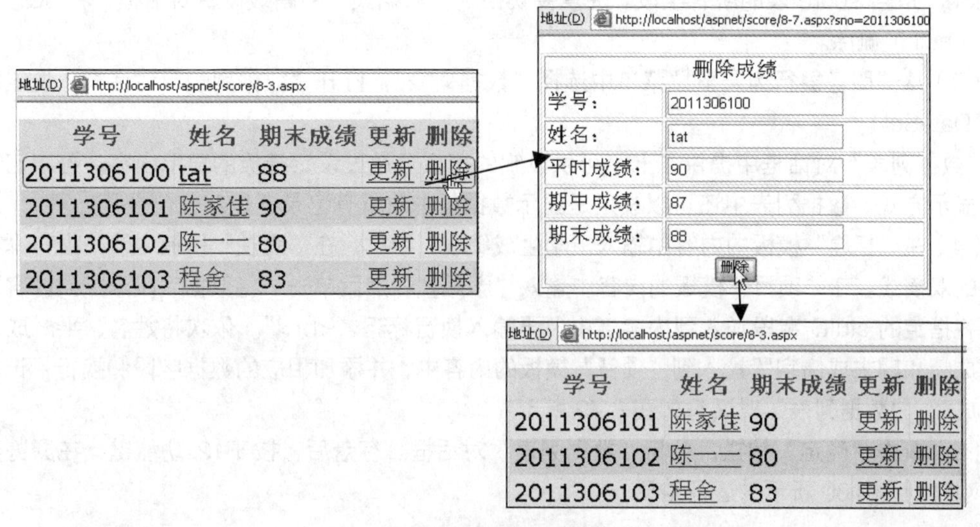

图8.78　删除记录页面

8.7　数据列表和重复区域

数据列表和重复区域分别对应 ASP.NET 的 DataList 控件和 Repeater 控件，在服务器行为中封装的另外两种 ASP.NET 数据展现控件。下面就通过两个查询网页来介绍数据列表控件和重复区域控件的使用。

8.7.1　子任务七及其实现：数据列表及数据集的分页显示设计

与数据网格相比，数据列表提供了七种模板来定义数据在网页中的显示方式。DataList 控件的模板标签及其在 Dreamweaver 中的名称如表 8.9 所示。

表 8.9　数据列表的模板

模板标签	名称
<HeaderTemplate>	页眉模板
<ItemTemplate>	项目模板
<AlternatingItemTemplate>	交替项模板
<EditItemTemplate>	编辑项模板
<SelectedItemTemplate>	选定项模板
<SeparatorTemplate>	分隔线模板
<FooterTemplate>	脚注模板

在数据列表查询页面设计中，首先建立数据列表，显示 score 表的记录，然后通过服务器行为的数据集分页，设置分页查询功能。操作步骤如下：

（1）启动 DW CS6，在“D:\book\score”中新建一个 ASP.NET 页面，命名为 8-8.aspx。

（2）切换到应用程序面板，建立对 study.accdb 数据库的连接 conn 和数据集 DataSet1，

DataSet1 取自 score 表的所有字段。注意要切换到“数据集”的高级设置对话框，将 SQL 语句中的“null.”删除。

（3）从“服务器行为”下拉菜单中选择“数据列表”，打开“数据列表”对话框，设定数据集为 DataSet1。

“数据列表”对话框中提供了七个可供设定的模板。通过设定模板的显示内容，可以定制数据的显示方式。数据列表中还可以设定是显示数据集中的所有记录还是部分记录。

（4）在“标题”模板的内容中输入“学生成绩表”字样，在“脚注”模板中输入由一排等号构成的双横线。在“项目”模板的内容中输入“学号:”，然后单击“将数据字段添加到内容”按钮，将指定的 stuID 字段加入到内容当中，再输入换行标记“
”。依次将姓名、平时成绩、期中成绩和期末成绩字段输入到“项目”模板的内容中，并添加相应的数据字段和换行标记。设计完成后，“数据列表”对话框如图 8.79 所示。

（5）单击“确定”按钮，关闭“数据列表”对话框。存盘后，按 F12 功能键，在浏览器中可以观察到图 8.80 所示的运行结果。

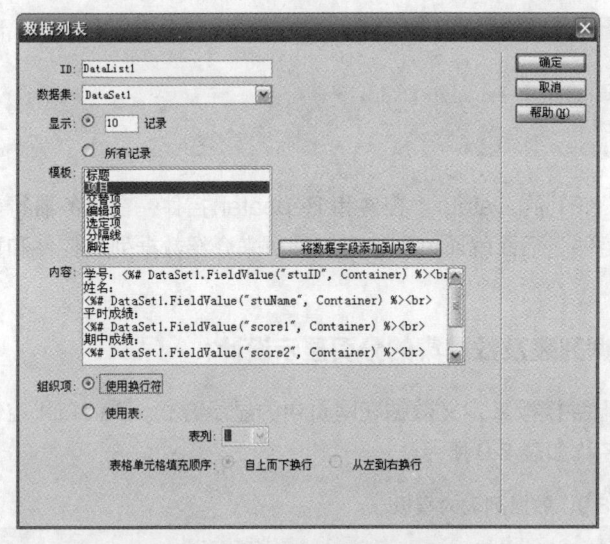

图8.79 “数据列表”对话框

图8.80 数据列表查询页面初步设计

因为“数据列表”对话框设计的是显示 10 条记录，所以可以看到浏览器中出现了 10 位同学的成绩资料，第 10 位同学的成绩之后是由“・”号构成的双横线脚注。

在服务器行为中提供了数据分页功能。在数据列表页面中增加数据分页功能，就可以让 score 表中第 10 条之后的记录也显示出来。

（6）打开刚刚建立的 8-8.aspx，在文档窗口的数据列表设计界面下方加入一个 1 行 4 列的表格，填入分页导航的文字，如图 8.81 所示。

（7）下面建立分页导航功能。选中“首页”，单击服务器行为的“+”按钮，在打开的下拉菜单中选择“数据集分页”，在展开的下拉选项中选择“移至第一页”，如图 8.82 所示。

（8）打开如图 8.83 所示的“移至第一页”对话框，单击“确定”按钮，关闭对话框。按上述方法，依次将分页导航中的“上一页”“下一页”和“末页”定义为数据集分页中的“移至前一页”“移至下一页”和“移至最后一页”。

图8.81　分页导航页面

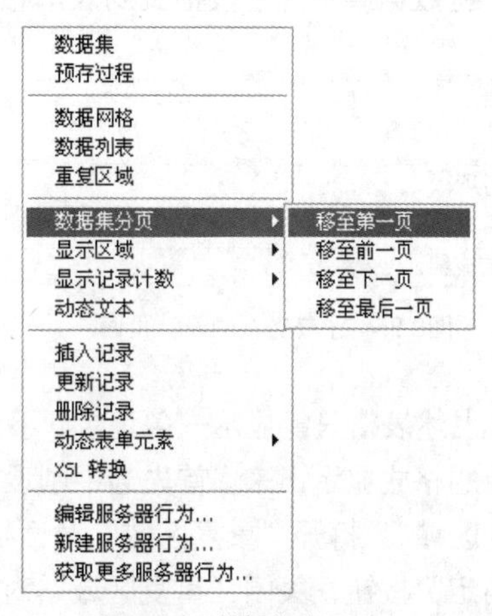

图8.82　数据集分页

（9）完成数据集分页导航设置后，保存，重新运行 8-8.aspx。可以看到，在数据列表下面出现了一个用于分页的导航条，如图 8.84 所示。单击任何一个分页链接，就可以浏览不同页面的数据。

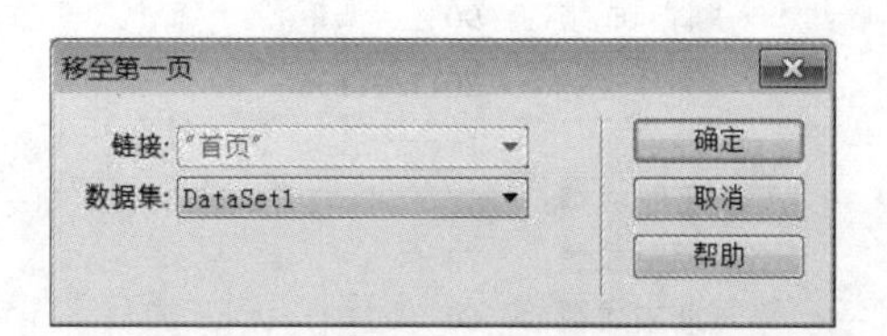

图8.83　数据集分页中的“移至第一页”对话框

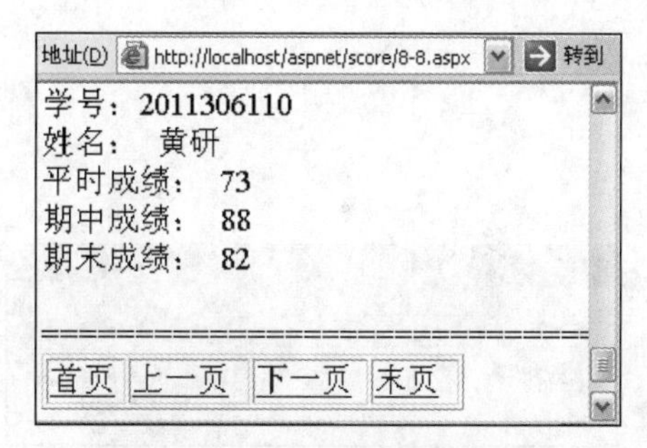

图8.84　增加了分页导航的数据列表

8.7.2　子任务八及其实现：用重复区域实现的数据显示

DW CS6 中的重复区域代表网页上以重复格式出现的内容块。在网页上建立数据的显示格式并绑定数据集中的字段后，可以将这块区域定义为重复区域，数据集中的记录就会以定义的格式逐条显示出来。

建立重复区域主要包括三个步骤：首先建立数据显示的格式页面，然后进行数据绑定，最后定义重复区域。操作步骤如下：

（1）启动 DW CS6，在“D:\book\score”中新建一个 ASP.NET 页面，命名为 8-9.aspx。

（2）在文档窗口的设计视图中建立一个 5 行 2 列的表格，用于显示成绩资料。因为表格只是用于显示数据，故其中不需要放置文本框控件或按钮控件，如图 8.85 所示。

（3）切换到应用程序面板，建立对 study.accdb 数据库的连接 conn 和数据集 DataSet1，DataSet1 取自 score 表的所有字段，设置按 stuID 字段排序。切换到“数据集”的高级设置对话框，将 SQL 语句中的“null.”删除。

（4）将数据集中的字段拖曳到表单相应的单元格中进行绑定，如图 8.86 所示。

学号：	
姓名：	
平时成绩：	
期中成绩：	
期末成绩：	

图8.85　子任务八的设计页面

学号：	{DataSet1.stuID}
姓名：	{DataSet1.stuName}
平时成绩：	{DataSet1.score1}
期中成绩：	{DataSet1.score2}
期末成绩：	{DataSet1.score3}

图8.86　绑定了数据集字段的显示界面

（5）上述表格只能显示一条记录，下面定义重复区域，使得数据集中的每条数据都能以该重复区域中的格式显示出来。首先选中刚设置好的整个表格，然后在“服务器行为”下拉菜单中选择“重复区域”，打开“重复区域”对话框，数据集已自动设置为 DataSet1，如图 8.87 所示。单击“确定”按钮，关闭“重复区域”对话框。

（6）保存后，按 F12 功能键观察结果，浏览器中出现重复出现的表格，每个表格中均包含一个学生的成绩数据，如图 8.88 所示。

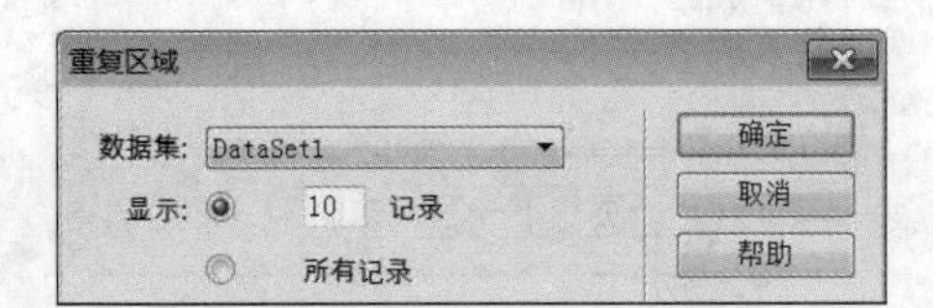

图8.87　“重复区域”对话框

地址(D) http://localhost/aspnet/score/8-9.aspx

学号：	2011306101
姓名：	陈家佳
平时成绩：	85
期中成绩：	97
期末成绩：	90
学号：	2011306102
姓名：	陈一一
平时成绩：	90
期中成绩：	73
期末成绩：	80

图8.88　重复区域查询页面

8.8 数据库访问技术小结

ADO.NET 是 ASP.NET 应用程序用来与数据库进行通信的技术，Dreamweaver CS6 通过自定义控件标签，对主要的 ADO.NET 对象进行了封装，提供了可视化的数据库访问设计界面。

在 Dreamweaver CS6 中开发 ASP.NET 数据库应用项目的主要步骤是：首先创建数据库连接，然后定义数据集，最后进行数据库的查询、修改、删除和增加记录等操作。

数据网格是功能全面、使用方便的数据展示控件，数据列表和重复区域提供了另外两种展现数据的方式，这三种数据显示控件以及数据库记录的增加、修改和删除处理都可以通过服务器行为中的菜单项实现。

需要注意的是，在数据集和添加记录、更新记录、删除记录的可视化设置完成后，要切换到 CS6 的“代码”视图中，删除 SQL 语句数据表名字前的“null.”。

实训

本章围绕成绩发布网站介绍了 Dreamweaver CS6 中数据库访问页面的设计方法，网站的主要功能都有详细的实现步骤，但是还有几项小任务需要补充完善，下面实训中需要设计的页面，就是成绩发布网站的部分页面。

（1）参照学生登录页面（8-2.aspx），设计完成教师登录页面。

（2）设计教师登录成功后的查询控制页面，由具体的功能页面链接组成，链接项有“数据网格查询”（8-3.aspx）、“数据列表查询”（8-8.aspx）、“重复区域查询”（8-9.aspx）和“添加成绩”（8-5.aspx）。由于“修改成绩”和“删除成绩”页面是在“数据网格查询”页面中通过链接列完成的，因此“修改成绩”和“删除成绩”不出现在链接项中。

（3）修改实训（1）中的教师登录页面，登录成功后，利用 session 记录登录状态并跳转到实训（2）中的页面。

（4）参考“数据列表”查询中数据集分页的设计，完善“重复区域”查询，增加分页导航功能。

习题

1. 有一张数据表，假设表名为“info”，内容如下。写出以下 SQL 查询语句：

（1）所有女生的数学成绩；

（2）语文、数学成绩都在 90 分以上的学生姓名；

（3）所有男生的记录，并按数学成绩排序。

学号	姓名	性别	数学	语文
001	甲	男	96	88
002	乙	女	89	95
003	丙	男	82	85
004	丁	女	93	92

2. 概述 ASP.NET 的数据库访问基本步骤。
3. 为什么要部署 DreamweaverCtrls.dll 控件文件?
4. 概述 Dreamweaver CS6 中建立数据库连接的基本步骤。
5. 如何在数据集中筛选记录?
6. 如何建立数据网格中的链接功能?
7. 如何建立分页导航功能?

Chapter 9

第 9 章 ASP.NET 开发实训

本章导读：

留言板系统和新闻发布系统是两个小型的 Web 应用系统。本章将围绕这两个系统的开发过程，综合运用控件知识和数据库访问技术，介绍在 Dreamweaver CS6 中开发基于 ASP.NET 的 Web 应用系统的方法和步骤。最后介绍了使用 ASP.NET 动态网站模板建站的基本流程。

本章要点：

- 留言板系统
- 新闻发布系统
- 动态模板建站

9.1 留言板系统

留言板是网站中常见的功能。用户可以在留言板上发表感言，网站可以从留言板中收集用户的反馈信息。

9.1.1 需求分析

留言板提供网站访客留言功能。它接收用户输入的留言信息，并存入留言数据库。留言信息通过网页方式显示在网站中。留言板的基本功能包括两部分：提交留言和显示留言。复杂的留言板还有用户管理和回复管理等功能。本节我们仅介绍留言板基本功能的实现，用户管理及回复管理等功能作为实训练习。

本章的留言板系统包括提交留言、显示留言清单、查看留言详细内容三个页面。

- 提交留言网页 sendMsg.aspx：访客在留言板上输入留言信息。
- 显示留言清单网页 showList.aspx：以表格形式显示留言清单。
- 查看留言详细内容网页 showDetail.aspx：根据留言清单，具体查看其中的一条留言内容。

9.1.2 数据库详细设计

Web 应用系统离不开数据库的支持，留言板系统中也需要建立数据库。本章采用 Access 2010 数据库作为留言板系统的数据库，数据库文件名为 msgboard.accdb。留言数据库包含一个表 message，留言内容保存在其中。message 表结构如图 9.1 所示。

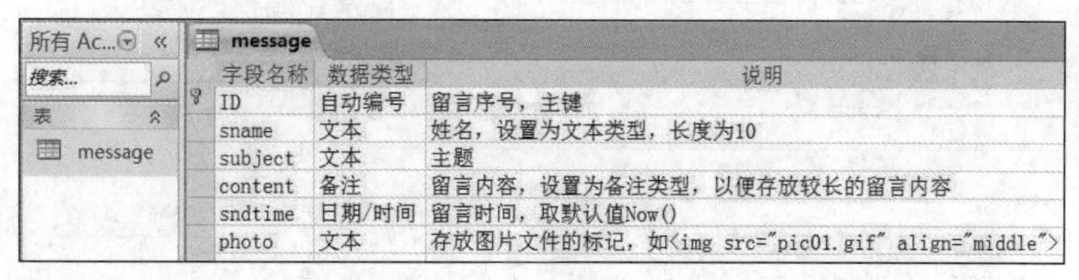

字段名称	数据类型	说明
ID	自动编号	留言序号，主键
sname	文本	姓名，设置为文本类型，长度为10
subject	文本	主题
content	备注	留言内容，设置为备注类型，以便存放较长的留言内容
sndtime	日期/时间	留言时间，取默认值Now()
photo	文本	存放图片文件的标记，如<img src="pic01.gif" align="middle">

图9.1　留言板数据库

其中，要注意的是：

- 字段 ID 是主键。
- 字段 sndtime 是留言提交的日期。Now()表示当前机器时间。默认值取 Now()，表示新增留言记录时，数据库会自动将记录的 sndtime 字段设置为当时的机器时间。sndtime 字段的类型是“日期/时间”，表示不仅有日期值还有时间值，格式选择“常规日期”格式，如图 9.2 所示。

图9.2　字段的格式

• photo 字段用来保存留言时的心情图片，但这里存放的不是图片文件或图片文件的路径，而是网页中要用到的图片文件的 HTML 标记。

9.1.3 创建站点和连接数据库

在开始编写留言板网页程序之前，先要建立站点、创建数据库及建立数据库连接。

1. 建立应用程序

在使用 Dreamweaver CS6 开发留言板系统之前，首先要在 IIS 中建立应用程序。在 D 盘根目录下新建一个文件夹 msgBoard。在控制面板的管理工具中单击“Internet 信息服务（IIS）管理器”，打开“Internet 信息服务（IIS）管理器”，在“Default Web Site”中添加应用程序，别名设为 msg，物理路径指向实际路径“D:\msgBoard”，如图 9.3 所示。

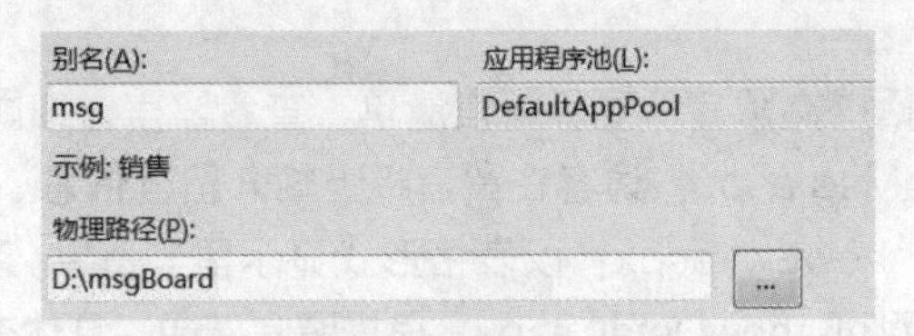

图9.3 应用程序msg

2. 创建留言站点

建立应用程序后，下一步是在 Dreamweaver CS6 中创建留言板系统的站点。启动 DW CS6，单击“站点”菜单，新增一个站点定义，命名为 msg，如图 9.4 所示。

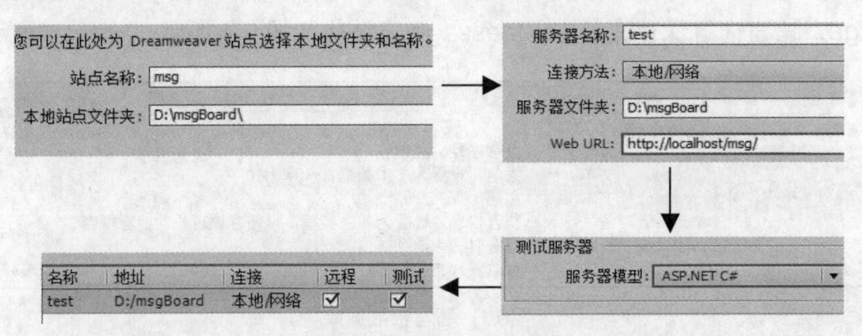

图9.4 创建站点msg

3. 建立留言板数据库

在 Access 2010 中新建留言板数据库 msgboard.accdb，保存到“D:\msgBoard”路径。在 msgboard.accdb 数据库中新建表 message，表结构参见图 9.2。

4. 建立数据库连接

在 Dreamweaver CS6 中新建一个空白 ASP.NET C#页面。在“数据库”选项卡中单击“+”按钮选择“建立 OLE DB 连接”选项，在出现的对话框中单击“建立”按钮，弹出“数据链接属性”对话框，在“提供程序”选项卡中选择 OLE DB 提供程序“Microsoft Office 12.0 Access Database Engine OLE DB Provider”，单击“下一步”按钮，在“数据源（D）:”文本框中输入“D:\msgBoard\msgboard.accdb”，测试连接是否成功。连接成功后，单击“确定”按钮，关闭“数据链接属性”对话框，回到“OLE DB 连接”对话框，输入连接名称“conn_msg”，如图 9.5 所示。单击“确定”按钮，关闭“OLE DB 连接”对话框。

在资源管理器中可以看到，在“D:\msgBoard”中生成了“_mmServerScripts”文件夹。在 Dreamweaver CS6 的安装路径下找到“MMHTTPDB.asp”和“MMHTTPDB.js”文件，复制到“_mmServerScripts”文件夹中。

回到 Dreamweaver CS6 的“数据库”选项卡下，单击 conn_msg 图标旁的“+”号，可以看到“message”表，如图 9.6 所示。

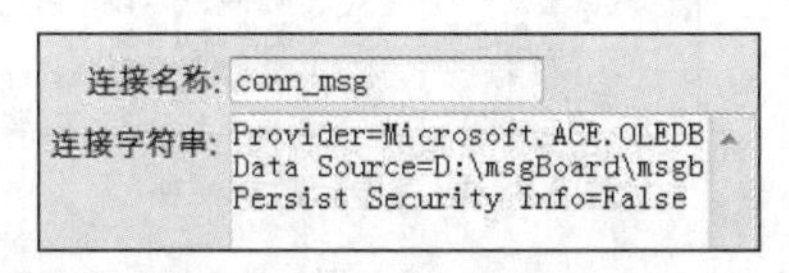

图9.5　OLE DB连接

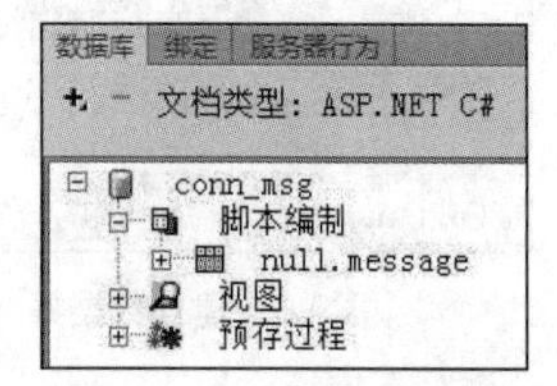

图9.6　message数据库连接

5. 部署 DreamweaverCtrls.dll 文件

在“站点”菜单中选择“高级”→“部署支持文件”，部署 DreamweaverCtrls.dll 文件到路径“D:\msgBoard\bin”中，如图 9.7 所示。

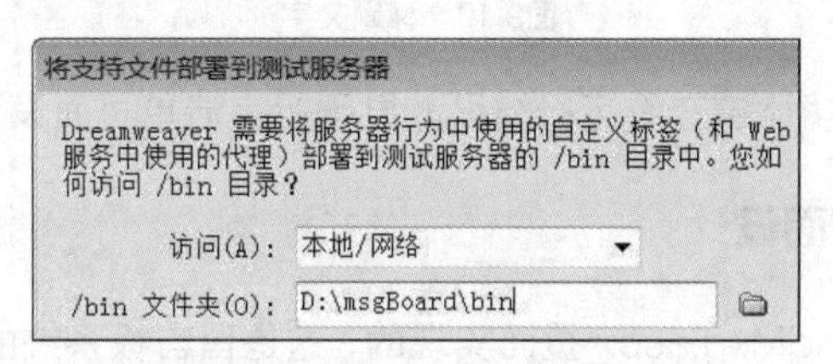

图9.7　部署DreamweaverCtrls.dll文件

9.1.4　显示留言清单页面设计

显示留言清单功能是由 showList.aspx 实现的。showList.aspx 以表格形式在页面上显示留言的主题、时间等。

显示留言清单页面 showList.aspx 的设计步骤如下：

（1）启动 DW CS6，在“D:\msgBoard”中新建一个空白 ASP.NET C#页面，命名为 showList.aspx。

（2）在“绑定”选项卡中，单击“+”号，在下拉菜单中选择“数据集（查询）”，打开“数据集”对话框，将数据库连接设为已建立的连接 conn_msg，数据取自 message 表的部分字段：ID、sname、subject、sndtime 和 photo。设置排序字段为“sndtime”，按降序排列，这样最近时间发表的留言能显示在前面。“数据集”对话框的设置如图 9.8 所示。切换到“数据集”对话框的高级设置界面，删除 SQL 语句中表名前的“.null”，关闭“数据集”对话框。

（3）从“服务器行为”下拉菜单中选择“数据网格”，在弹出的“数据网格”对话框中将数据集设定为“DataSet1”，导航方式设置为“编号链接到每一页”。选中 ID 字段，单击“编辑”按钮，在弹出的对话框中将标题设置为中文名“序号”。依次选中 sname、subject、sndtime 和 photo 字段，用同样的方法将数据字段的标题改为中文名称“名称”“主题”“内容”和“心情”，并通过上下三角形按钮调整各字段的显示顺序，如图 9.9 所示。

图9.8 建立数据集

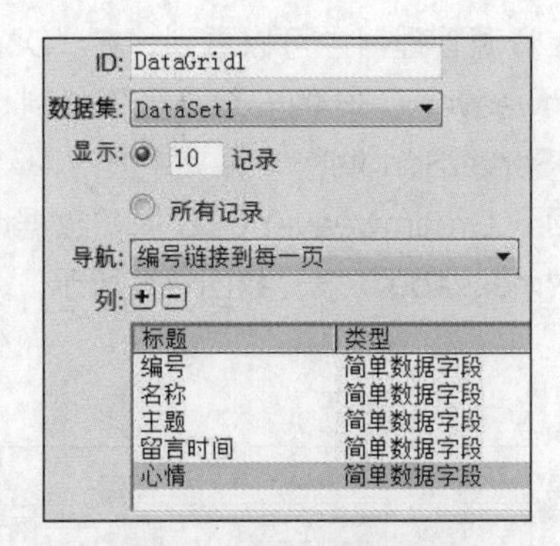

图9.9 留言显示数据网格

（4）单击“确定”按钮，关闭“数据网格”对话框。在 Dreamweaver CS6 文档窗口的标题栏中输入“浏览留言清单”，如图 9.10 所示。

图9.10 标题文字

（5）存盘后，按 F12 功能键查看运行结果。显示留言清单页面设计完成。

9.1.5 提交留言页面设计

提交留言功能是由 sendMsg.aspx 页面实现的，这是留言板系统的首页。用户在页面上输入留言后，sendMsg.aspx 将留言内容增加到数据库的 message 表中。页面上设置了“查看留言”按钮，单击“查看留言”按钮，可以进入显示留言清单页面。

提交留言功能的设计步骤如下：

（1）启动 DW CS6，在“D:\msgBoard”中新建一个空白 ASP.NET C#页面，命名为 sendMsg.aspx。

（2）首先要设计用于输入用户名称、留言主题、留言内容和心情的输入页面，如图 9.11 所示。

输入页面设计过程如下：

1）将文档窗口切换到“拆分”视图，在设计窗口的空白处输入“留言板”三个字，然后插入一个 5 行 2 列的表格。在表格左边分别输入提示文字“名称：”“主题：”“留言：”和“心情：”，在表格右边分别插入三个文本框 TextBox1、TextBox2 和 TextBox3，其中，输入留言的文本框 TextBox3 为多行文本框，列数设为 60，如图 9.12 所示。

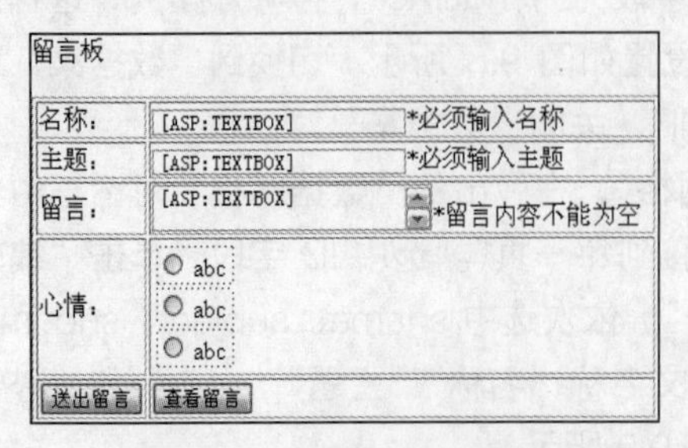

图9.11 送出留言的设计界面

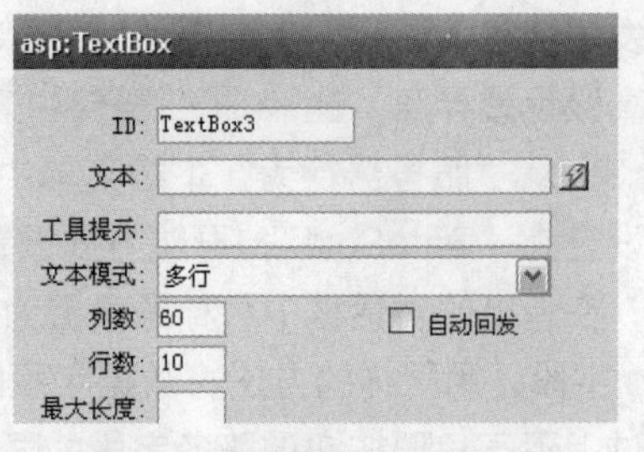

图9.12 留言的多行文本框设置

2）心情图标用单选按钮列表 RadioButtonList 来布置。在表格第 4 行第 2 列的单元格中插入 ASP.NET 对象中的单选按钮列表，并将单选按钮列表的布局设置成如图 9.13 所示，表示列表中的项目每 5 个排成一个水平行。本留言板系统中共提供了 15 种心情图标，故要排列三行。

3）下面设计单选按钮列表项，15 个心情图标都要放在列表项中。单击属性面板中的“列表项…”按钮，打开“列表项”对话框，在“标签”处输入第一个心情图标标记“<img src='img/pic01.gif'>”，在“值”处输入同样的内容“<img src='img/pic01.gif'>”，如图 9.14 所示。

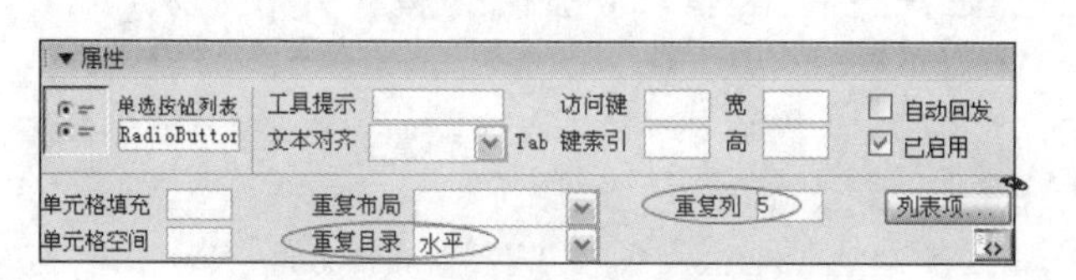

图9.13 单选按钮列表的属性设置

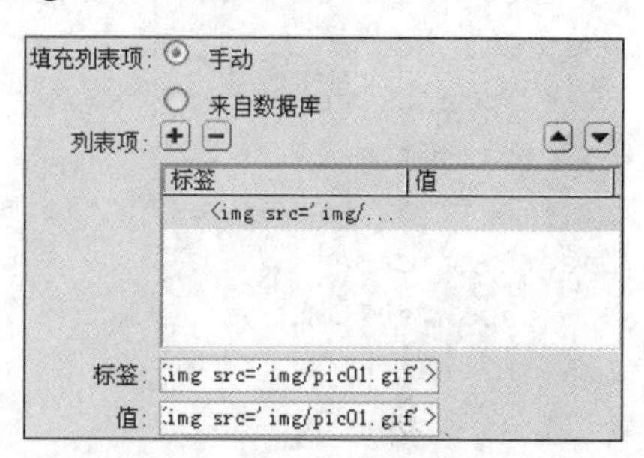

图9.14 心情图标列表项设计

留言板的 15 个心情图标存放在单独的 img 子文件夹中，存放路径为“D:\msgBoard\img”，图标文件名分别为 pic01.gif、pic02.gif、…、pic15.gif。因为 ASP.NET 页面程序存放在“D:\msgBoard”文件夹中，因此，插入图标文件需要通过子目录 img。以插入 pic01.gif 图标文件为例，相应的 HTML 标记为<img src='img/pic01.gif'>。注意，标记<img src='img/pic01.gif'>要放在双引号中作为“value”的属性，因此标记<img src='img/pic01.gif'>内的路径 img/pic01.gif 是用单引号括起来的。

用上述方法插入全部 15 个图标文件。切换到代码窗口，单选按钮列表及其中 15 个图标列表项所对应的代码如下，其中的<asp:ListItem>标记是列表项标记。

```
    <asp:RadioButtonList ID="RadioButtonList1" runat="server" RepeatDirection=
"Horizontal" RepeatColumns="5">
    <asp:ListItem value="<img src='img/pic01.gif'>"><img src='img/pic01.gif'>
</asp:ListItem>
    <asp:ListItem value="<img src='img/pic02.gif'>"><img src='img/pic02.gif'>
</asp:ListItem>
    <asp:ListItem value="<img src='img/pic03.gif'>"><img src='img/pic03.gif'>
</asp:ListItem>
    <asp:ListItem value="<img src='img/pic04.gif'>"><img src='img/pic04.gif'>
</asp:ListItem>
    <asp:ListItem value="<img src='img/pic05.gif'>"><img src='img/pic05.gif'>
</asp:ListItem>
    <asp:ListItem value="<img src='img/pic06.gif'>"><img src='img/pic06.gif'>
</asp:ListItem>
    <asp:ListItem value="<img src='img/pic07.gif'>"><img src='img/pic07.gif'>
</asp:ListItem>
    <asp:ListItem value="<img src='img/pic08.gif'>"><img src='img/pic08.gif'>
</asp:ListItem>
```

```
    <asp:ListItem value="<img src='img/pic09.gif'>"><img src='img/pic09.gif'>
</asp:ListItem>
    <asp:ListItem value="<img src='img/pic10.gif'>"><img src='img/pic10.gif'>
</asp:ListItem>
    <asp:ListItem value="<img src='img/pic11.gif'>"><img src='img/pic11.gif'>
</asp:ListItem>
    <asp:ListItem value="<img src='img/pic12.gif'>"><img src='img/pic12.gif'>
</asp:ListItem>
    <asp:ListItem value="<img src='img/pic13.gif'>"><img src='img/pic13.gif'>
</asp:ListItem>
    <asp:ListItem value="<img src='img/pic14.gif'>"><img src='img/pic14.gif'>
</asp:ListItem>
    <asp:ListItem value="<img src='img/pic15.gif'>"><img src='img/pic15.gif'>
</asp:ListItem>
    </asp:RadioButtonList>
```

4）然后设置一个初始时被选中的图标，比如第一个心情图标。将光标移到第一个<asp:ListItem>标记中，输入属性代码“selected=true”。也可以让 Dreamweaver CS6 自动生成这个属性设置，方法是：将光标移到第一个<asp:ListItem>标记中，在“asp:ListItem”后、“value”属性前按下空格键，在出现的下拉菜单中双击“selected”，于是“selected=""”属性将生成在标签中，同时出现新的下拉菜单，双击“true”，也将自动在<asp:ListItem>标记中生成“selected=true”代码，如图 9.15 所示。

在“value”属性值后面再次按下空格键，不能再次弹出 selected 属性菜单。

增加了选中属性后，第一行<asp:ListItem>代码变成如下形式：

```
    <asp:ListItem value="" Selected="true"><img src="img/pic01.gif"></asp:ListItem>
```

5）下面增加必须字段验证控件。将光标移到名称文本框 TextBox1 旁，从“插入”→“ASP.NET 对象”中选择验证服务器控件“asp:RequiredFieldValidator”，名称文本框 TextBox1 的必须字段验证控件设置如图 9.16 所示。依次对主题文本框 TextBox2 和留言多行文本框 TextBox3 设置必须字段验证控件，文本提示分别为“*必须输入主题”和“*留言内容不能为空”。

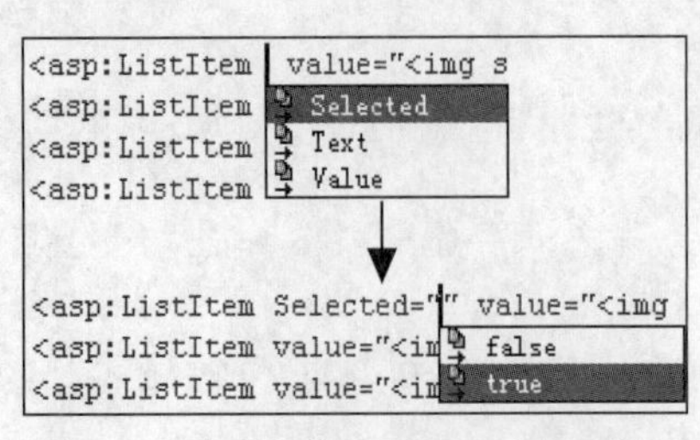

图9.15　自动生成selected="true "属性

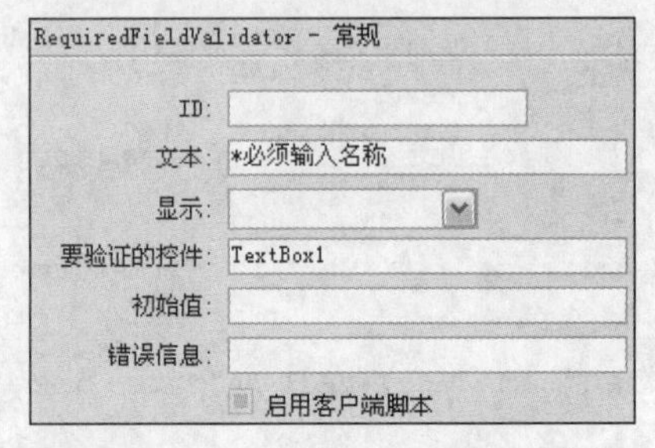

图9.16　名称文本框的必须字段验证控件

6）最后在输入页面中加入按钮控件。将光标移到表格最后一行左边的单元格，从“插入”

→“ASP.NET 对象”中选择“asp:按钮”，插入按钮控件，控件的文本设为“送出留言”。再在右边的单元格中插入另一个 ASP.NET 的按钮控件，按钮的文本设为“查看留言”。

至此，输入页面就设计完成了。

下面增加“插入记录”服务器行为。

（3）在应用程序面板的“服务器行为”选项卡中，单击“+”号，在下拉菜单中选择“插入记录”，在打开的对话框中将数据库连接设置为 conn_msg，插入的表格为 message，将 message 的列字段 name、subject 和 photo 的值分别与 TextBox1、TextBox2 和 TextBox3 绑定，如图 9.17 所示，ID 和 sndtime 的值是在插入记录时由数据库自动生成的。

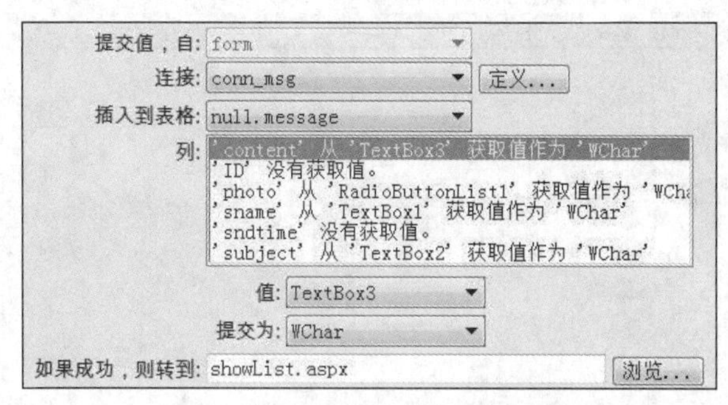

图9.17　“插入记录”对话框的设置

把对话框中的“如果成功，则转到:”设为显示留言清单页面 showList.aspx。这样，当提交完留言后，会自动转到 showList.aspx 页面。单击“确定”按钮，关闭“插入记录”对话框。

（4）切换到 DW CS6 的“代码”视图，在自动生成的标签 MM:DataSet 中找到添加记录的代码“INSERT INTO null.message (content, photo, sname, subject) VALUES (?, ?, ?, ?)”，删除 message 前面的“null.”，变成“INSERT INTO message (content, photo, sname, subject) VALUES (?, ?, ?, ?)”。

（5）在 Dreamweaver CS6 文档窗口的标题栏中输入“提交留言”，如图 9.18 所示。

图9.18　定义“提交留言”标题

（6）下面设计“查看留言”按钮的功能。切换到“拆分”视图，选中“查看留言”按钮，单击鼠标右键，在弹出的快捷菜单中选择“编辑标签”，如图 9.19 所示。

在弹出的标签编辑器中选择 onClick 事件，在窗口右边的空白处录入 click1，如图 9.20 所示。

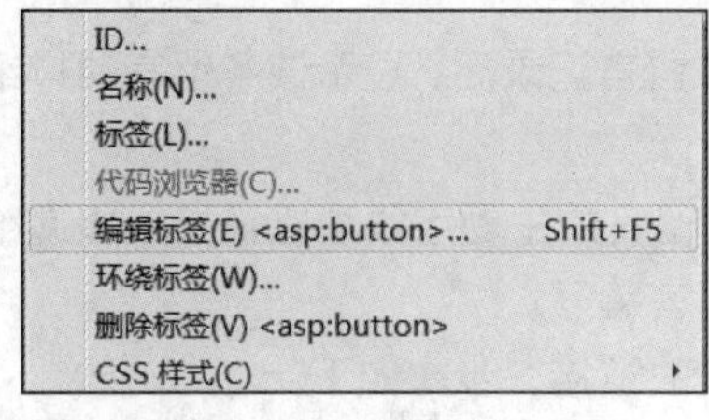

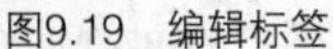

图9.19　编辑标签

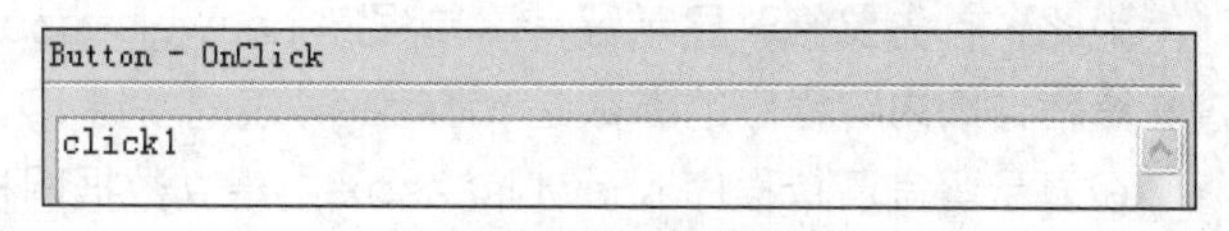

图9.20　设置属标事件

将光标移到“代码”视图中，在代码后部<body>和</html>标记之间输入如下“查看留言”

按钮的单击事件代码。在事件中，通过 Response.Redirect 方法，将网页重定向到 showList.aspx。

```
<script language="C#" runat="server">
 void click1(object sender, EventArgs e) {
    Response.Redirect("showList.aspx");
 }
</script>
```

（7）存盘后，按 F12 功能键查看运行结果，如图 9.21 所示。

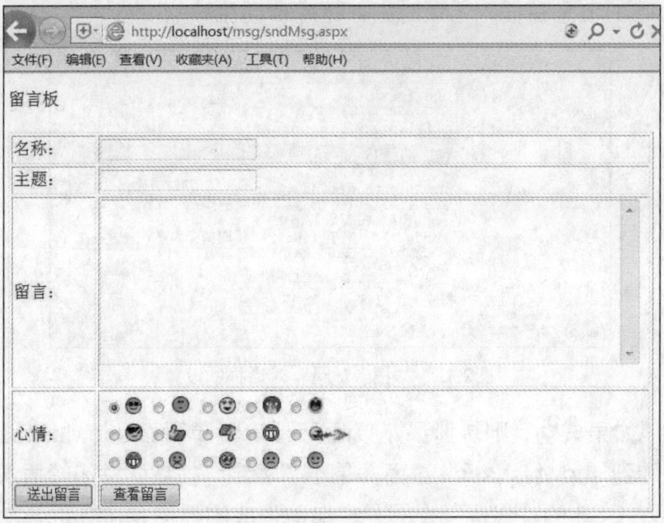

图9.21 提交留言的运行结果

在提交留言页面中，用户输入名称、主题和留言内容，选择心情图标后，单击“送出留言”按钮，页面转向显示留言清单网页，在留言清单的第一条记录中出现刚刚提交的留言。

为了保证提交留言页面的正常运行，需要注意以下几点：在 sendMsg.aspx 程序第 1 行代码的 page 指令中，增加属性 validateRequest="false"，否则将出现错误信息：“从客户端（RadioButtonList1="<img src='img/pic01.gif'>...."）中检测到有潜在危险的 Request.Form 值。”修改后的 page 指令为：

```
<%@ Page Language="C#" ContentType="text/html" ResponseEncoding="utf-8"
validateRequest=false %>
```

9.1.6 查看留言详细内容页面

查看留言详细内容是指在显示的留言清单中，单击某一条留言记录后，显示该条留言的详细内容。

为此，首先要修改显示留言清单程序 showList.aspx，在留言的主题字段建立链接。传递给查看留言详细内容程序的参数是 message 表的主键 ID，即留言编号。

在显示留言清单程序 showList.aspx 中建立数据网格字段的链接，步骤如下：

（1）先在“D:\msgBoard”路径下新建一个空白 ASP.NET C#网页，命名为 showDetail.aspx，将该页面设计成查看留言详情的网页。

（2）在 DW CS6 中打开 showList.aspx，在应用程序面板中找到数据网格，双击打开“数据网格”对话框，在列字段中选定“主题”，右击“更改列类型”按钮，在快捷菜单中选择“HyperLink”，如图 9.22 所示。

（3）在弹出的“超级链接列”对话框中，将超级链接文本的“数据字段”设为 subject，链接页的“数据字段”设为主键 ID，链接页的“格式字符串”设为刚刚建立的空白页面 showDetail.aspx，如图 9.23 所示。

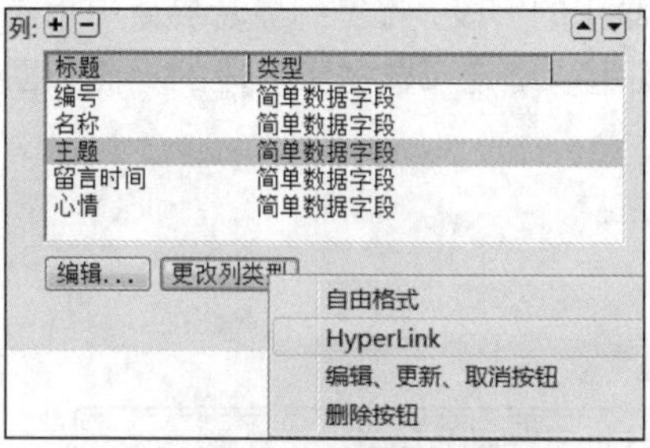

图9.22 更改列类型

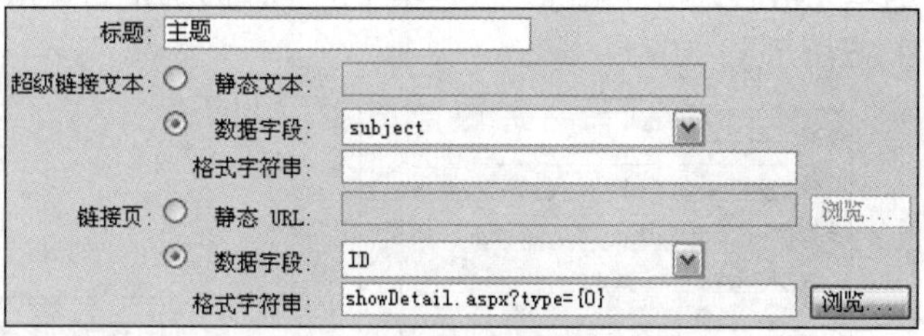

图9.23 主题字段建立超级链接的对话框设置

（4）分别关闭“超级链接列”和“数据网格”对话框，保存后，重新运行 showList.aspx，可以看到，在留言主题字段中建立了超链接。

下面进行查看留言详细内容页面 showDetail.aspx 的设计。

（1）首先进行页面设计。在 DW CS6 中打开 showDetail.aspx，在文档窗口建立一个 5 行 3 列的表格，在表格最下面一行插入 2 个按钮控件，如图 9.24 所示。

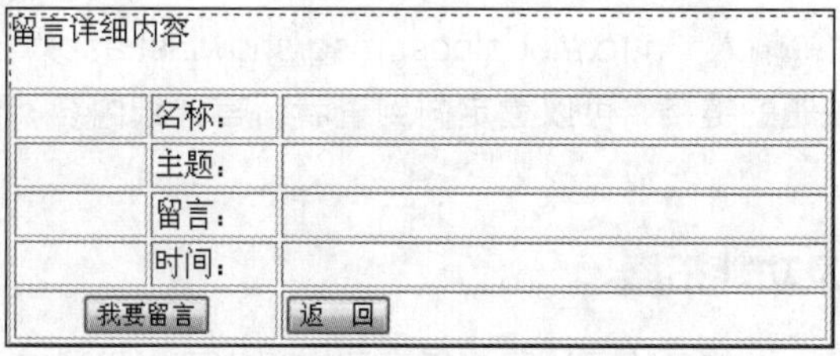

图9.24 查看留言详细内容的设计界面

“我要留言”按钮的事件名定义为 click1，“返回”按钮的事件名定义为 click2。其中，“返回”按钮事件的代码与显示留言清单 showList.aspx 中的“查看留言”代码事件一样，都是重定向到 showList.aspx 页面，而“我要留言”按钮事件是使网页重定向到提交留言页面 sendMsg.aspx。事件代码可以放在网页开头，也可以放在网页最后，这里是放在页面后部，在</body>和</html>之间，代码如下：

```
<script language="C#" runat="server">
 void click1(object sender, EventArgs e) {
    Response.Redirect("sendMsg.aspx");
 }
 void click2(object sender, EventArgs e) {
    Response.Redirect("showList.aspx");
 }
</script>
```

（2）然后建立数据集。在应用程序面板中单击“绑定”选项卡的“+”号，在下拉菜单中选择“数据集(查询)”，在弹出的“数据集”对话框中，设置连接为 conn_msg，数据来源于 message 表的全部字段。查看留言详细内容是根据显示留言清单程序 showList.aspx 传递的 ID 值进行显示的，因此数据集要建立筛选，筛选字段是 ID。设置完成的“数据集”对话框如图 9.25 所示。

切换到“数据集”的高级设置对话框，删除 SQL 语句中表名前的“.null”，关闭“数据集”对话框。

（3）下面将数据集中的字段绑定到显示界面。选中数据集中的字段，拖曳到显示界面中相应的单元格后，松开鼠标，数据集中的字段即绑定到显示界面上。绑定了数据集字段的界面如图 9.26 所示。

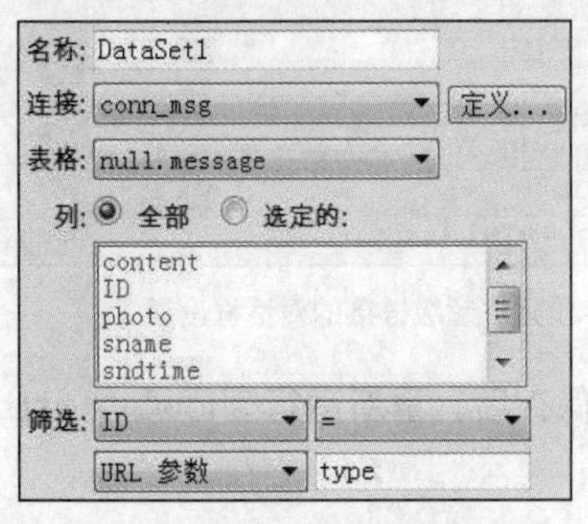

图9.25 根据ID值筛选的数据集

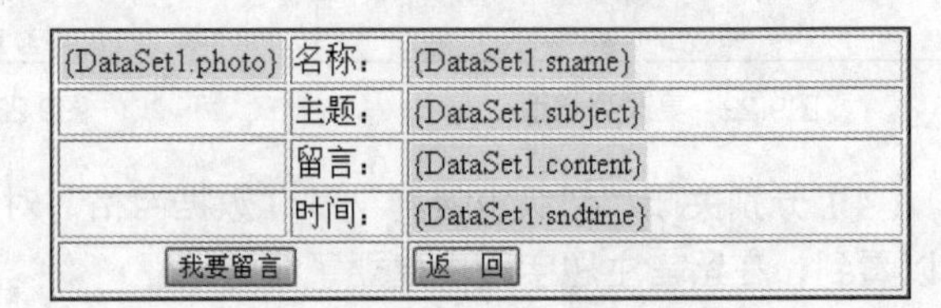

图9.26 数据集中字段绑定到设计界面

（4）在文档窗口的标题中输入“查看留言详细内容”后保存。

（5）切换到显示留言清单程序 showList.aspx，按 F12 功能键运行 showList.aspx；或者打开 IE 浏览器，在地址栏中输入“http://localhost/msg/showList.aspx”，出现留言的数据网格，单击其中一条留言记录主题的链接，可以重定向到查看留言详细内容 showDetail.aspx 网页，显示该条留言的全部内容。

9.1.7 设计总结及功能拓展

前面几节我们设计了一个简易的网站留言板，留言板中可以供访客留言、浏览留言主题及查看具体留言的详细内容。在设计中，主要用到了 DW CS6 中的数据网格和插入记录的服务器行为。

实际网站中的留言板是需要网站所有者关注并处理的，访客的留言要得到及时回复，这样才能实现网站与用户的良性互动。

留言的回复是留言板面向网站管理员的功能。回复内容的记录也离不开数据库。简单的回复记录方式是在留言表中增加一个字段作为回复留言用，如图 9.27 所示。还可以进一步增加一个时间字段记录回复时间。

message

字段名称	数据类型	说明
ID	自动编号	留言序号，主键
sname	文本	姓名，设置为文本类型，长度为10
subject	文本	主题
content	备注	留言内容，设置为备注类型，以便存放较长的留言内容
sndtime	日期/时间	留言时间，取默认值Now()
photo	文本	存放图片文件的标记，如<img src="pic01.gif" align="middle">
reply	备注	回复

图9.27 增加一个字段记录回复

回复页面的设计可以通过 DW CS6 中的更新记录服务器行为实现。因为进行回复时，留言信息已经记录在数据库中，只是回复内容为空，回复功能只需要将数据库中的这条记录进行更新，而不需要重新生成一条记录。

另一项可以拓展的功能是用户管理。留言板系统可以对两类用户进行管理：访客和管理员。针对这两类不同的用户，要设计两张数据表来记录信息。如果数据库中增加了访客信息表，则留言板可以增加访客注册页面和登录页面。访客注册页面是用来添加访客资料的，可以通过插入记录服务器行为实现；登录页面可以参照前一章的学生登录页面设计，登录成功后才能留言。如果数据库中增加了管理员信息表，则还可以考虑增加管理员注册页面和管理员登录页面，管理员登录成功后才可以回复留言。

9.2 新闻发布系统

大型网站中都有新闻的发布。网站中的新闻是存放在数据库中，新闻发布系统就是网站编辑或管理员用于在网站上发布新闻的系统。

9.2.1 需求分析

新闻发布系统的功能包括管理员登录，添加、编辑、浏览新闻。其中，浏览新闻的功能包括浏览新闻标题和查看新闻详细内容两个页面。管理员必须登录后才能进行新闻的添加和编辑。在浏览新闻标题网页中，一般用户只能看到新闻标题，而管理员用户在浏览新闻标题时，每条记录旁会出现编辑和删除按钮，管理员通过这些按钮可以修改和删除新闻。

新闻发布系统由以下五个网页构成：

- 管理员登录网页 login.aspx
- 添加新闻网页　newsInsert.aspx
- 浏览新闻标题网页　newsList.aspx
- 查看新闻详细内容网页　newsDetail.aspx
- 编辑网页　newsUpdate.aspx

其中添加新闻和编辑新闻网页要登录后才能由管理员执行。

9.2.2 数据库详细设计

由于新闻的添加和编辑需要登录后才能进行，因此新闻发布系统的数据库中包括了用户表和新闻数据表。新闻发布系统采用 Access 数据库，数据库文件名为 news.accdb，包括两个表：用户表 userInfo 和新闻数据表 newsInfo。用户表 userInfo 的表结构如图 9.28 所示，其中 userID 用户代码是主键。

新闻数据存放在 news.accdb 的 newsInfo 表中，newsInfo 的表结构及各字段的说明如图 9.29 所示。

- 字段 ID 是主键，是 Access 数据库自动生成的编号。
- 字段 shijian 是新闻发布的时间。可参考留言板数据库中字段 sndtime 的说明。
- 字段 click 用于统计该条新闻被单击的次数，默认值为 0。
- typeid 表示新闻类型。网站中一般有两种形式的新闻：一种是一般的新闻，另一种是以滚动形式出现的通知。这两种新闻都记录在 newsInfo 表中，用 typeid 区分。

userInfo

字段名称	数据类型	说明
userID	文本	用户代码，不能空，不可重复
userName	文本	用户名，不能空
pswd	文本	密码

图9.28 userInfo表结构

newsInfo

字段名称	数据类型	说明
ID	自动编号	序号，主键
biaoti	文本	新闻标题
shijian	日期/时间	时间，默认值设为Now()
neirong	备注	新闻内容
zuozhe	文本	作者
click	数字	点击次数，默认值设为0
typeid	数字	新闻类型，1-新闻，2-通知

图9.29 newsInfo表结构

9.2.3 创建站点和数据库连接

在 D 盘根目录下新建文件夹 news，用于存放新闻发布系统的程序。在“D:\news”目录中要完成如下工作：创建数据库、建立虚拟目录、创建新闻站点、建立数据库连接。

1. 建立留言板数据库

打开 Access 2010，新建一个空白数据库，命名为 news.accdb，保存在路径“D:\news”中。在 news.accdb 中新建两个表：userInfo 和 newsInfo，表结构参考图 9.28、图 9.29。管理员用户名和密码保存在 userInfo 表中，新闻记录保存在 newsInfo 表中。

2. 建立应用程序

从控制面板的管理工具中找到“Internet 信息服务（IIS）管理器”。打开“Internet 信息服务（IIS）管理器”，在“Default Web Site”中添加应用程序，别名设为“news”，物理路径指向“D:\news”。

3. 创建新闻站点

启动 DW CS6，单击“站点”菜单，新增一个站点定义，命名为 news，站点文件指向“D:\news”，如图 9.30 所示。

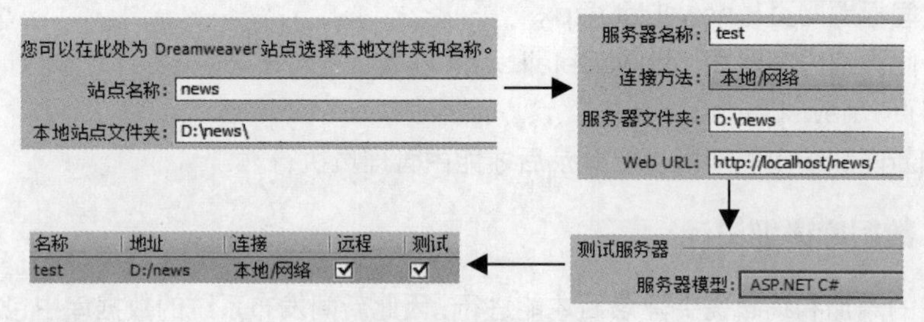

图9.30 创建站点news

4. 建立数据库连接

在 Dreamweaver CS6 中新建一个空白 ASP.NET C#页面。找到“数据库”选项卡，单击“+”按钮选择“建立 OLE DB 连接”选项，在出现的对话框中单击“建立”按钮，弹出“数据链接属性”对话框，在“提供程序”选项卡中，选择 OLE DB 提供程序“Microsoft Office 12.0 Access Database Engine OLE DB Provider”，单击“下一步”按钮，在“数据源（D）:”文本框中输入“D:\news\news.accdb”，测试连接是否成功。连接成功后，单击“确定”按钮，关闭“数据链接属性”对话框，回到“OLE DB 连接”对话框，输入连接名称“conn_news”，如图 9.31 所示。单击“确定”按钮，关闭“OLE DB 连接”对话框。

在资源管理器中可以看到，在“D:\news”中生成了“_mmServerScripts”文件夹。在 Dreamweaver CS6 的安装路径下找到“MMHTTPDB.asp”和“MMHTTPDB.js”文件，复制到“_mmServerScripts”文件夹中。

在 Dreamweaver CS6 的“数据库”选项卡下，刷新 conn_msg 并单击图标旁的“+”号，可以看到“newsInfo”表和“userInfo”表，如图 9.32 所示。

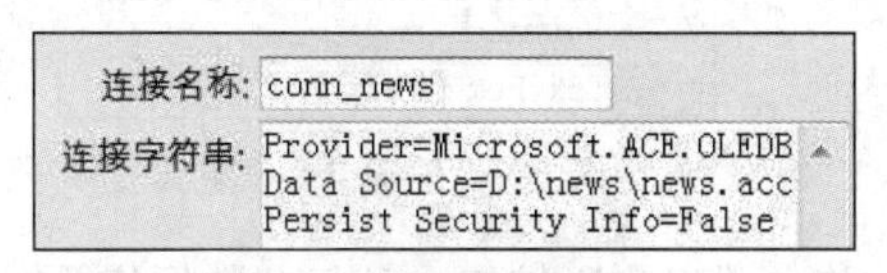

图9.31 建立数据库连接

图9.32 news数据库连接

5. 部署 DreamweaverCtrls.dll

在“站点”菜单中选择“高级”→“部署支持文件”，部署 DreamweaverCtrls.dll 文件到路径“D:\news\bin”中。

9.2.4 管理员登录页面

管理员具有发布和编辑新闻的权力，但要先执行登录页面后才能进入添加新闻和编辑页面。管理员登录页面是由 login.aspx 实现的，登录成功后要记录下登录信息，用于在其他页面中判断是否登录。

管理员登录页面 login.aspx 的设计步骤如下：

（1）启动 DW CS6，在“D:\news”中新建一个空白 ASP.NET C#页面，命名为 login.aspx。

（2）下面设计登录页面的界面。在文档窗口的“设计”视图中建立如图 9.33 所示的登录界面。

页面布局是一个 3 行 2 列的表格，表格边框线颜色设为“#F9D168”。两个文本框 TextBox1、TextBox2 分别用于输入用户代码和密码，TextBox2 的文本模式设置为密码。两个按钮分别是确定按钮和取消按钮。

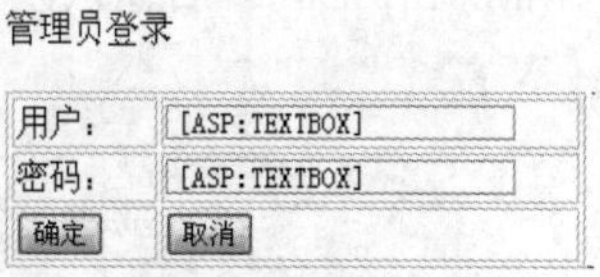

图9.33 新闻发布系统的登录页面

确定按钮不需要设置事件。取消按钮的 onClick 事件定义为 click1，用于清除已输入的用户代码和密码。事件代码可以输入在页面的最后，代码如下：

```
<script language="c#" runat="server">
void click1(object sender, EventArgs e) {
    TextBox1.Text="";
    TextBox2.Text="";
}
</script>
```

（3）下面建立数据集。在应用程序面板的“绑定”选项卡中单击“+”号，在下拉菜单中选择“数据集（查询）”，打开“数据集”对话框，将数据库连接设为已建立的连接 conn_news，数据取自 userInfo 表的 userID 和 pswd 字段，将筛选设置为 userID 字段。切换到“数据集”的高级设置对话框，在 SQL 语句中增加密码字段的筛选条件“and pswd=?”，并删除 SQL 语句中的“null.”。选择参数中的 userID，单击右边的“编辑”按钮，在弹出的“编辑参数”对话框中，将参数@userID 的值设置为用户代码输入文本框 TextBox1 控件的输入“TextBox1.Text”，如图 9.34 所示。

单击参数旁的“+”号，打开“添加参数”对话框，增加密码字段作为参数，类型设置为 WChar，值为 TextBox2.Text，如图 9.35 所示。

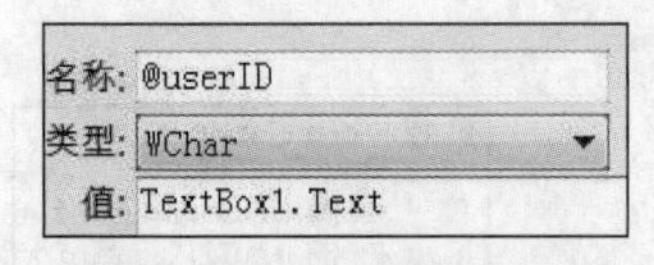

图9.34　用户代码参数设定

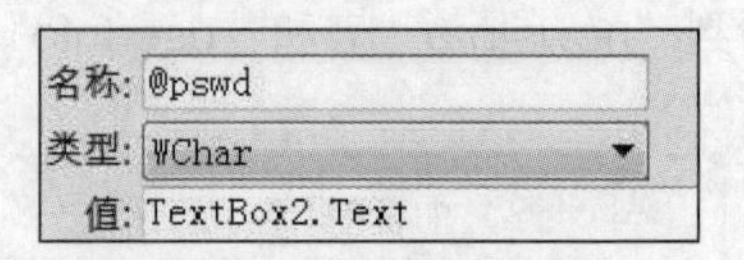

图9.35　密码参数设定

设置完毕的“数据集”对话框如图 9.36 所示，单击“确定”按钮，关闭“数据集”对话框。在“绑定”选项卡中出现一个数据集图标。然后将登录页面的输入文本框 TextBox1 及密码框 TextBox2 分别与数据集中对应的字段 userID 和 pswd 进行绑定。

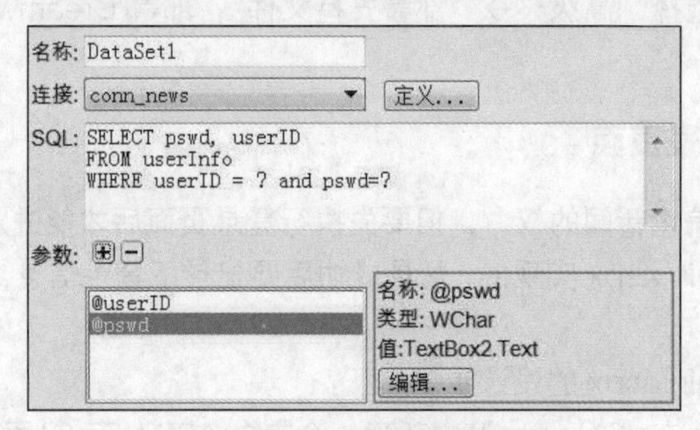

图9.36　管理员登录数据集

（4）利用数据集的 RecordCount 属性判断登录成功与否。在自动生成的绑定标记 <MM:PageBind>后输入以下代码，其中 Dataset1 是数据集的名字。

```
<%
if (Dataset1.RecordCount >0) {
    Session["flag"]="ok";
    Response.Redirect("newsInsert.aspx");
}
else if (IsPostBack) {
    Response.Write("用户名或密码错，请重新输入！");
    TextBox1.Text = "";
    TextBox2.Text = "";
}
%>
```

上述代码表明，如果登录的用户代码和密码正确，那么在数据集中可以找到一条记录。即 Dataset1.RecordCount>0 成立，首先对会话对象 Session["flag"]赋值，然后执行 Response. Redirect 方法，将登录页面重定向到添加新闻页面 newsInsert.aspx。

上述代码利用了 Session 对象保存登录成功信息，在后面的添加新闻和编辑页面中，就是通过检查 Session["flag"]的值来判断用户是否已成功登录的。

如果数据集中记录数不大于 0，那么通过判断 IsPostBack 属性值，可以知道网页是否是第一次被加载。如果不是第一次被加载，那么说明登录失败，给出报错提示；如果是第一次被加载，则不显示登录失败提示。通过判断 IsPostBack 的值，可以避免网页第一次被加载时就显示登录失败的情况。

（5）在文档窗口的标题中输入“登录页面”。保存后，按 F12 功能键在浏览器中查看运行结果。结果如图 9.37 所示。

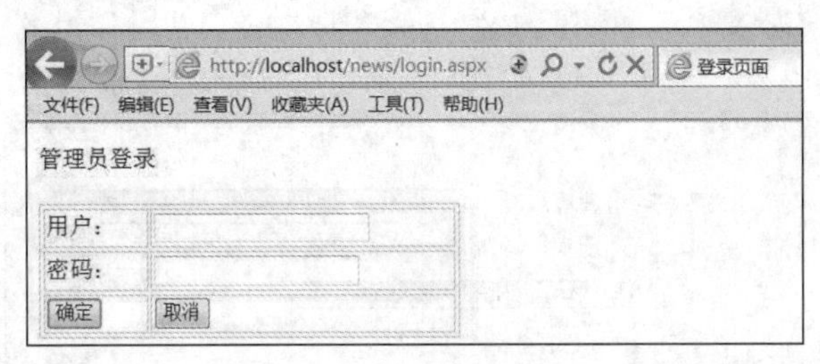

图9.37　登录页面运行结果

9.2.5　添加新闻页面

添加新闻页面 newsInsert.aspx 提供了新闻标题、内容和作者等的输入功能，同时页面上还提供了“浏览新闻”按钮，用于跳转到浏览新闻页面。进入添加新闻页面需要有一定的权限，只有管理员才能进入。

添加新闻页面的设计步骤如下：

（1）在“D:\news”中新建一个空白 ASP.NET C#页面，命名为 newsInsert. aspx。在 DW CS6 的“设计”视图建立一个 8 行 2 列的表格，表格边框设为 1，如图 9.38 所示。

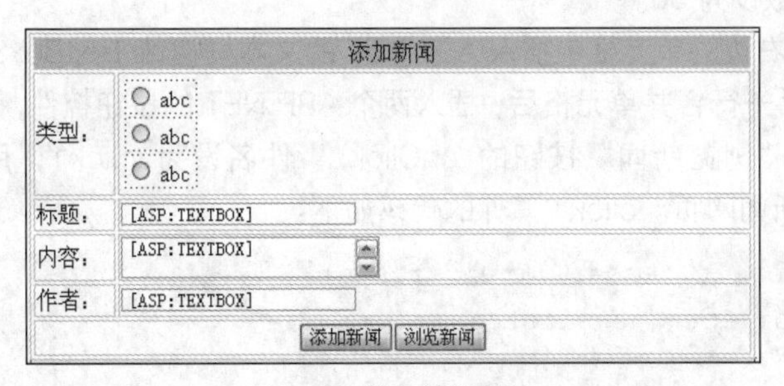

图9.38　添加新闻界面

1）在表格第 2 行右边的单元格中插入一个 ASP.NET 的单选按钮列表控件。在单选按钮列表控件的属性面板中，将“重复目录”设为“水平”，单击“列表项...”按钮，添加一个单选按钮列表控件，列表项有两项，分别设置为新闻和通知。选中单选按钮列表控件，设置列表项的对齐方式为水平，如图 9.39 所示。

切换到代码窗口，在第一个 asp:ListItem 标签中加入被选中属性 selected="true"。设置完成后的单选按钮列表控件的代码如下：

```
    <asp:RadioButtonList ID="RadioButtonList1" runat="server" RepeatDirection=
"Horizontal">
        <asp:ListItem value="1" Selected="true">新闻</asp:ListItem>
```

```
    <asp:ListItem value="2">通知</asp:ListItem>
  </asp:RadioButtonList>
```

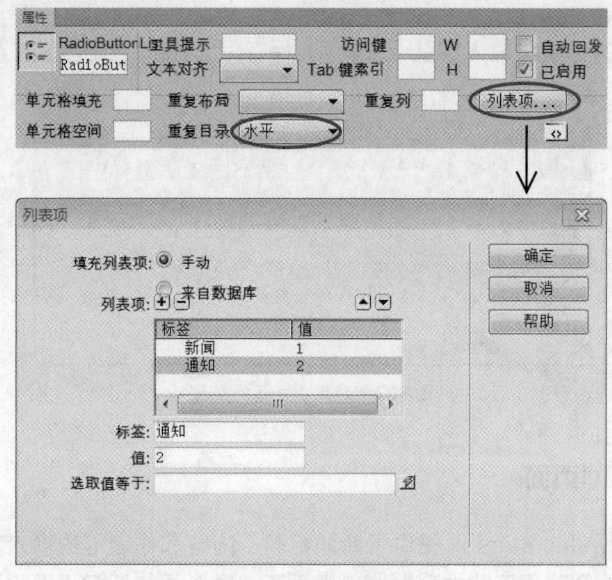

图9.39　单选按钮列表的属性

2）在表格第 3 行“标题：”右边的单元格中插入 ASP.NET 文本框控件 TextBox1，列数设为 40。

3）在“内容：”右边的单元格中插入 ASP.NET 的文本框控件 TextBox2，文本模式设置为多行，行数设为 8，列数设为 50。

4）在“作者：”右边的单元格中插入 ASP.NET 的文本框控件 TextBox3，列数设为 20。

5）将表格的最后一行合并单元格后，插入两个 ASP.NET 的按钮控件，按钮的文本分别为添加新闻和浏览新闻。“浏览新闻”按钮的 onClick 事件名设为 click1，用于将网页重定向到 newsList.aspx 浏览新闻网页。click1 事件的代码如下：

```
void click1(object sender, EventArgs e) {
  Response.Redirect("newsList.aspx");
}
```

（2）然后新建“插入记录”服务器行为。在打开的“插入记录”对话框中，设置连接为 conn_news，插入的表格设置为 newsInfo。在列字段列表中，设置 biaoti 字段值为 TextBox1，neirong 字段值为 TextBox2，typeid 字段值为 RadioButtonList1，zuozhe 字段值为 TextBox3。“如果成功，则转到”设置为“newsList.aspx”，如图 9.40 所示。其余字段无需进行绑定，因为 ID 是数据库自动生成的序号，shijian 是在添加新闻记录时由数据库自动生成的时间值，click 字段用于记录新闻被单击阅读的次数，在添加新闻记录时，click 为默认值 0。

切换到 DW CS6 的“代码”视图，在自动生成的标签 MM:Dataset 中找到添加记录的 SQL 语句“INSERT INTO null.newsInfo (biaoti, neirong, typeid, zuozhe) VALUES (?, ?, ?, ?)”，删除 newsInfo 前面的“null.”。

（3）在文档窗口的标题输入“添加新闻”。保存后，按 F12 功能键即可运行添加新闻页面。

上述设计中存在一个问题，就是没有判断是否已登录。因为添加新闻功能不是普通用户能执行的，所以必须要登录成功，以管理员身份才能添加。因此，要在页面中增加登录判断的代码。

图9.40　添加新闻页面的“插入记录”对话框

在管理员登录页面中，用 Session["flag"]="ok"来保存登录成功信息。为此，在页面中增加 page_load 事件，代码如下：

```
void page_load(object sender, EventArgs e) {
  if (Session["flag"] != "ok")
          Response.Redirect("login.aspx");
}
```

page_load 事件是页面加载时要执行的代码，一般放在其他事件之前。在本页面中，page_load 事件代码放在 click1 事件代码前面。当首次访问添加新闻页面 newsInsert.aspx 时，首先执行 page_load 事件，在 page_load 事件中判断登录成功信息是否“ok”。如果不是，说明没有登录成功，则重新定向到登录页面 login.aspx。通过 page_load 事件，可以防止用户不进行登录而直接添加新闻。

（4）完成上述各项步骤后，保存，按 F12 功能键执行 newsInsert.aspx 页面。

可以看到，首先弹出登录页面 login.aspx，输入正确的登录信息后，才出现添加新闻页面 newsInsert.aspx。在页面上输入标题、内容和作者后，单击“添加新闻”按钮，即可添加一条新闻，同时重定向到 newsList.aspx 页面。运行结果如图 9.41 所示。

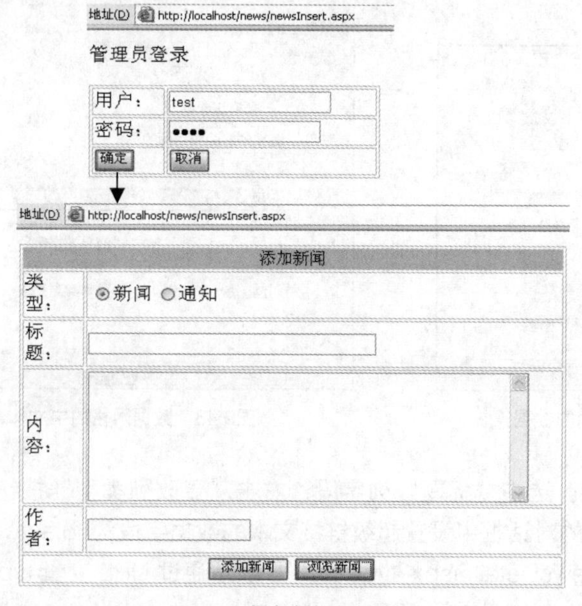

图9.41　添加新闻运行结果

9.2.6 浏览新闻标题页面

浏览新闻标题页面 newsList.aspx 以表格形式显示新闻的标题、作者和发布时间，每条记录的新闻标题字段提供了链接，可以链接到显示新闻详细内容页面。如果是管理员用户浏览新闻标题，在每条记录旁会出现编辑和删除按钮，单击“编辑”按钮，可以链接到编辑页面，单击“删除”按钮，可以删除该条新闻。因此，在 newsList.aspx 页面中需要加入权限控制，对于管理员和非管理员，页面提供的功能要有所不同。

浏览新闻标题网页 newsList.aspx 的设计步骤如下：

（1）启动 DW CS6，在“D:\news”新建一个空白网页，命名为 newsList.aspx。

（2）在应用程序面板的“绑定”选项卡中单击“+”号，在下拉菜单中选择“数据集（查询）”，打开“数据集”对话框，将数据库连接设为已建立的连接 conn_news，数据取自 newsInfo 表的全部字段，设置排序字段为“shijian”，按降序排列，如图 9.42 所示。切换到“数据集”的高级设置对话框，删除 SQL 语句中的“null.”，单击“确定”按钮，关闭“数据集”对话框。

（3）从“服务器行为”下拉菜单中选择“数据网格”，在弹出的“数据网格”对话框中将数据集设定为“DataSet1”。

1）将数据网格中不需要显示的列字段删除。选中 ID 字段，单击“-”号即可删除 ID 字段。用同样的方法，分别删除 neirong 和 click 字段。

2）将列字段改为中文名称。选中 biaoti 字段，单击“编辑”按钮，在弹出的对话框中将标题命名为中文名“标题”。依次选中其余字段，用同样的方法将数据字段的标题改为中文名称“类型”“时间”和“作者”，如图 9.43 所示。通过上下三角形按钮可以调整各字段的显示顺序。

图9.42 浏览新闻的数据集

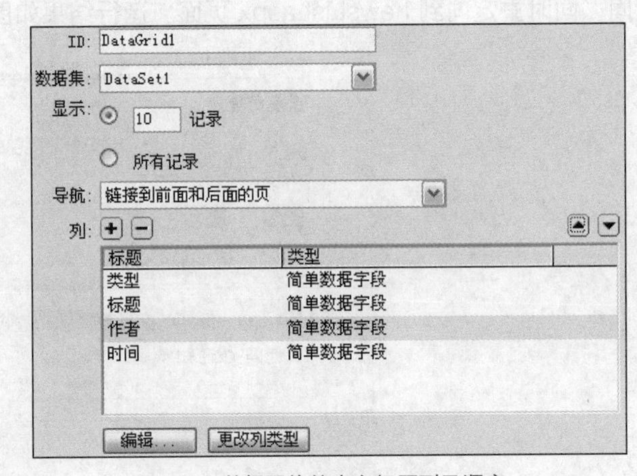

图9.43 数据网格的中文标题列及顺序

3）建立链接字段。选中“标题”列字段，右击“更改列类型”按钮，选择快捷菜单中的“HyperLink”，在打开的对话框中设置超级链接文本的数据字段为 biaoti，链接页的数据字段为 ID，格式字符串为“newsDetail.aspx?type={0}”，表示通过 URL 变量 type 将数据字段 ID 传递给页面 newsDetail.aspx，如图 9.44 所示。

单击“确定”按钮，关闭“超级链接列”对话框，回到“数据网格”对话框。可以看到，“标题”列字段的类型变成了“超级链接”。

4）在数据网格中再增加 2 个超级链接列：“编辑”列和“删除”列。单击列旁的“+”号，在下拉菜单中选择“超级链接”，如图 9.45 所示。

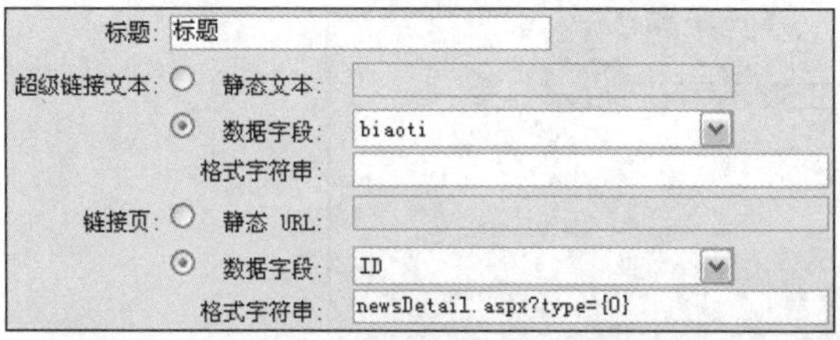

图9.44 “超级链接列”对话框

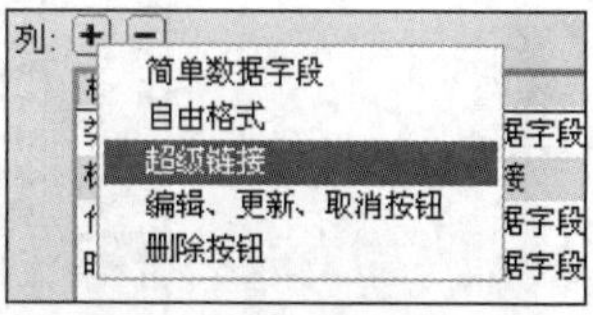

图9.45 增加超级链接字段

打开“超级链接列”对话框，设置标题为“编辑”，超级链接文本的静态文本设置为“修改”，链接页的设置与“标题”字段的设置类似，链接页的数据字段是 ID 字段，表示将主键 ID 值传递到下一个页面，如图 9.46 所示。

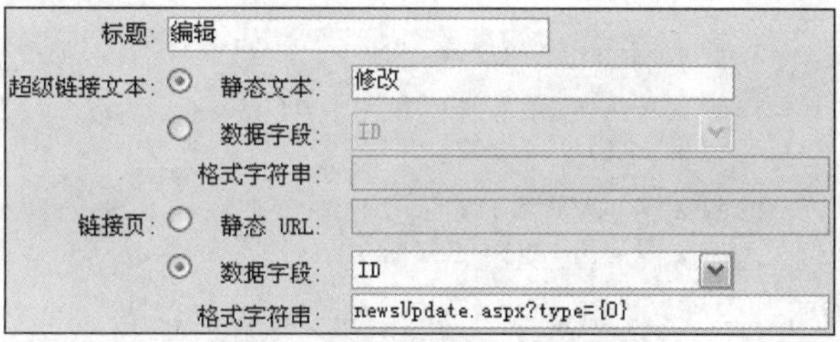

图9.46 编辑链接列的设置

单击“确定”按钮，关闭对话框，回到“数据网格”对话框。可以看到，在列字段的最后增加了“编辑”列，“编辑”字段的类型是“超级链接”。

同样的方法，在数据网络中增加“删除”列，“超级链接列”对话框设置如图 9.47 所示。

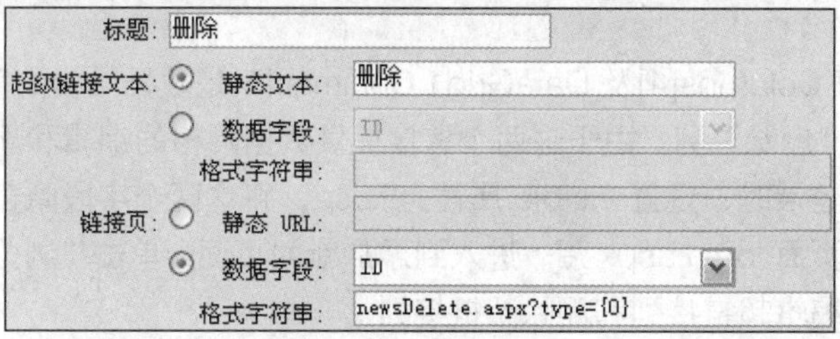

图9.47 删除链接列的设置

设置完毕的“数据网格”对话框如图 9.48 所示。单击“确定”按钮，关闭“数据网格”对话框。

（4）下面增加关于管理员的权限控制代码。对于普通用户，newsList.aspx 页面可以浏览新闻标题，但不能编辑和删除标题；对于管理员用户，比普通用户多了编辑和删除新闻的功能。因此，加入的代码用于检查用户是否登录，即判断 Session["flag"]="ok"。如果是管理员，则登录成功，数据网格的“编辑”和“删除”列就显示；否则，这两个增加的列字段就被隐藏起来。这样，普通用户看不到“编辑”和“删除”列，也就无法执行编辑和删除功能。

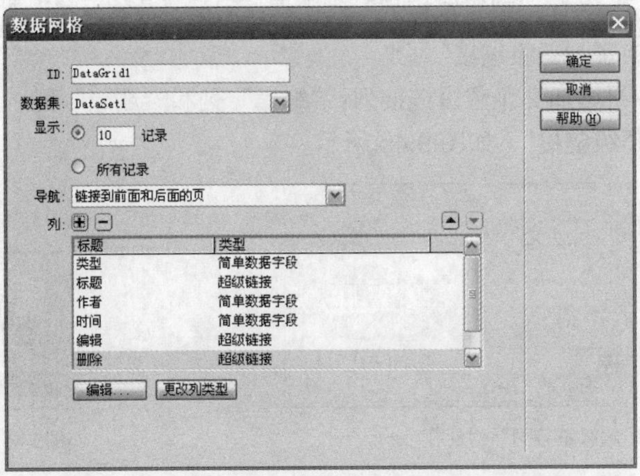

图9.48　浏览新闻标题页面的“数据网格”对话框设置

可以在 newsList.aspx 的 page_load 事件中实现上述判断功能。切换到“代码”视图，在网页中加入如下代码，可以实现根据登录状态是否显示数据网格列字段。

```
<script language="c#" runat="server">
void page_load(Object sender, EventArgs e) {
  if (Session["flag"]=="ok") {
     DataGrid1.Columns[4].Visible = true;
     DataGrid1.Columns[5].Visible = true;
  }
  else {
     DataGrid1.Columns[4].Visible = false;
     DataGrid1.Columns[5].Visible = false;
  }
}
</script>
```

其中，DataGrid1.Columns[4]及 DataGrid1.Columns[5]是数据网格的第 4 个及第 5 个字段，分别为“编辑”列和“删除”列。由于这两个链接提供数据网格的编辑和删除功能，因此当判断用户没有作为管理员登录时，设置 Visible 属性为 false，将这两个字段隐藏。

如果是执行登录页面 login.aspx 后，进入到添加新闻页面，单击“浏览新闻”按钮出现的浏览新闻页面中就多了编辑超链接列和删除超链接列。

9.2.7　查看新闻详细内容页面

查看新闻详细内容网页 newsDetail.aspx 显示新闻的详细信息，包括类型、标题、内容、作者、发布时间和单击次数。

查看新闻详细内容网页 newsDetail.aspx 的设计步骤如下：

（1）启动 DW CS6，在“D:\news”目录下新建一个空白 ASP.NET C#页面 newsDetail.aspx。在 DW CS6 的“设计”视图窗口插入一个 6 行 1 列的表格，表格的边框颜色以及第 1 行的背景颜色按添加新闻页面中的设置，分别为“#F9D168”和“#98DE87”，在表格的第 2 行输入“作者:"，第 5 行输入“发布时间:"，第 6 行输入“单击:"，如图 9.49 所示。

（2）建立数据集。在应用程序面板的“绑定”选项卡中，单击“+”号，在下拉菜单中选择“数据集（查询）”，打开“数据集”对话框，将数据库连接设为已建立的连接 conn_news，数据取自 newsInfo 表的全部字段，设置筛选字段为“ID”，等于 URL 参数中的 type 值，如图 9.50 所示。切换到“数据集”的高级设置对话框，删除 SQL 语句中的“null.”，单击“确定”按钮，关闭“数据集”对话框。

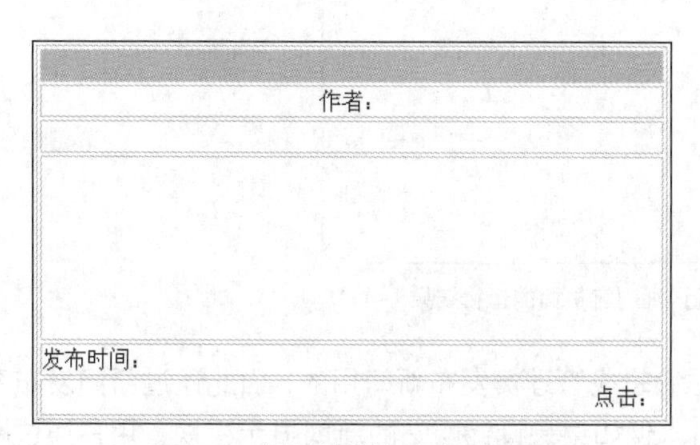

图9.49　查看新闻详细内容网页界面

图9.50　查看新闻详细页面的数据集

（3）下面将数据集中的字段绑定到表格中，绑定结果如图 9.51 所示，表格的第 1 行设置为居中对齐。

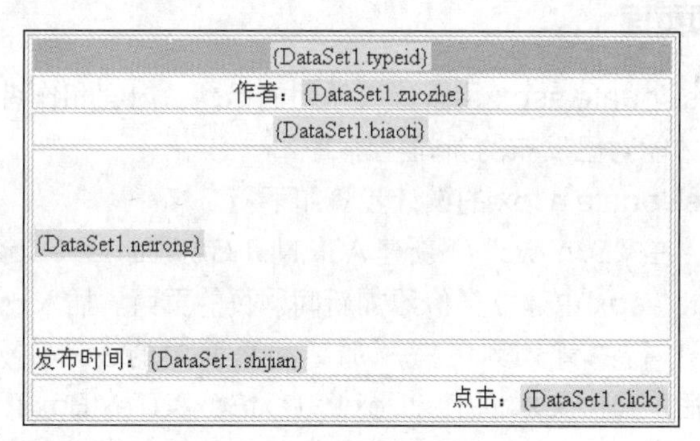

图9.51　绑定数据集字段

由于 typeid 字段是以数字 1 和 2 来表示新闻或通知的，因此表格第 1 行绑定 typeid 后，将显示 1 或 2，生成的绑定代码如下：

```
<%# DataSet1.FieldValue("typeid", Container) %>
```

这样的数字显示不够直观。下面重新调整绑定代码，使表格第 1 行中显示类型名称“新闻”或“通知”，修改上述绑定代码如下：

```
<%# (DataSet1.FieldValue("typeid", Container)=="1"?"新闻":"通知") %>
```

上述代码中，用条件运算符（?:）判断所绑定的 typeid 字段的值是否为 1。如果是 1，则显示“新闻”；否则显示“通知”。

（4）在文档窗口的标题中输入“查看新闻详细内容”。

（5）保存后，先运行浏览新闻标题页面 newsList.aspx，在出现的新闻标题页面中单击新闻标题的链接，网页重定向到查看新闻详细内容页面 newsDetail.aspx，如图 9.52 所示。

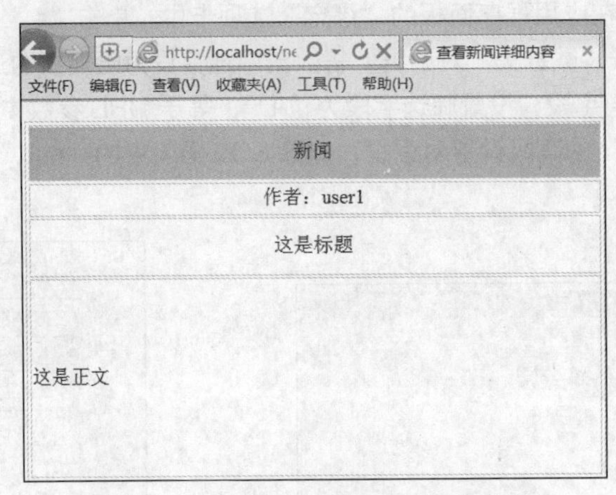

图9.52 查看新闻详细内容页面的运行结果

需要说明的是，由于新闻发布系统是网站编辑或管理员发布新闻用的，因此通过新闻发布系统浏览新闻时，新闻的单击次数不需要增加 1。但如果是设计网站的新闻显示模块，用户通过网站主页查看新闻详细内容时，每查看一次，单击次数字段应该加 1。实现单击次数加 1 的方法，将放在本章最后一节功能拓展中介绍。

9.2.8 编辑新闻页面

编辑新闻页面 newsUpdate.aspx 用于修改新闻的标题、内容和作者。这个页面也需要加入权限控制，只有管理员才能对已发布的新闻重新编辑。

编辑新闻网页 newsUpdate.aspx 的设计步骤如下：

（1）启动 DW CS6，在“D:\news”下新建 ASP.NET C#页面 newsUpdate. aspx。

（2）在 newsUpdate.aspx 中建立类似添加新闻网页的页面。插入一个 6 行 2 列的表格，表格的边框颜色以及第 1 行的背景颜色按添加新闻页面中的设置，分别为“#F9D168”和“#98DE87”。在表格中插入 4 个文本框 TextBox1、TextBox2、TextBox3 和 TextBox4，如图 9.53 所示。

将“编号:”右边的文本框设置为只读属性，因为新闻编号是数据库自动生成的，不可修改。只读属性的设置方法如图 9.54 所示。

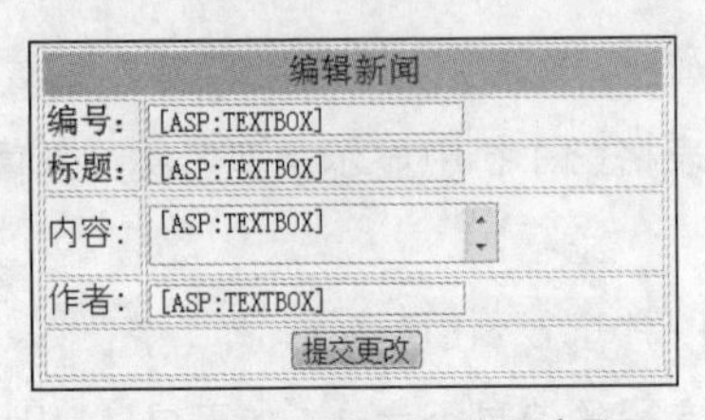

图9.53 编辑新闻页面的设计界面

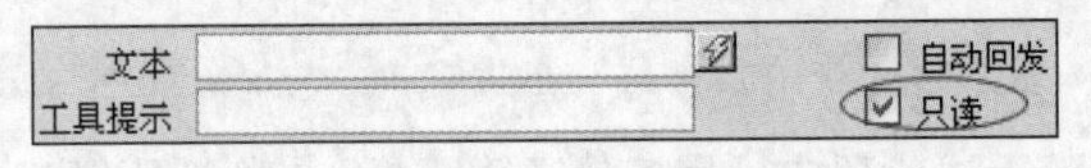

图9.54 设置“编号”文本框为只读属性

（3）建立数据集。在应用程序面板的“绑定”选项卡中，单击“+”号，在下拉菜单中选择“数据集（查询）”，打开“数据集”对话框，将数据库连接设为已建立的连接 conn_news，数据取自 newsInfo 表的全部字段，设置筛选字段为“ID”，等于 URL 参数中的 type 值。切换到“数据集”的高级设置对话框，删除 SQL 语句中的“null.”，单击“确定”按钮，关闭“数据集”对话框。

（4）下面将设计界面的控件与数据集中的字段进行绑定。编号文本框 TextBox1 与 ID 字段绑定，标题文本框 TextBox2 与 biaoti 字段绑定，内容文本框 TextBox3 与 neirong 字段绑定，作者文本框 TextBox4 与 zuozhe 字段绑定。

（5）在应用程序面板的“服务器行为”选项卡中，单击“+”按钮，在下拉菜单中选择“更新记录”，在打开的对话框中将数据库连接设置为 conn_news，更新表格设置为 newsInfo。将 newsInfo 的列字段 ID、biaoti、neirong 和 zuozhe 的值分别设置为与 TextBox1、TextBox2、TextBox3 和 TextBox4 绑定。将“如果成功，则转到”设置为 newsList.aspx 浏览新闻页面。图 9.55 是“更新记录”对话框的设置。单击“确定”按钮，关闭“更新记录”对话框。

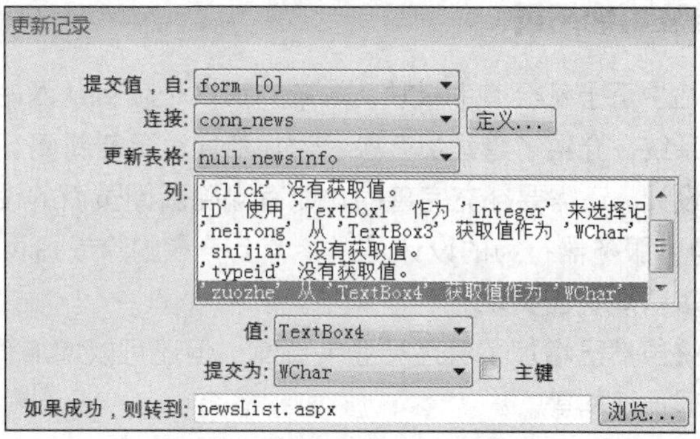

图9.55 “更新记录”对话框

进入 DW CS6 的“代码”视图，找到更新记录服务器行为对应的代码“UPDATE null.newsInfo SET biaoti=?, neirong=?, zuozhe=? WHERE ID=?”，删除 newsInfo 前面的“null.”。

（6）下面增加权限控制代码。切换到“代码”视图，在</body>和</html>之间输入如下代码，用于判断是否已登录，若没有登录，则重定向到登录页面 login.aspx，而不能进入编辑页面。

```
<script language="C#" runat="server">
void page_load(object sender, EventArgs e) {
  if (Session["flag"] != "ok") {
        Response.Redirect("login.aspx");
  }
}
</script>
```

（7）在文档窗口的标题中输入“编辑新闻”。

（8）保存。运行登录页面 login.aspx，登录成功后，进入添加新闻页面 newsInsert.aspx，单击页面的“浏览新闻”按钮，进入浏览新闻标题页面 newsList.aspx，单击“修改”链接，网页重定向到编辑页面 newsUpdate.aspx，如图 9.56 所示。修改完毕，单击“提交更改”按钮，网页重新回到浏览新闻标题页面。

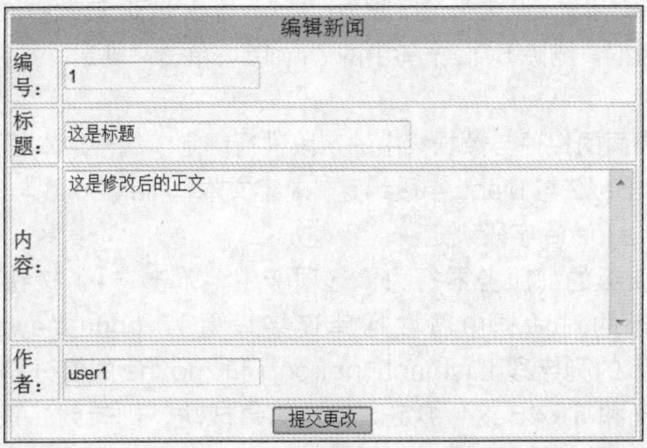

编辑新闻

编号：1

标题：这是标题

内容：这是修改后的正文

作者：user1

提交更改

图9.56　编辑新闻页面的运行结果

9.2.9　设计总结及功能拓展

新闻模块是一般网站主页上都会有的模块。本章的第二个项目从网站后台管理者的角度，设计实现了一个新闻发布系统，介绍了管理员登录、添加新闻、更新新闻、浏览新闻标题及查看新闻详细内容几个页面的设计。还需要补充完善的功能有删除新闻页面的设计，删除新闻需要用到"删除记录"服务器行为，服务器行为的设计可以参考上一章删除成绩页面中的介绍，界面设计部分可以参照本章的编辑新闻页面实现。

另外，新闻发布系统虽然已增加了管理员登录页面，但还可以增加管理员资料的维护页面，如增加管理员、修改管理员资料等。

新闻中常常需要插入照片，本章的新闻发布系统中并未涉及。但留言板项目中给出了网站页面中图片的存储和展示方法，可以借鉴到新闻发布系统的设计中。在 newsinfo 表中增加一个字段，用来记录图片存储的路径，如图 9.57 所示。在查看新闻详细内容页面设计中，可将图片显示出来。

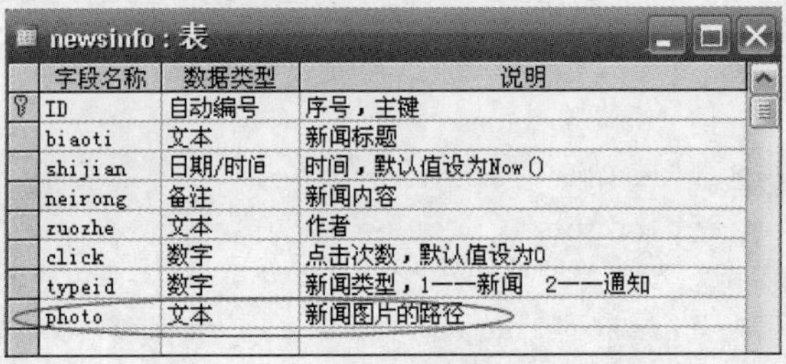

newsinfo：表

字段名称	数据类型	说明
ID	自动编号	序号，主键
biaoti	文本	新闻标题
shijian	日期/时间	时间，默认值设为Now()
neirong	备注	新闻内容
zuozhe	文本	作者
click	数字	点击次数，默认值设为0
typeid	数字	新闻类型，1——新闻　2——通知
photo	文本	新闻图片的路径

图9.57　newsinfo库中增加图片的方案

另外一项拓展功能是关于单击次数的设计。在网站中有时需要记录新闻的单击次数，每查看一次详细新闻内容，单击次数字段自动加 1。这项功能的实现需要手工修改代码，下面介绍设计要点。

复制更新记录的服务器行为代码<MM:Update>，如从 newsUpdate.aspx 页面中复制过来，粘贴到 newsDetail.aspx 页面中的数据集代码<MM:DataSet>前面，复制过来的代码要进行调整，加删除线部分的代码需要删除，如图 9.58 所示。

```
<MM:Update
runat="server"
CommandText='<%# "UPDATE newsinfo SET biaoti=?, neirong=?, zuozhe=? WHERE ID=?" %>'
ConnectionString='<%# System.Configuration.ConfigurationSettings.AppSettings(
"MM_CONNECTION_STRING_conn_news") %>'
DatabaseType='<%# System.Configuration.ConfigurationSettings.AppSettings(
"MM_CONNECTION_DATABASETYPE_conn_news") %>'
Expression='<%# Request.Form("MM_update") = "form" %>'
CreateDataSet="false"
SuccessURL='<%# "newsList.aspx" %>'
Debug="true"
>
<MM:DataSet
id="DataSet1"
runat="Server"
```

删除

删除

删除

删除

图9.58　更新记录服务器行为原代码

在<MM:Update>中增加一个“id=update1”属性，并且在“>”前加一个斜杠，作为缩写的结束标记。修改后的更新记录服务器行为代码如图 9.59 所示。

```
<MM:Update
runat="server"
id="update1"
ConnectionString='<%# System.Configuration.ConfigurationSettings.AppSettings(
"MM_CONNECTION_STRING_conn_news") %>'
DatabaseType='<%# System.Configuration.ConfigurationSettings.AppSettings(
"MM_CONNECTION_DATABASETYPE_conn_news") %>'
CreateDataSet="false"
/>
<MM:DataSet
id="DataSet1"
runat="Server"
```

图9.59　更新记录服务器行为修改后的代码

同时，在页面中增加一个 page_load 事件，事件代码如下：

```
    <script language="C#" runat="server">
    void page_load(object sender, EventArgs e) {
        update1.CommandText = "UPDATE newsInfo SET click=" & DataSet1.FieldValue
("click", Nothing) + 1 & " WHERE ID=" & Request("type");
        update1.debug = true;
    }
    </script>
```

上面的代码主要是生成更新记录服务器行为中的更新语句，根据传入的 type 值来更新 newsInfo 新闻表中的 click 字段，让数据集中的 click 字段增加 1。

9.3 使用动态模板建站

9.3.1　动态模板的选择与来源

网上有很多途径可以获得 ASP.NET 企业动态网站模板，比如可以利用 Baidu 等搜索引擎搜索，也可以从较为成熟的源码下载站下载。较为大型的源码下载站有 Asp300（www.asp300.net）、

Asp 集中营（www.aspjzy.com）和 51Aspx（ww.51aspx.com）等，网站页面分别如图 9.60 至图 9.62 所示。

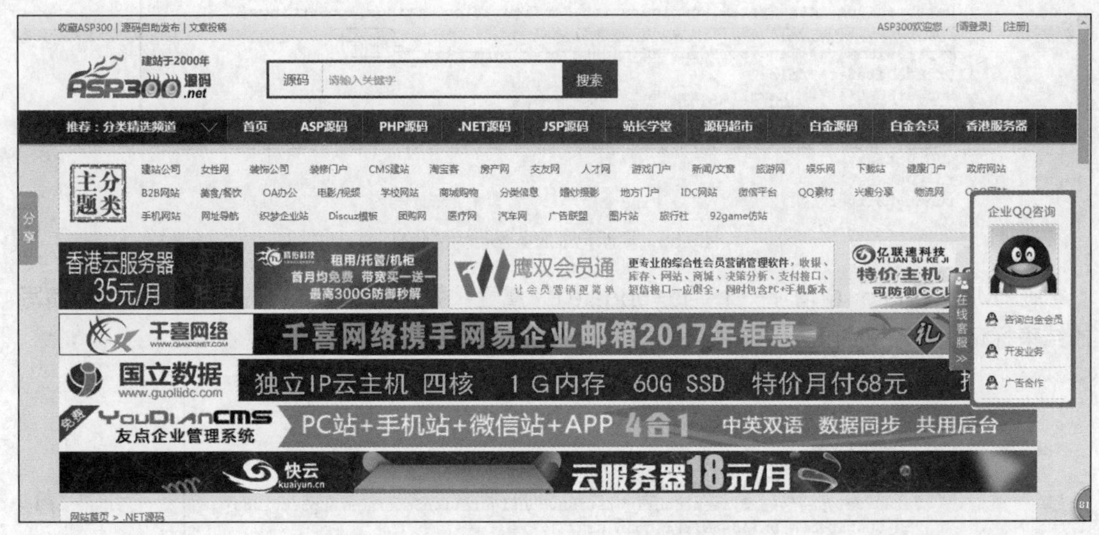

图9.60 Asp300（www.asp300.net）源码下载站

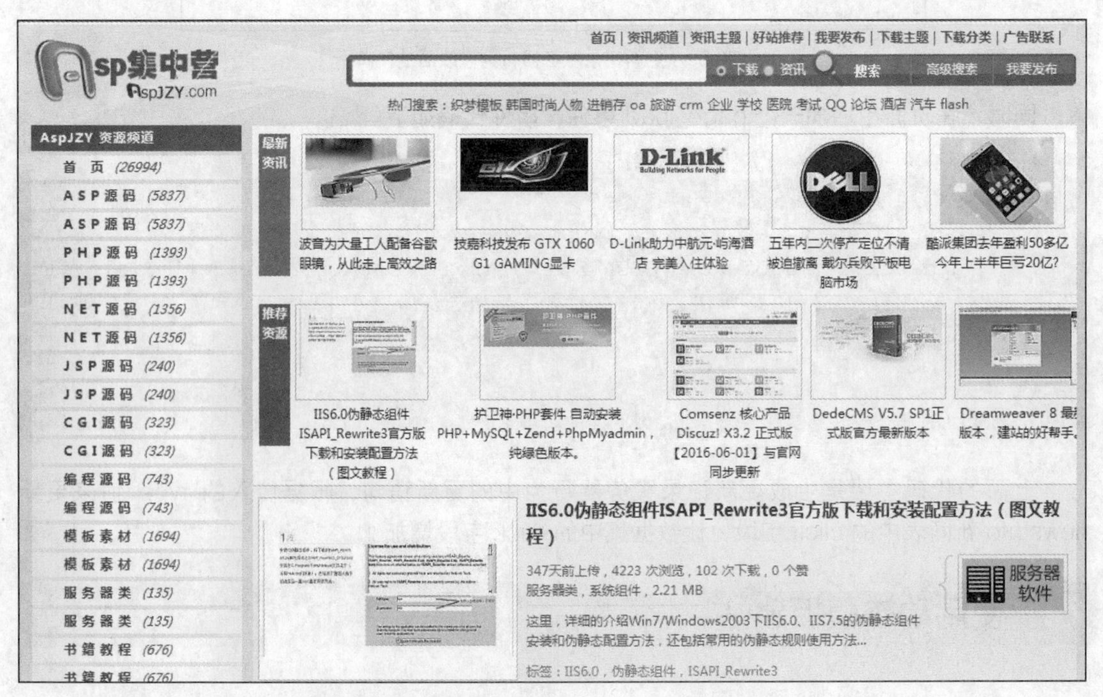

图9.61 Asp集中营（www.aspjzy.com）源码下载站

上述源码下载站中均有丰富的免费 ASP.NET 企业网站源码供用户下载。用户可以根据网站建设的需求自主选择。图 9.63 显示的是 51Aspx 源码下载站中提供的免费源码。

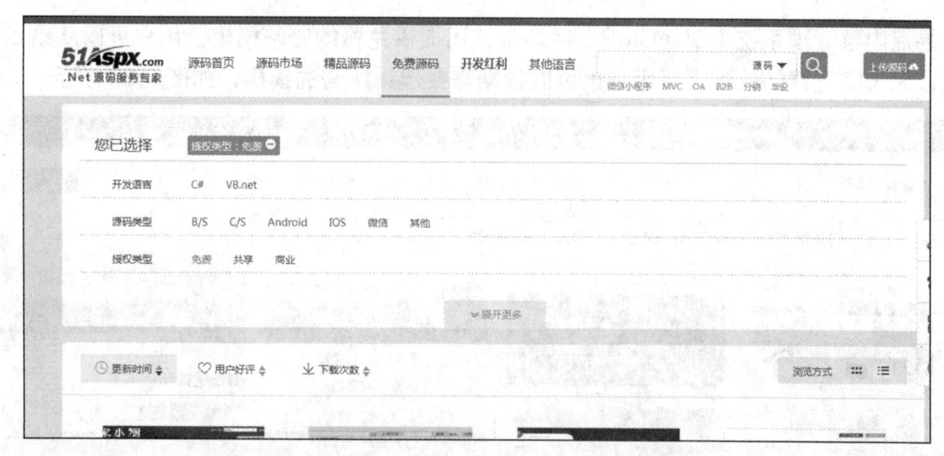

图9.62　51Aspx（ww.51aspx.com）源码下载站

图9.63　51Aspx（ww.51aspx.com）免费源码

除了上述下载站之外，还有一些开源的 ASP.NET CMS 系统，比如易点内容管理系统（DianCMS），网站首页如图 9.64 所示。

图9.64　易点内容管理系统（DianCMS）首页

在易点内容管理系统（DianCMS）网站中，还提供免费的整站模板，用户可以从易点 CMS 中导入，大大降低建站的难度。用户也可以根据需要选择所需的模板，如图 9.65 所示。

图9.65 易点内容管理系统（DianCMS）整站模板

此外，易点内容管理系统（DianCMS）网站还提供完善的教程供用户下载查阅，如图 9.66 所示。

图9.66 易点内容管理系统（DianCMS）教程

9.3.2 动态模板的发布与调试

本节以易点内容管理系统（DianCMS）为例，来演示利用模板建站的基本流程。从网站上下载 DianCMS 的最新版本：DianCMS v6.2.0，文件解压后把网站程序放在 E 盘“muban”文件夹中，做好相关的准备工作。

1. 查看模板的帮助文件

开源的网站模板一般都会提供有关网站使用的帮助文件，以“使用帮助”“使用说明”或“使用必读”等命名。这些帮助文件非常重要，可以从中获得有关模板使用说明的有用信息。比如 DianCMS 文档中就有一个“初始使用必读.txt”文件，打开后可以清楚地看到 DianCMS 的使用指导，在发布和修改网站时可以参考，如图 9.67 所示。

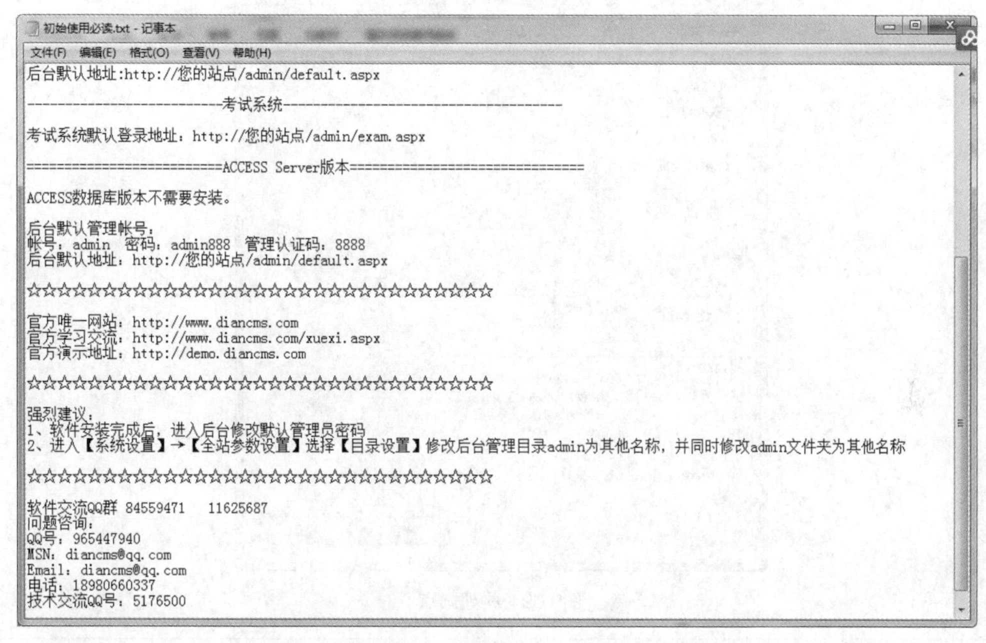
初始使用必读.txt - 记事本
文件(F) 编辑(E) 格式(O) 查看(V) 帮助(H)
后台默认地址:http://您的站点/admin/default.aspx

------------------------考试系统--------------------------------

考试系统默认登录地址：http://您的站点/admin/exam.aspx

========================ACCESS Server版本==============================

ACCESS数据库版本不需要安装。

后台默认管理帐号：
帐号：admin 密码：admin888 管理认证码：8888
后台默认地址：http://您的站点/admin/default.aspx

☆☆

官方唯一网站：http://www.diancms.com
官方学习交流：http://www.diancms.com/xuexi.aspx
官方演示地址：http://demo.diancms.com

☆☆

强烈建议：
1、软件安装完成后，进入后台修改默认管理员密码
2、进入【系统设置】→【全站参数设置】选择【目录设置】修改后台管理目录admin为其他名称，并同时修改admin文件夹为其他名称

☆☆

软件交流QQ群 84559471 11625687
问题咨询：
QQ号：965447940
MSN：diancms@qq.com
Email：diancms@qq.com
电话：18980660337
技术交流QQ号：5176500

图9.67 易点内容管理系统（DianCMS）使用帮助

2. IIS 发布网站准备工作

打开“控制面板”，点击“管理工具”，打开“Internet 信息服务（IIS）管理器”，单击左侧的“应用程序池”，启用“ASP.NET v4.0”，并将托管管道模式设置为“经典”，如图 9.68 所示。

应用程序池

您可以在此页上查看和管理服务器上的应用程序池列表。应用程序池与工作进程相关联，包含一个或多个应用程序，并提供不同应用程序之间的隔离。

筛选: 开始(G) 全部显示(A) 分组依据: 不进行分组

名称	状态	.NET Fra...	托管管道模式	标识	应用程序
ASP.NET v4.0	已启动	v4.0	经典	ApplicationPoolI...	3
ASP.NET v4.0 Classic	已启动	v4.0	经典	ApplicationPoolI...	0
Classic .NET AppPool	已启动	v2.0	经典	ApplicationPoolI...	0
DefaultAppPool	已启动	v2.0	经典	ApplicationPoolI...	0

图9.68 启用ASP.NET v4.0应用程序池

3. 运用 IIS 发布网站

打开“Internet 信息服务（IIS）管理器”，建立一个名为“muban”的站点，配置如图 9.69 所示。

根据 CMS 的要求，需要在 IIS 中选择默认网站，在右边的“管理网站”栏里单击“高级设置…”，将“应用程序池”修改为“ASP.NET v4.0”，如图 9.70 所示。同时需要在左边栏双击刚发布的“muban”站点，然后单击右边的“高级设置…”，在“应用程序池”的右边有一个“选择”按钮，单击该按钮出现“选择应用程序池”对话框，选择“ASP.NET v4.0”，如图 9.71 所示。如调试的时候还有其他问题，可以将问题提示拷贝到百度搜索框中，查看具体原因和解决办法。

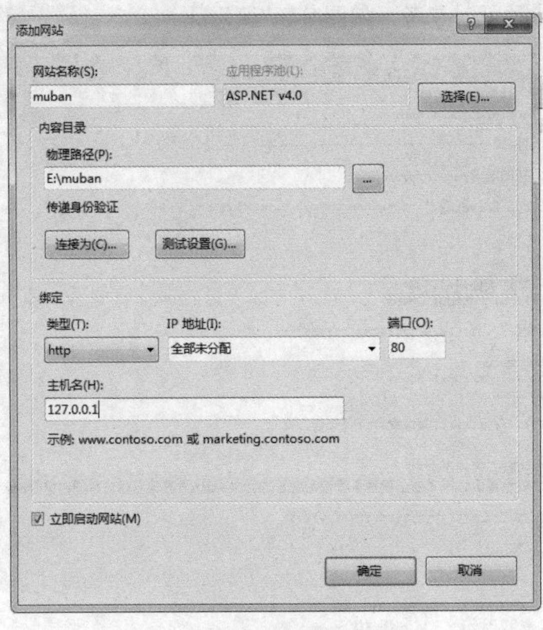

图9.69　构建站点

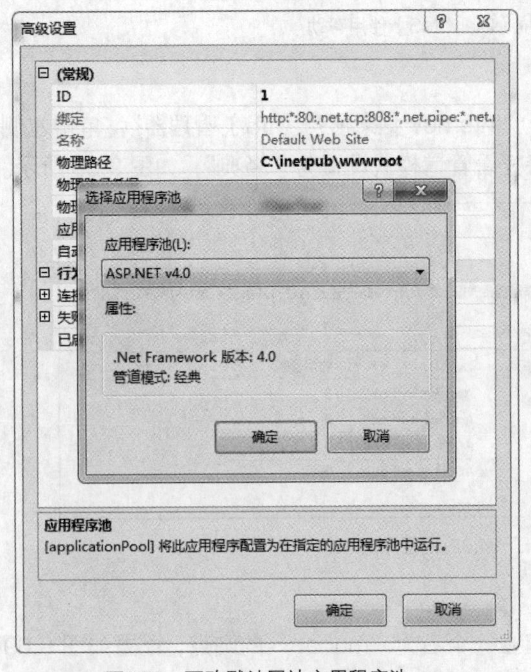

图9.70　更改默认网站应用程序池

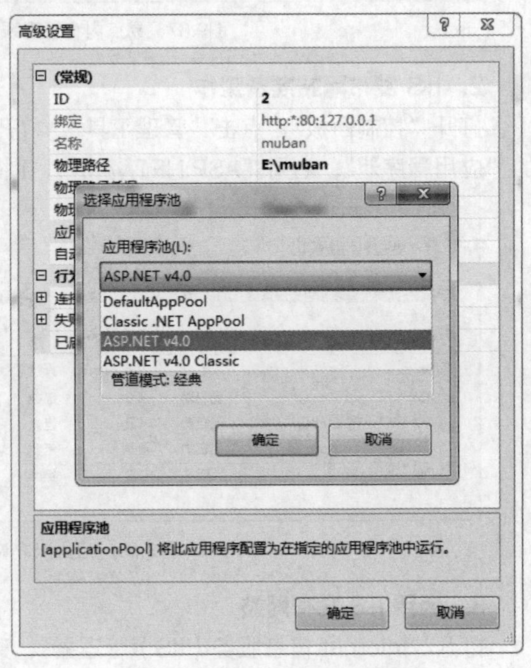

图9.71　更改网站的应用程序池

4. 运用 IIS 查看网站首页

网站配置好以后，可以运用 IIS 浏览首页，如图 9.72 所示。提示 CMS 已经正确安装，但缺少模板。

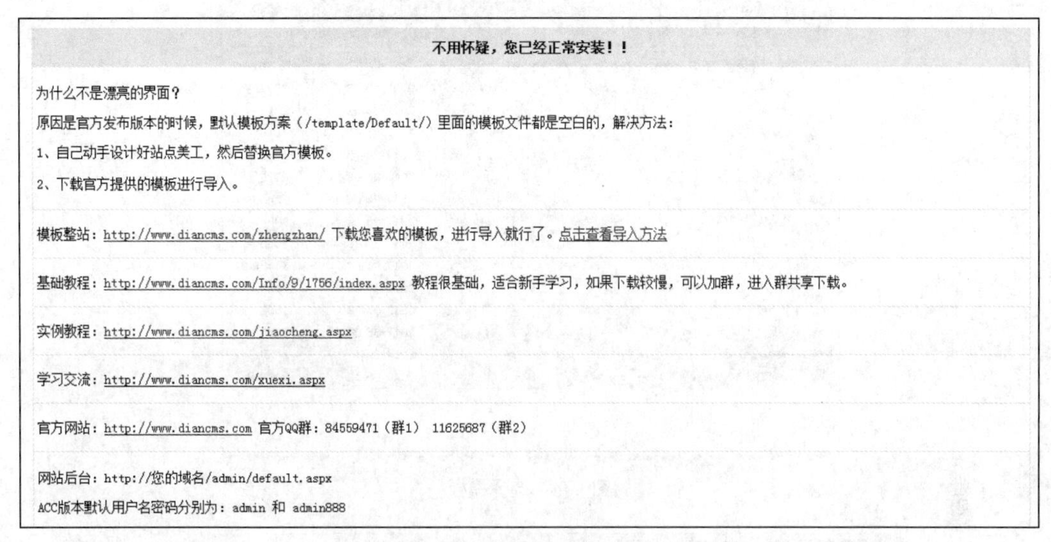

不用怀疑，您已经正常安装！！
为什么不是漂亮的界面？
原因是官方发布版本的时候，默认模板方案（/template/Default/）里面的模板文件都是空白的，解决方法：
1、自己动手设计好站点美工，然后替换官方模板。
2、下载官方提供的模板进行导入。
模板整站：http://www.diancms.com/zhengzhan/ 下载您喜欢的模板，进行导入就行了。点击查看导入方法
基础教程：http://www.diancms.com/Info/9/1756/index.aspx 教程很基础，适合新手学习，如果下载较慢，可以加群，进入群共享下载。
实例教程：http://www.diancms.com/jiaocheng.aspx
学习交流：http://www.diancms.com/xuexi.aspx
官方网站：http://www.diancms.com 官方QQ群：84559471（群1） 11625687（群2）
网站后台：http://您的域名/admin/default.aspx
ACC版本默认用户名密码分别为：admin 和 admin888

图9.72　在IIS中浏览网站首页

在图 9.65 所示的易点内容管理系统（DianCMS）整站模板中，下载“某电子公司整站模板”，文件名称为：“site_2016102815290094633.zip”。将该文件拷贝到“template/default/”文件夹下面。下载易点 CMS 导入插件后，将压缩包文件解压到网站根目录。

导入网站模板前，需要正常安装易点 CMS 最新版本。然后登录新版本后台，在地址栏中输入：http://127.0.0.1/admin/site/insite.aspx，可以看到图 9.73 所示的界面。

图9.73　在后台导入模板

单击“选择 zip 文件”按钮，在弹出的文件选择框中选择压缩包文件，如图 9.74 所示。选择之后，单击“开始导入”按钮即可，如图 9.75 所示。

导入模板之后，在 IIS 中就可以看到运用模板后的网站首页，如图 9.76 所示。

请选择zip文件（站点zip文件）默认为site_开始

向上 刷新　　当前目录：/mubanjz/template/default

类型	名称	选择	修改时间	大小
	登陆模板		2017-06-08	393.39KB
	个人求职		2017-06-08	2.30KB
	考试系统		2017-06-08	734B
	企业招聘		2017-06-08	160B
	视频系统		2017-06-08	317B
	图片系统		2017-06-08	7.49KB
	网上商店		2017-06-08	89B
	文章系统		2017-06-08	3.29KB
	问答系统		2017-06-08	14.44KB
	系统模板		2017-06-08	115.77KB
	下载系统		2017-06-08	160B
	用户后台		2017-06-08	6.07KB
	index.html	选择	2014-09-17	2.35KB
	site_2016102815290094633.zip	选择	2017-06-08	3.50MB

图9.74　选择模板

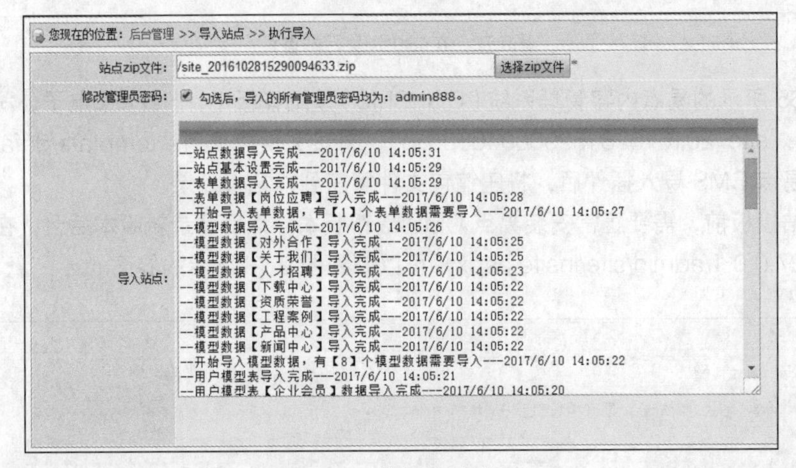

图9.75　模板导入过程

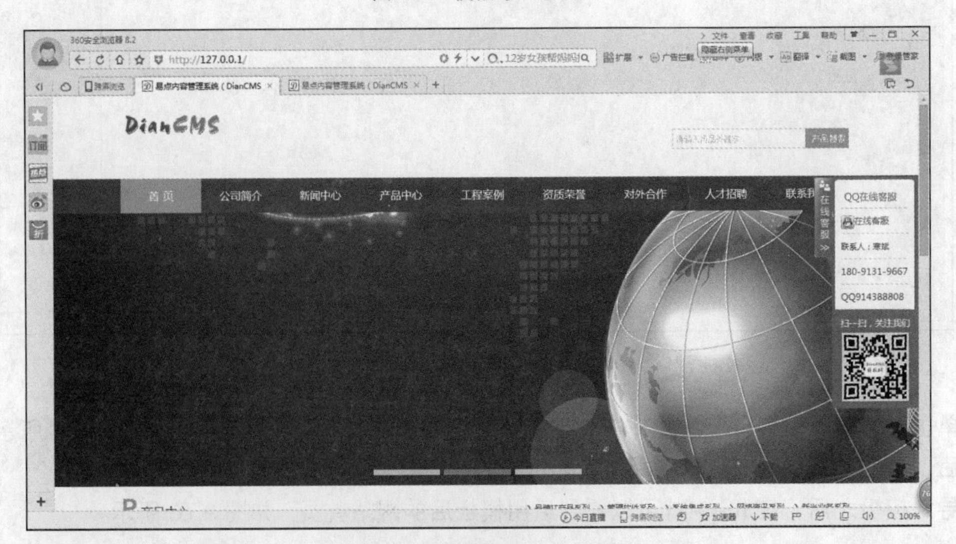

图9.76　导入模板后的网站首页

9.3.3　动态模板后台信息配置与修改

模板导入成功，看到网站首页之后，就需要进入后台，进行大量的网站设置。在浏览器中输入网址：http://127.0.0.1/admin/login.aspx，输入账号 admin，密码 admin888，进入网站后台，界面如图 9.77 所示。

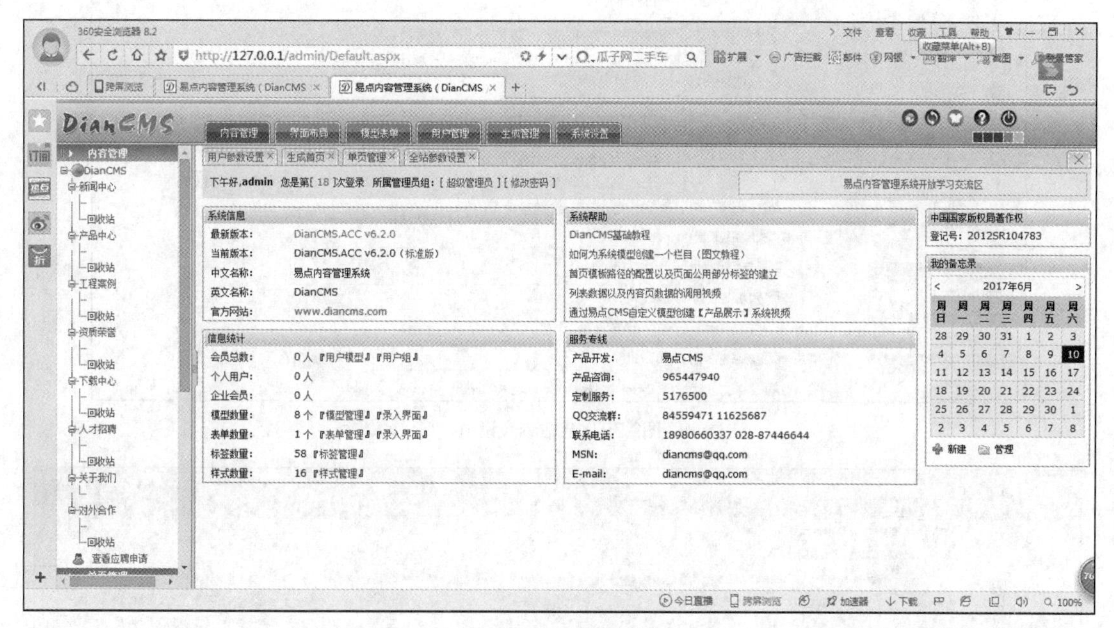

图9.77　网站管理后台

1. 进行系统设置

单击导航条中的“系统设置”，再单击左侧的“全站参数设置”，即可对全站参数进行设置，如图 9.78 所示。在全站参数中，重点对站点名称、站点域名、Logo 地址、Banner 地址、网站描述和关键字等 SEO 信息进行设置。但在设置之前，需要提前申请好网站域名和空间，制作好公司的 Logo 和 Banner 图片。此外，还可以进行内容参数、邮件参数、水印/缩放、目录设置、验证码设置、整合论坛以及登录整合等相关设置。这些对于网站运营来说都是非常重要的，这里不再一一演示。

2. 进行网站栏目管理

单击导航条中的“内容管理”，再单击左侧的“栏目管理”，根据需求对网站一级栏目和二级栏目进行修改设置，也可以新增栏目，如图 9.79、图 9.80 所示。在这个过程中，需要注意设定栏目的管理权限，不然以后会出现无法发布内容的错误。

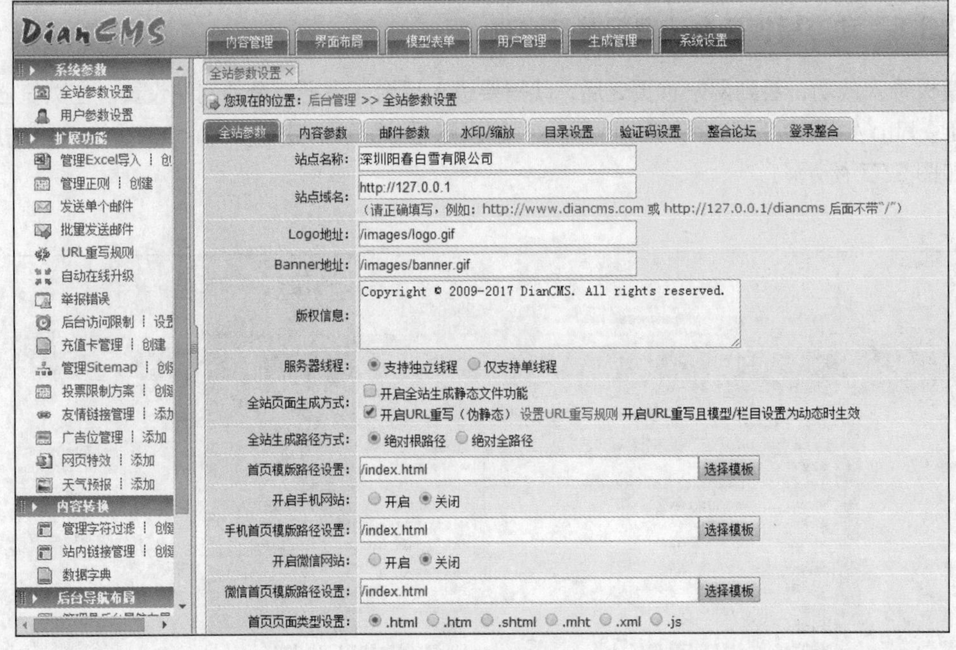

图9.78　全站参数设置

图9.79　网站一级栏目设置

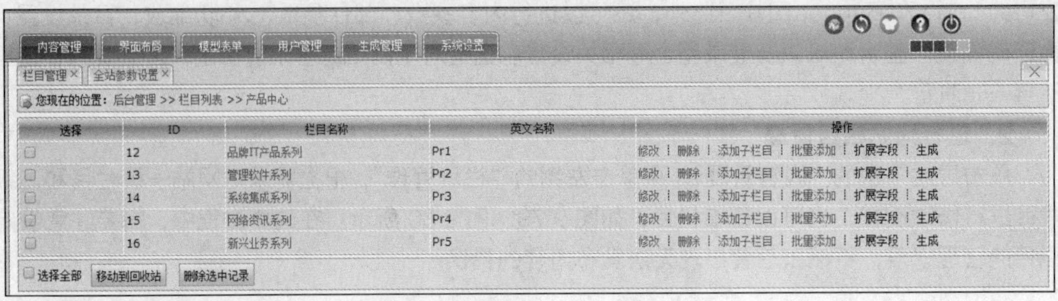

内容管理　界面布局　模型表单　用户管理　生成管理　系统设置

栏目管理　全站参数设置

您现在的位置：后台管理 >> 栏目列表 >> 产品中心

选择	ID	栏目名称	英文名称	操作
□	12	品牌IT产品系列	Pr1	修改 | 删除 | 添加子栏目 | 批量添加 | 扩展字段 | 生成
□	13	管理软件系列	Pr2	修改 | 删除 | 添加子栏目 | 批量添加 | 扩展字段 | 生成
□	14	系统集成系列	Pr3	修改 | 删除 | 添加子栏目 | 批量添加 | 扩展字段 | 生成
□	15	网络资讯系列	Pr4	修改 | 删除 | 添加子栏目 | 批量添加 | 扩展字段 | 生成
□	16	新兴业务系列	Pr5	修改 | 删除 | 添加子栏目 | 批量添加 | 扩展字段 | 生成

□选择全部　移动到回收站　删除选中记录

图9.80　网站二级栏目设置

3. 进行网站内容管理

设置好栏目后，就可以进行网站内容管理了，如对设置的新闻、产品、案例等栏目添加内容。

比如更改“产品”栏目，单击导航条中的“内容管理”，再单击左侧的“产品中心”下面的“添加信息”，选择子栏目，输入相关产品信息和图片，即可完成某个产品信息的输入，如图 9.81 所示。新闻、案例等信息的输入方法类似，在此不再赘述。

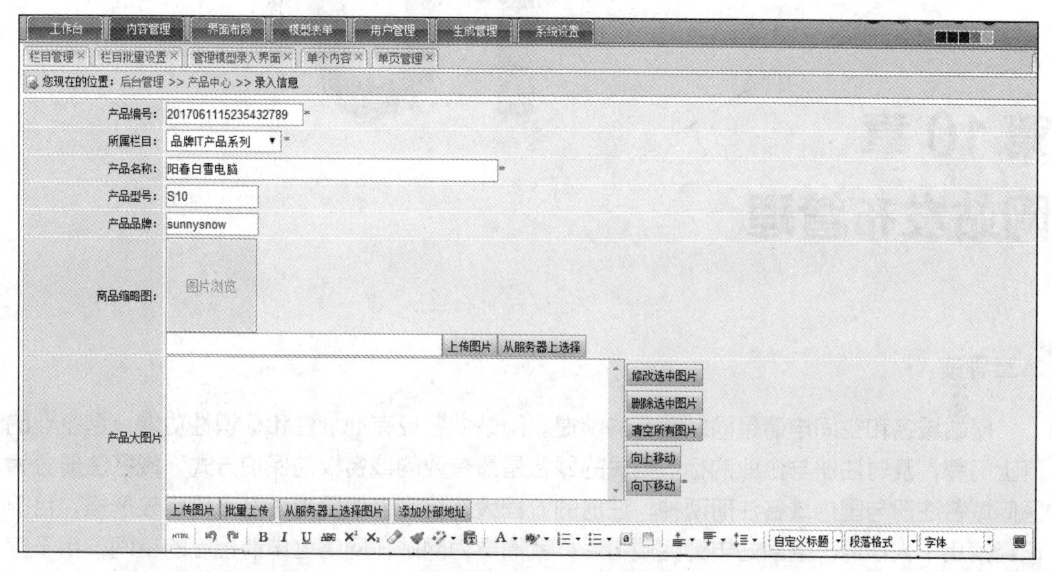

图9.81　输入产品信息

9.3.4　动态模板前台页面美化

如果觉得企业本身提供的模板不够漂亮，还可以对模板前台页面进行美化。利用 Dreamweaver、Photoshop 等软件修改网页、设计网页图片，这些任务对网站设计者的要求较高，同时需要根据具体情况进行展开。限于篇幅，在此不再进一步介绍。

实训

1. 参考新闻发布系统中的登录页面，在留言板系统中增加登录控制功能及权限管理，只有登录后才能提交留言和查询留言详细内容。

2. 修改留言回复数据库，增加回复信息字段，并设计留言回复页面。

3. 设计一个网站的新闻浏览页面，可以通过新闻标题链接查看新闻的详细内容，每查看一次详细内容，将单击次数字段加 1。

习题

简述在 Dreamweaver 中制作 ASP.NET 动态网页的基本步骤。

Chapter 10

第10章 网站发布管理

本章导读：

网站域名和空间申请是网站发布的前提。网站域名具有地址性和标识性功能，是企业的网上门牌，及时注册与企业的标识相关的域名是最有效的域名权益保护方式。域名注册分为国际域名注册与国内域名注册两种，注册的流程大体相同，但国内域名审核比较严格，目前已经禁止个人申请。给网站申请完域名后，就需要为网站在网络上申请相应的空间，用于存放网站文件和资料，虚拟主机是目前最常见的网站空间方式。申请好域名和空间，还需要将站点中的所有文档上传到网站空间内，并进行域名绑定，这个过程就是网站的发布。发布站点时，可以使用FTP软件进行上传，如LeapFTP、CuteFTP以及FlashFXP等，也可以直接使用Dreamweaver CS3提供的上传/下载功能对网站进行发布。

本章要点：

- 域名的概念
- 域名的功能
- 域名的结构
- 域名的常见类型
- 域名注册流程
- 网站空间的概念
- 网站空间的常见形式
- 网站空间申请流程
- 网站发布工具
- 网站发布流程

10.1 任务概述：申请和使用免费空间

免费空间是指网络上免费提供的网络空间，是在网络服务器上划分出一定的磁盘空间供用户放置站点、应用组件等，并提供必要的站点功能与数据存放、传输功能。免费空间是网站建设初学者最钟情的一种空间方式，其优势主要体现在不需要花钱购买；但也有缺点，主要是空间性能不稳定、空间限制比较多、有时不能绑定域名等。本章的任务是申请免费空间，在可能的情况下将制作好的站点通过 FTP 工具上传到该空间中，并尝试进行浏览。

10.2 网站域名注册

10.2.1 域名概述

1. 域名的概念

计算机网络是基于 TCP/IP 协议进行通信和连接的，每一台主机都有一个唯一的固定的 IP 地址，以区别网络上成千上万个用户和计算机。网络在区分所有与之相连的网络和主机时，均采用了一种唯一、通用的地址格式，即每一个与网络相连接的计算机和服务器都被指派了一个独一无二的地址。网络中的地址方案分为两套：IP 地址系统和域名地址系统。IP 地址用二进制数来表示，每个 IP 地址长 32 比特，由 4 个小于 256 的数字组成，数字之间用点号间隔，例如 10.10.0.1 表示一个 IP 地址。由于 IP 地址采用数字表示，使用时难以记忆和书写，因此在 IP 地址的基础上又发展出一种符号化的地址方案来代替数字型的 IP 地址。每一个符号化的地址都与特定的 IP 地址相对应，这样网络上的资源访问起来就容易得多了。这个与网络上的数字型 IP 地址相对应的字符型地址，称为域名（Domain Name）。域名是用字符表示的计算机地址，是企业在互联网上的标识，是企业的网络商标。

域名是 Internet 采用的“标准名称”寻址方案，即为每个机器都分配一个独有的“标准名称”，并由分布式命名体系自动翻译成 IP 地址。计算机在网上寻址时，先将域名传输给特别的服务器——域名服务器，再由它“翻译”，将所得 IP 地址的结果传回，计算机最终仍通过 IP 地址来寻找。这种翻译称为“主机名/域名解析”。域名要通过域名服务器解析到 IP 地址，才能被访问。一个 IP 地址可同时对应多个域名，也就是一个 IP 地址可以用多个域名来访问，而一个域名只能对应一个 IP 地址。

如我们熟悉的百度的域名是 www.baidu.com，而很少有人能记住百度的 IP 地址 119.75.213.50。在输入百度的域名后，会通过域名服务器解析到百度的 IP 地址，从而实现正常访问，如图 10.1 所示。

2. 域名的功能

简而言之，域名的功能主要体现在以下两点。

（1）地址性功能。域名是企业的网上门牌、网上虚拟地址。其实，域名究其本质，不过是互联网联机通信中具有技术参数功能的标识符，是特定的组织或个人在互联网上的标志。从技术角度讲，域名的作用类似于现实中的电话号码或门牌号，只是起一个定位的作用。

（2）标识性功能。域名可以识别企业组织、传递产品或服务的品质及属性。域名的作用不仅限于网络上的电话号码或门牌号，而且标识着其所有者或网站的身份，当其为特定的组织或个人所拥有时，就与其产生了一种身份上的联系，成为在网络世界中认知其拥有者的重要的直观的标志。

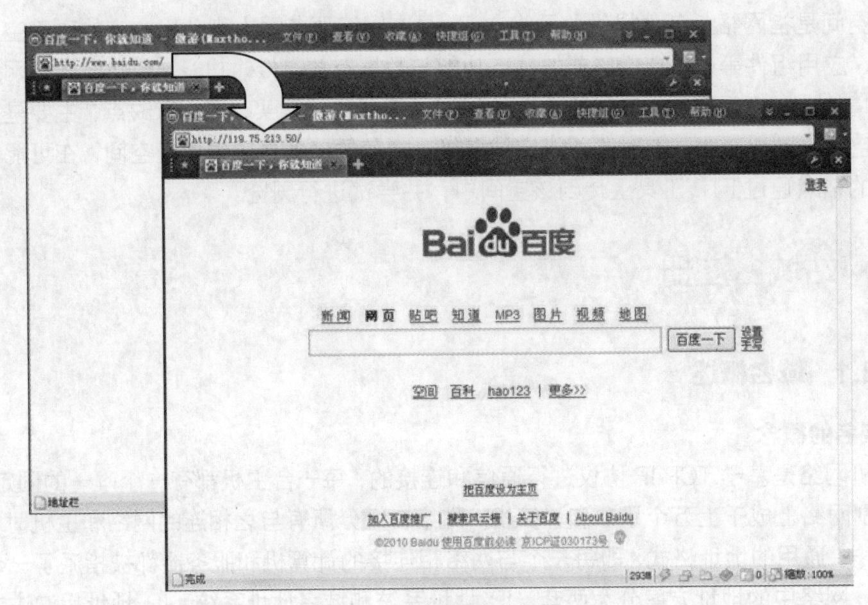

图10.1　百度域名解析示意

3. 域名的结构

Internet 主机域名的一般格式是：主机名.单位名.类型名.国家名，按照表示的顺序从左到右，代表的范围依次从小到大，如图 10.2 所示，各个部分的含义如下：

- 顶级域名：即一级域名，分为国际顶级域名和国内顶级域名；
- 二级域名：标识网站性质；
- 三级域名：标识网站名称；
- 四级域名：标识主机名。

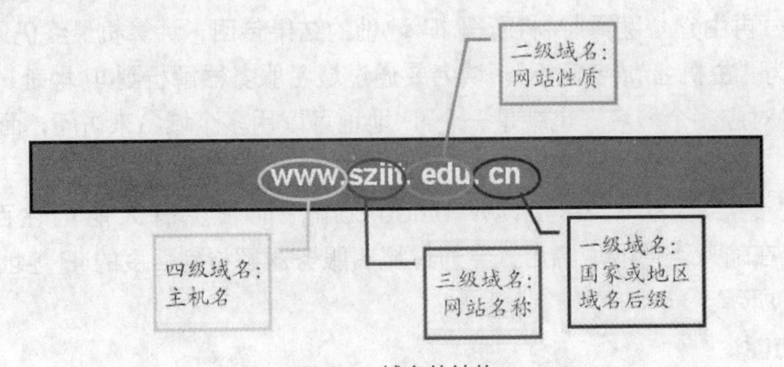

图10.2　域名的结构

（1）顶级域名

顶级域名又分为两类：

1）国际顶级域名（international Top-Level Domain-names，简称 iTDs），又称国际域名。这也是使用最早也最广泛的域名。例如表示工商企业的.com，表示网络提供商的.net，表示非营利组织的.org 等。

2）国内顶级域名（national Top-Level Domain-names，简称 nTLDs），又称国内域名，即按照不同的国家分配不同的后缀。目前全球 200 多个国家和地区都按照 ISO3166 国家代码分配了顶级域名，例如中国是 cn、美国是 us、日本是 jp 等。

在实际使用和功能上，国际顶级域名与国内顶级域名没有任何区别，都是互联网上的具有唯一性的标识。只是最终管理机构不同，国际域名由位于美国的国际互联网络信息中心（InterNIC）负责注册和管理，InterNIC 隶属于互联网名称与数字地址分配机构（ICANN）；而国内域名则由中国互联网络信息中心（CNNIC）负责注册和管理，CNNIC 隶属于工业和信息化部。

（2）二级域名

二级域名是指顶级域名之下的域名，在国际顶级域名下，它是指域名注册人的网上名称，例如 ibm、yahoo、microsoft 等；在国内顶级域名下，它是表示注册企业类别的符号，例如 com、edu、gov、net 等。

（3）三级域名

三级域名由字母（A～Z，a～z，大小写等）、数字（0～9）和连字符（-）组成，各级域名之间用点号（.）连接，三级域名的长度不能超过 20 个字符。如无特殊原因，建议采用申请人的英文名（或缩写）或者汉语拼音名（或缩写）作为三级域名，以保持域名的清晰性和简洁性。

4．域名的常见类型

（1）国家顶级域名。常见的国家顶级域名如表 10.1 所示。

表 10.1　常见的国家顶级域名

国家	域名	国家	域名	国家	域名	国家	域名
阿根廷	ar	中国	cn	意大利	it	埃及	eg
澳大利亚	au	韩国	kr	日本	jp	希腊	gr
奥地利	at	印度	in	芬兰	fi	荷兰	nl
巴西	br	爱尔兰	ie	法国	fr	新加坡	sg
加拿大	ca	以色列	il	德国	de	美国	us

（2）通用顶级域名。常见的通用顶级域名如表 10.2 所示。

表 10.2　常见的通用顶级域名

域名	含义
gov	非军事政府部门
edu	教育机构
com	商业组织
mil	军事部门
org	其他组织
net	网络运行服务中心

（3）新兴域名种类。常见的新兴域名如表 10.3 所示。

表 10.3　常见的新兴域名

域名	含义
name	个人域名的标志
biz	企业
info	信息和信息服务机构
cc	商业公司
mobi	手机和移动装置

5. 域名命名规则

（1）英文域名命名规则

- 26 个英文字母；
- 0～9 的数字；
- 英文中的连字符“-”，但不可用于开头及结尾；
- 长度一般不超过 26 个字符。

（2）中文域名命名规则

- 2～15 个汉字组成的字词或词组；
- 26 个英文字母；
- 0～9 的数字；
- 长度一般不超过 15 个汉字。

（3）域名中字符组合的限制

- 英文字母不区分大小写；
- 中文域名不区分繁简体；
- 空格及“? /\;:!@#$%～_=+&*,.。<>”等符号都不可用于域名中。

6. 域名设计策略

域名设计包括网站名称的设计创意以及一级域名、二级域名后缀的选择。域名可根据易记、易推广、符合品牌形象的要求来设计。具体策略如下。

（1）域名与企业名称、商标一致

选择和企业名称、商标一致的域名，便于企业品牌的宣传推广。像海尔、TCL 是比较成功的案例。还可以把企业域名规划到 CI 形象系统中。如果企业名称比较冗长、复杂，可选择英文名称的缩略语。

（2）域名短小顺口，便于输入、可记忆

选择有意义的词或词组作为域名，容易记忆和推广。同时，要求域名发音清晰准确，避免同音异字。如 163、51down 等。

（3）重新命名

有些企业为了更好地打入国际市场，从长远战略眼光考虑，不惜重金重新设计企业名称与域名，打造品牌形象。比如联想集团用“Lenovo”代替了“Legend”。

10.2.2　域名注册

域名不仅是企业知识产权战略保护的重要内容，也是企业信息化战略的有机组成，其重要性日益受到人们的认可。及时注册与自己的标识相关的域名是最有效的域名权益保护方式。现实世界的标识权利人应该及时将自己的标识注册为域名，这样，不仅可以通过互联网提高自己的知名度，通过网上交易提高自己的收益，而且可以保护自己在现实世界拥有的标识。在知识产权保护方面，跨国公司无疑走在前列。松下、大众、三星一次性注册数百个CN域名，构建全面牢固的域名保护圈。

根据互联网在我国迅猛发展的实际形势和域名管理的需要，原信息产业部从2000年初，开始组织域名管理办法的起草调研工作。信息产业部参考国际惯例并结合国内的发展情况，同时广泛征求了我国互联网界、法律界、知识产权界专家学者的意见，经过多次讨论，进行反复修改完善，制定了《中国互联网络域名管理办法》。国际域名管理组织为了促进公平竞争，也于1999年重新修订了国外域名注册机制，设立了注册管理机构、注册服务机构、注册代理商的分层体系，由一家权威机构管理中央数据库并提供日常域名解析服务，并在注册服务领域增加注册服务机构。域名注册管理分层体系如图10.3所示。

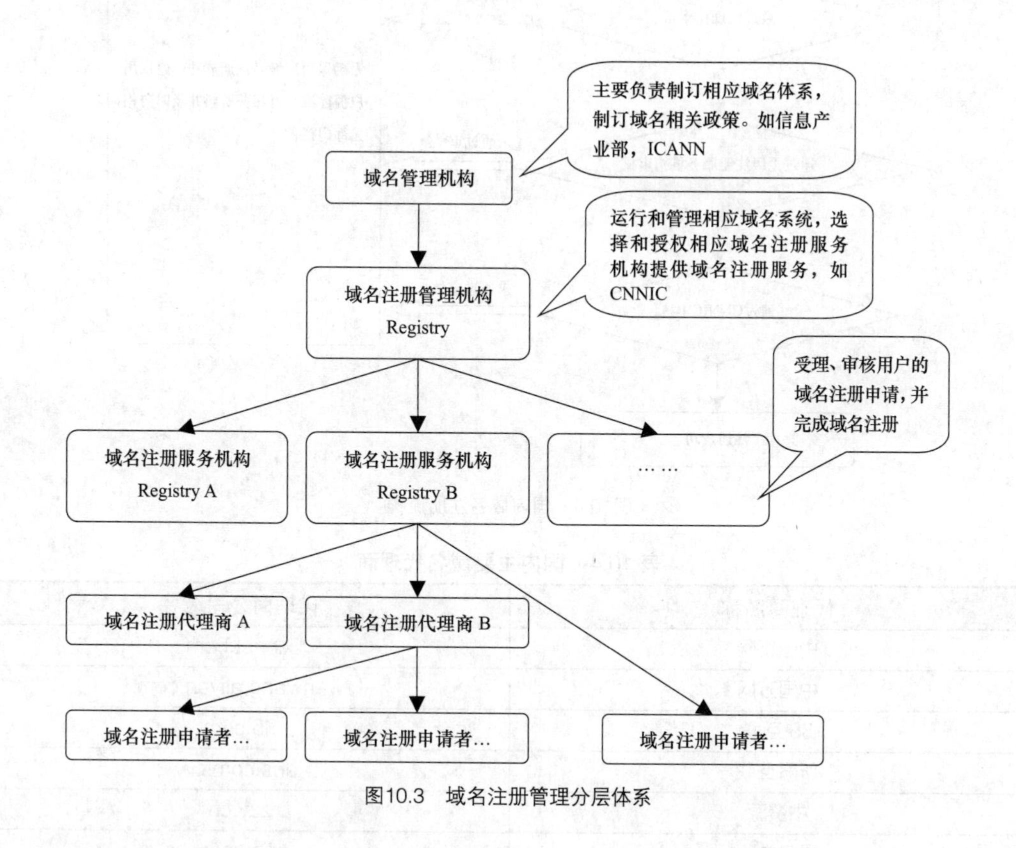

图10.3 域名注册管理分层体系

域名注册分为国际域名注册与国内域名注册两种，注册的流程大体相同，国内域名注册流程如图10.4所示。

国内目前主要的域名代理商如表10.4所示。

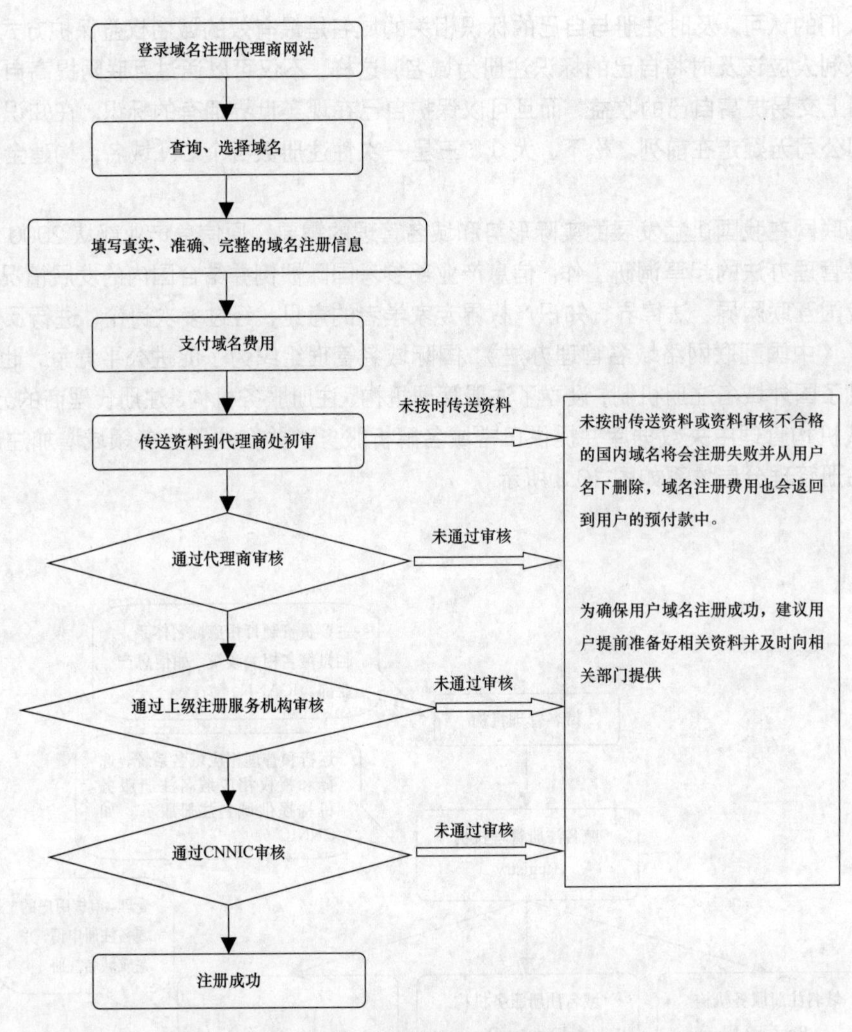

图10.4　国内域名注册流程

表 10.4　国内主要域名代理商

代理商名称	代理商公司域名
中国新网	xinnet.com
中国万网	wanwang.aliyun.com
35 互联	35.com
新网互联	dns.com.cn
中资源	zzy.cn
易名中国	ename.cn
商务中国	bizcn.com
时代互联	now.cn
美橙互联	cndns.com
西部数码	west263.com

1．国内域名注册

国内域名注册由中国互联网络信息中心（CNNIC）授权其代理商进行，主要包括.cn、.com.cn、.net.cn 等域名。CNNIC 严格按照《中国互联网络域名注册暂行管理办法》和《中国互联网络域名注册实施细则》的规定负责各种域名的申请与注册工作等。从 2009 年 12 月 14 日上午 9 时起，个人用户将不能进行域名注册。下面以在域名注册代理商中国万网（https://wanwang.aliyun.com/）申请国内域名为例，介绍一下具体的申请步骤。

（1）进入中国万网，在域名查询框中输入要查询的域名，比如“sunnysnow”域名，单击“查域名”按钮，如图 10.5 所示。

图10.5　查询域名

（2）在“域名查询结果”中，发现“sunnysnow.com”域名已被注册，但还有“sunnysnow.cn”等域名未被注册，可以单击该域名右侧的“加入清单”按钮进行申请，如图 10.6 所示。

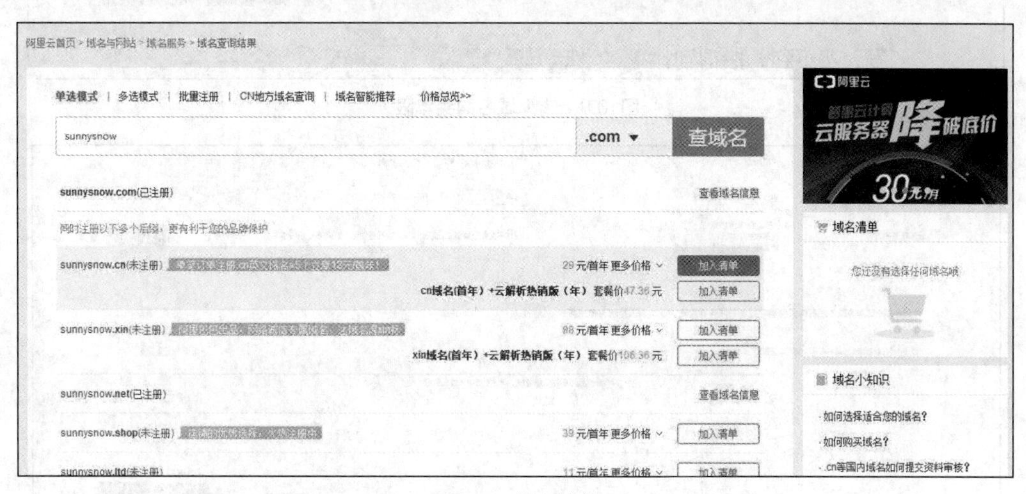

图10.6　加入清单

（3）如果不需要继续购买其他域名，可以单击右下角的“去结算”按钮进行结算，如图 10.7 所示。

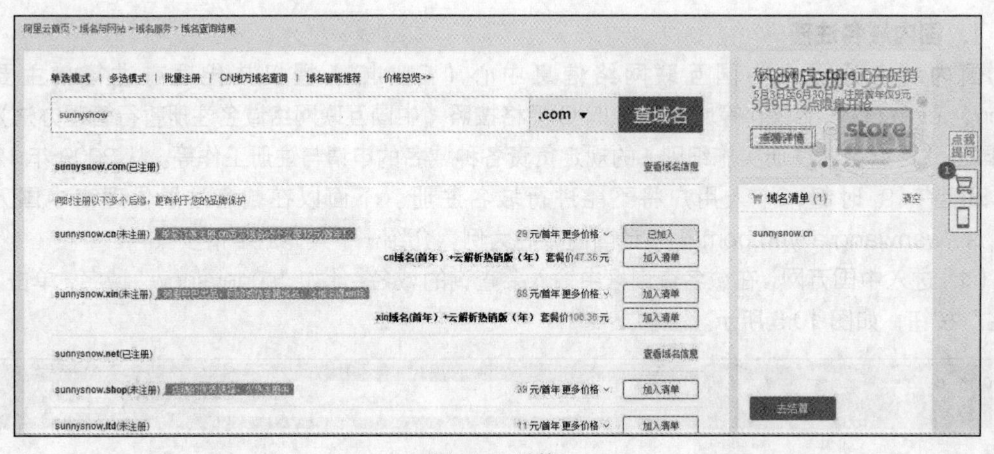

图10.7　结算

（4）在结算时，需要选择域名购买年限以及所有者类型。一般域名购买年限越长，优惠幅度越大。域名所有者可以是个人或企业，需要填写详细的个人或企业信息，如图 10.8 至图 10.10 所示。

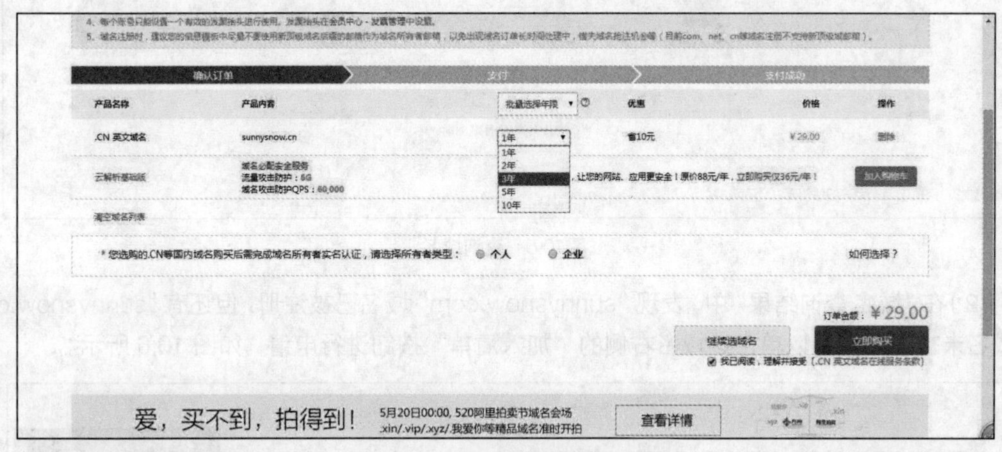

图10.8　选择域名购买年限

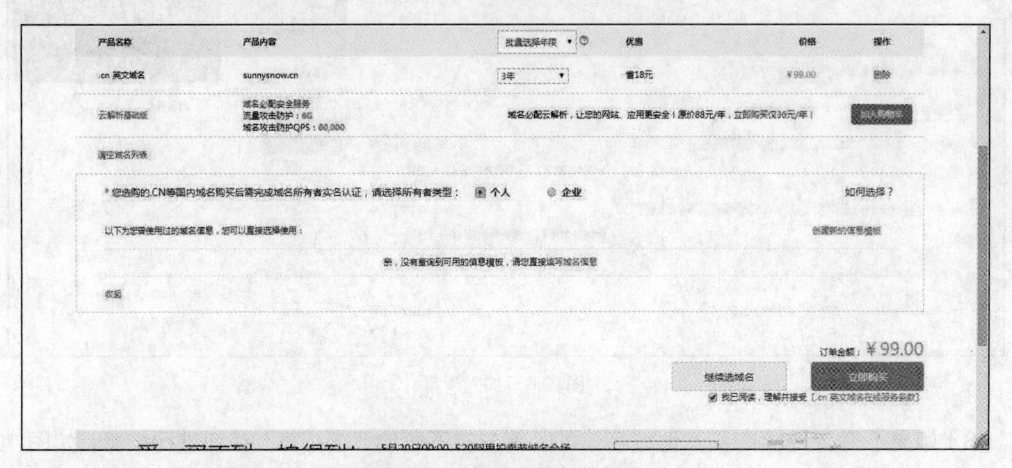

图10.9　选择域名所有者类型

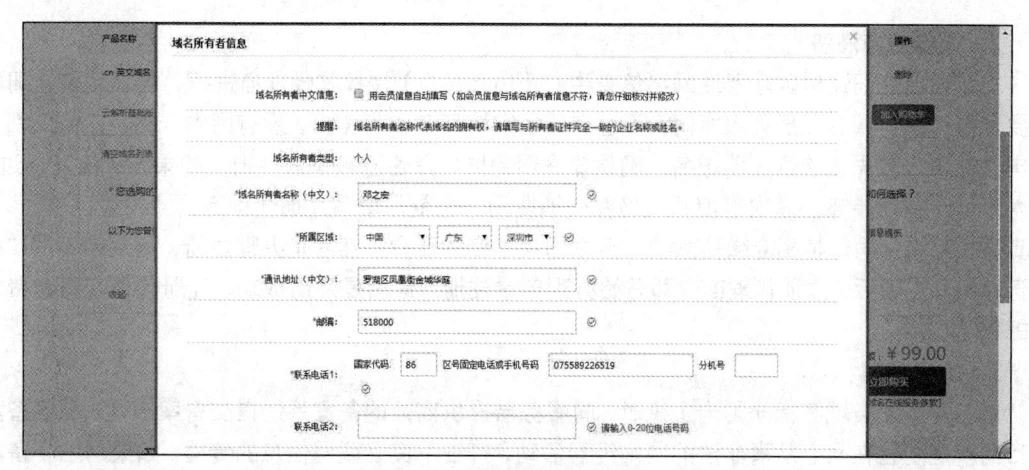

图10.10　填写域名所有者信息

（5）单击“立即购买”进入付款页面后，要选择合适的方式进行支付，支付完成即可完成域名注册工作，如图 10.11 和图 10.12 所示。

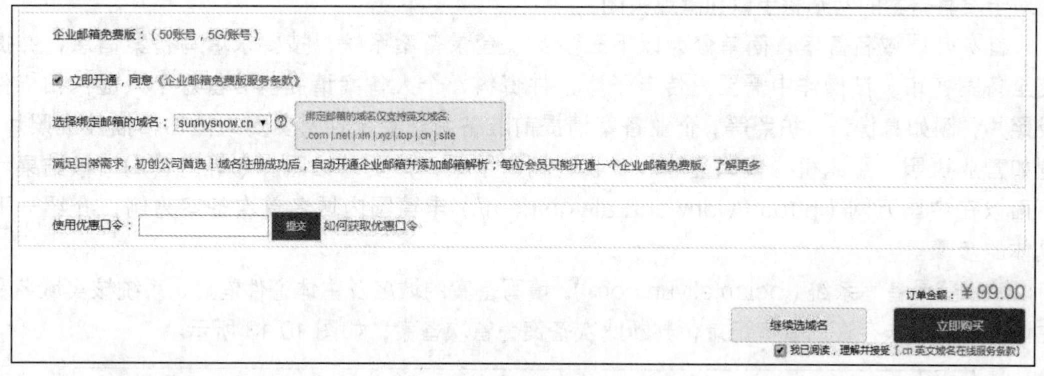

图10.11　单击“立即购买”

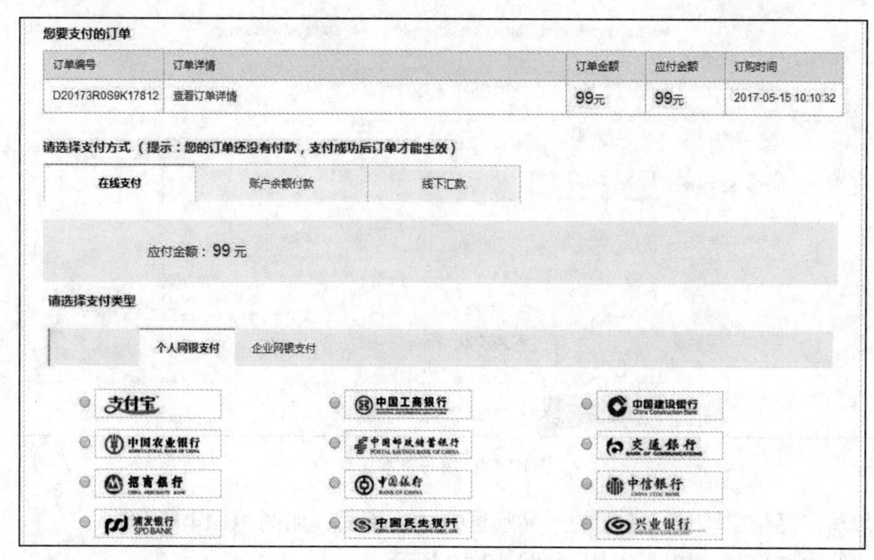

图10.12　付款

2. 国际域名注册

国际域名注册通过国际互联网络信息中心（InterNIC）授权其代理商进行。国际域名注册的主要步骤与国内域名注册大致相同，不过在域名审核环节较为宽松，没有国内严格，任何人都可以申请注册。首先是检索注册域名，确认要注册的域名是否已被别人注册。如果没有被注册过，进入下一步注册步骤。其次是填写表格并交纳费用，也就是填写注册代理商的“在线订单”，并传真至该网站，同时将相应缴费款项汇至注册代理商的账户。然后是办理注册，收到申请的“在线订单”及汇款后，注册代理商立即开始办理申请注册。最后是注册成功，注册代理商将缴费发票邮寄给申请人。

3. 域名备案

域名备案是当域名指向国内主机时，向服务器提供商处的备案系统提交备案申请。域名备案的目的就是防止在网上从事非法的网站经营活动，打击不良互联网信息的传播，如果网站不备案的话，很有可能被查处进而关停。根据中华人民共和国信息产业部第十二次部务会议审议通过的《非经营性互联网信息服务备案管理办法》条例，在中华人民共和国境内提供非经营性互联网信息服务，应当办理备案。未经备案，不得在中华人民共和国境内从事非经营性互联网信息服务。而对于没有备案的网站将予以罚款或关闭。

首次办理域名备案，简单分为以下三步：①登录备案系统，按要求填写备案信息，并提交至备案初审。该操作中需要上传电子版证件资料，个人备案请提前准备好个人证件扫描件或照片，例如身份证、护照等；企业备案请提前准备好企业证件及负责人证件扫描件或照片，例如营业执照、组织机构代码证等。②收到初审结果，按要求拍照。③等待管局审核结果。下面以在中国万网（https://wanwang.aliyun.com/）申请国内域名首次备案为例，介绍一下具体的步骤。

（1）登录备案系统（beian.aliyun.com），填写备案的域名及主体证件信息，系统核实域名及主体证件号码未存在已备案记录，判断此次备案为首次备案，如图 10.13 所示。

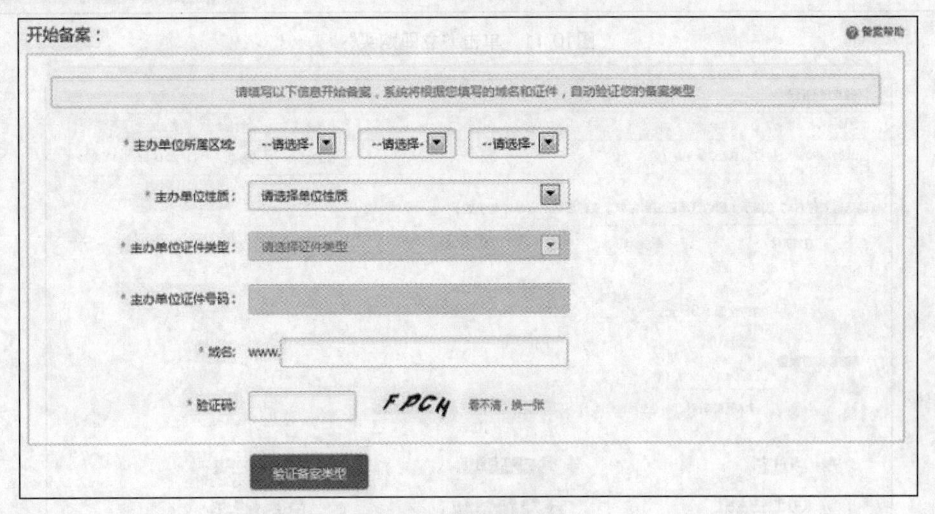

图10.13 填写备案信息

（2）填写产品信息验证，不同的产品验证方式也不同，如图 10.14 所示。

（3）填写主体信息，如图 10.15 和图 10.16 所示。

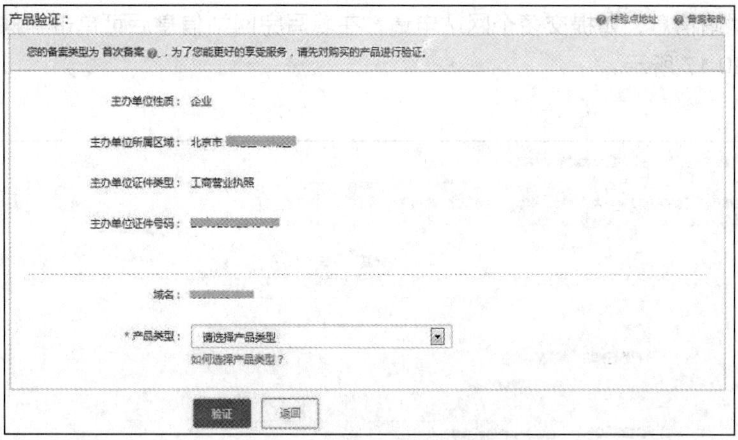

产品验证： 核验点地址 备案帮助

您的备案类型为 首次备案，为了您能更好的享受服务，请先对购买的产品进行验证。

主办单位性质： 企业

主办单位所属区域： 北京市

主办单位证件类型： 工商营业执照

主办单位证件号码：

域名：

* 产品类型： 请选择产品类型

如何选择产品类型？

验证　返回

图10.14　填写产品信息验证

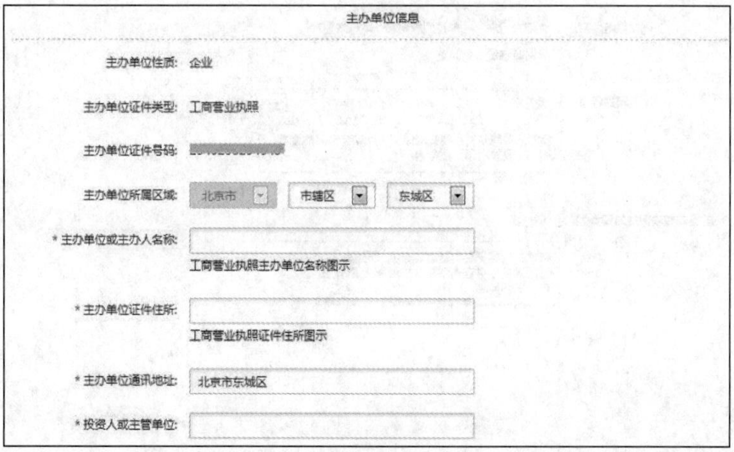

主办单位信息

主办单位性质： 企业

主办单位证件类型： 工商营业执照

主办单位证件号码：

主办单位所属区域： 北京市 市辖区 东城区

* 主办单位或主办人名称：

工商营业执照主办单位名称图示

* 主办单位证件住所：

工商营业执照证件住所图示

* 主办单位通讯地址： 北京市东城区

* 投资人或主管单位：

图10.15　填写主办单位信息

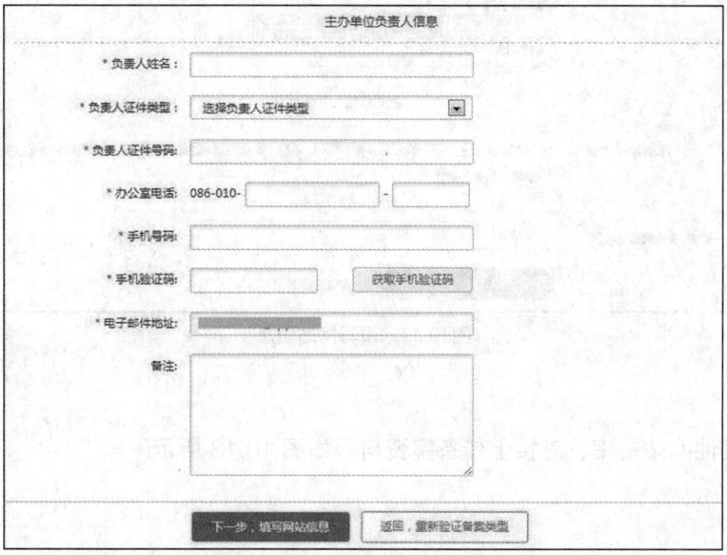

主办单位负责人信息

* 负责人姓名：

* 负责人证件类型： 选择负责人证件类型

* 负责人证件号码：

* 办公室电话： 086-010- -

* 手机号码：

* 手机验证码： 获取手机验证码

* 电子邮件地址：

备注：

下一步，填写网站信息　返回，重新验证备案类型

图10.16　填写主办单位负责人信息

（4）填写网站信息，如提交多个网站申请，在填写完网站信息后可单击“保存”，并继续添加网站，如图 10.17 所示。

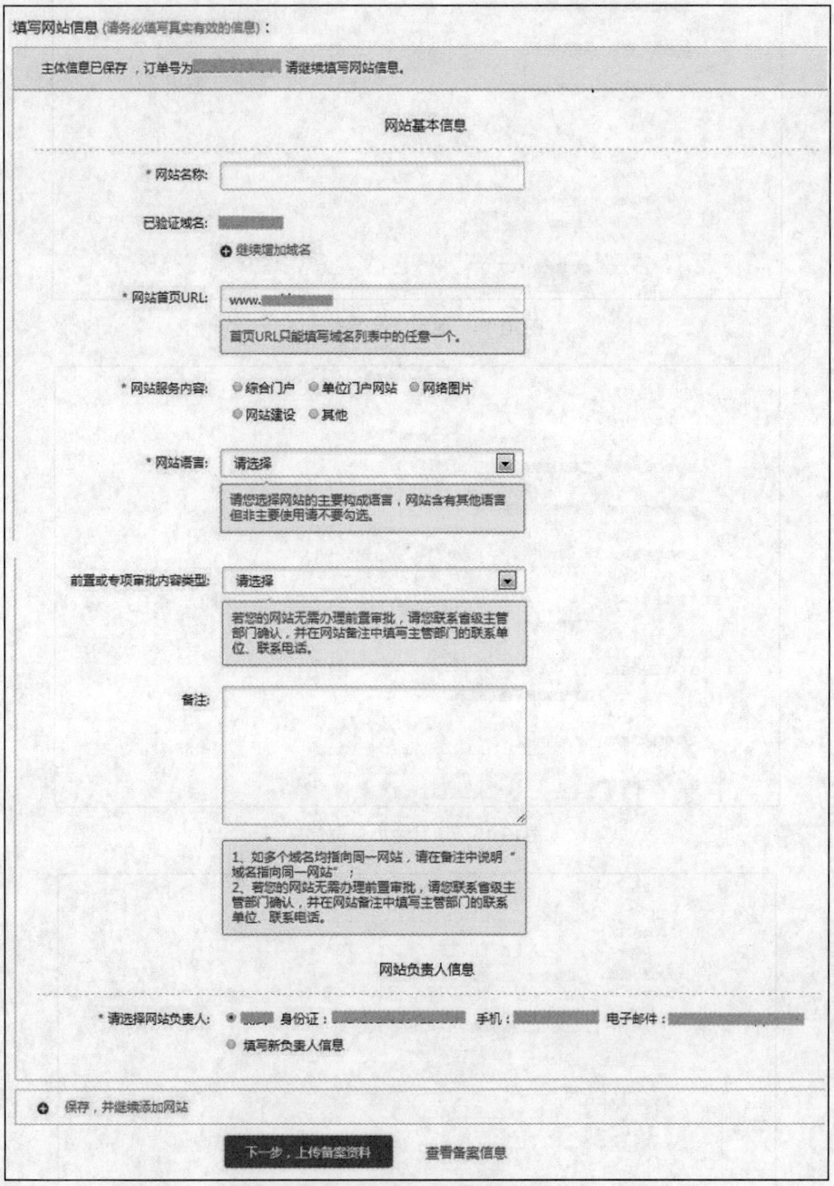

填写网站信息 (请务必填写真实有效的信息)：

主体信息已保存，订单号为[illegible] 请继续填写网站信息。

网站基本信息

* 网站名称:

已验证域名:

继续增加域名

* 网站首页URL: www.

首页URL只能填写域名列表中的任意一个。

* 网站服务内容: 综合门户 单位门户网站 网络图片 网站建设 其他

* 网站语言: 请选择

请您选择网站的主要构成语言，网站含有其他语言但非主要使用请不要勾选。

前置或专项审批内容类型: 请选择

若您的网站无需办理前置审批，请您联系省级主管部门确认，并在网站备注中填写主管部门的联系单位、联系电话。

备注:

1、如多个域名均指向同一网站，请在备注中说明“域名指向同一网站”；
2、若您的网站无需办理前置审批，请您联系省级主管部门确认，并在网站备注中填写主管部门的联系单位、联系电话。

网站负责人信息

* 请选择网站负责人: 身份证： 手机： 电子邮件：

填写新负责人信息

保存，并继续添加网站

下一步，上传备案资料　查看备案信息

图10.17　填写网站信息

（5）如无其他网站备案，直接上传备案资料，如图 10.18 所示。

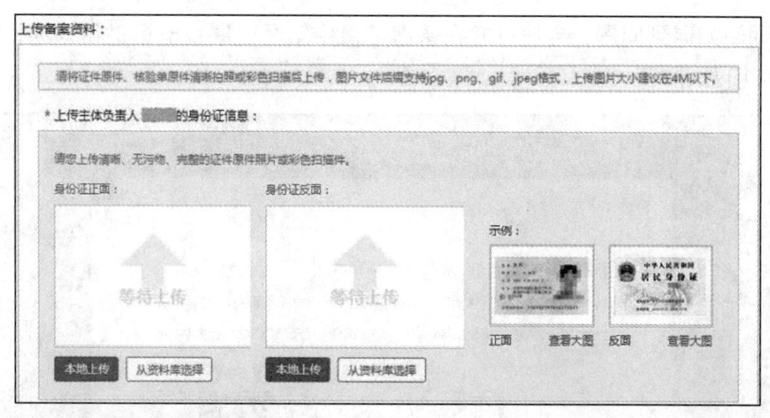

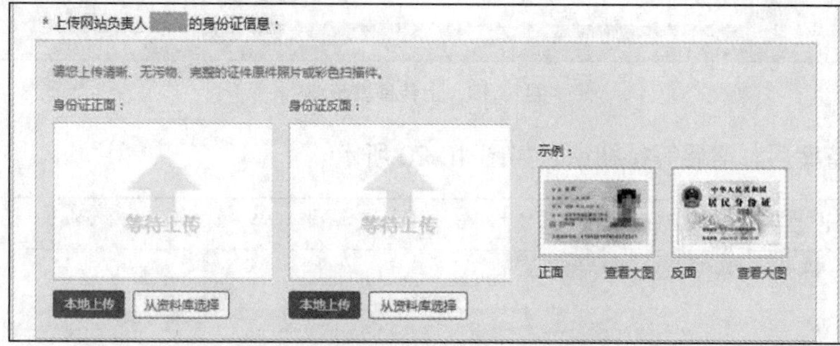

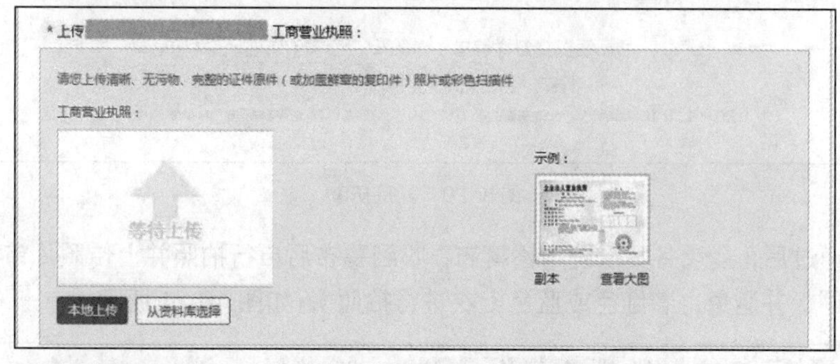

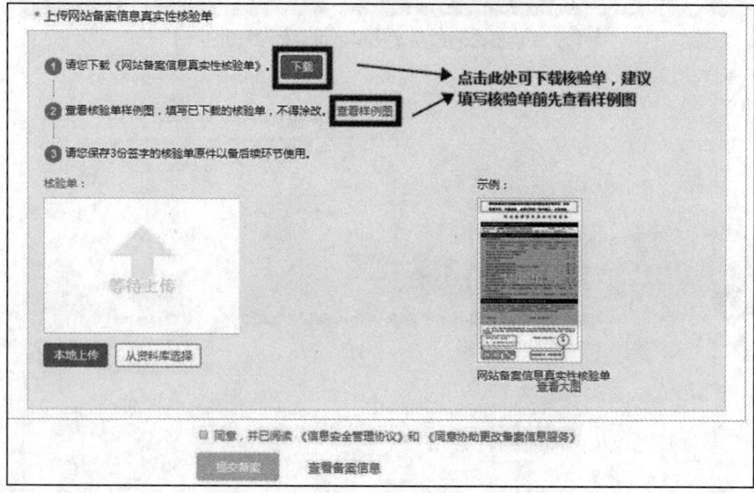

图10.18　上传备案资料

（6）审核期间如遇到问题，会拨打您在备案信息中填写的联系电话进行沟通，需要保持电话畅通，如图 10.19 所示。

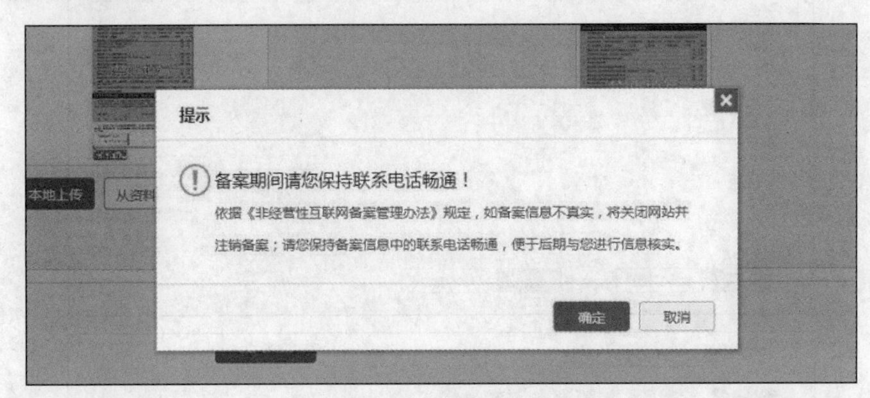

图10.19　上传备案资料

（7）提交备案后，需要等待初审，如图 10.20 所示。

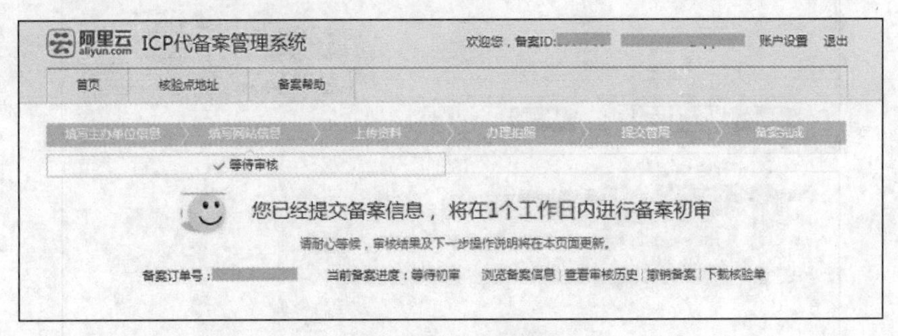

图10.20　等待初审

（8）初审通过后，登录备案系统申请幕布，收到幕布后自行拍照并上传照片审核（拍照前请先查看拍照说明，并避免身着红色或蓝色上衣进行拍照），如图 10.21 所示。

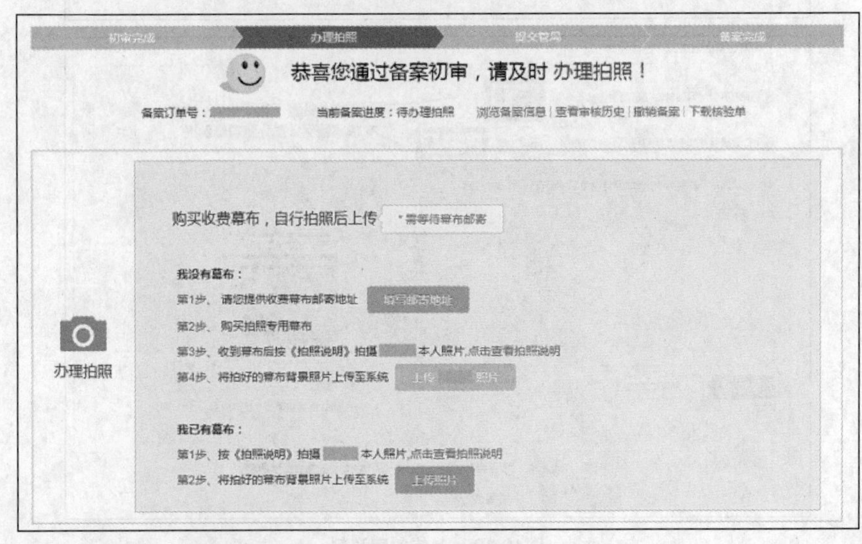

图10.21　办理拍照

（9）提交照片，完成审核，如图 10.22 所示。

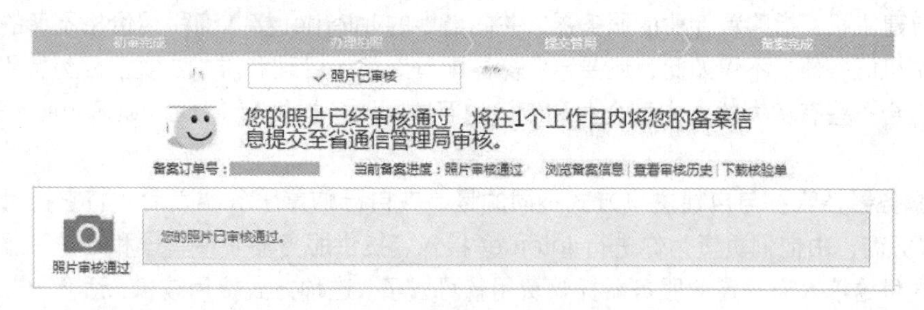

图10.22　提交照片并经审核

（10）等待管理局审核，如图 10.23 所示。

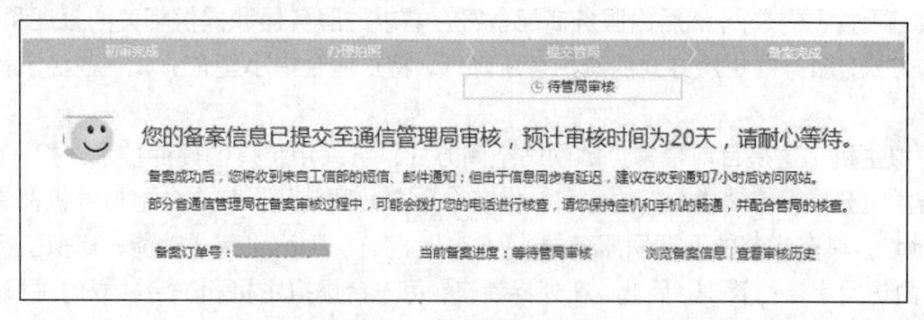

图10.23　提交管理局审核

（11）备案成功，审核结果将以短信及邮件形式通知，如图 10.24 所示。

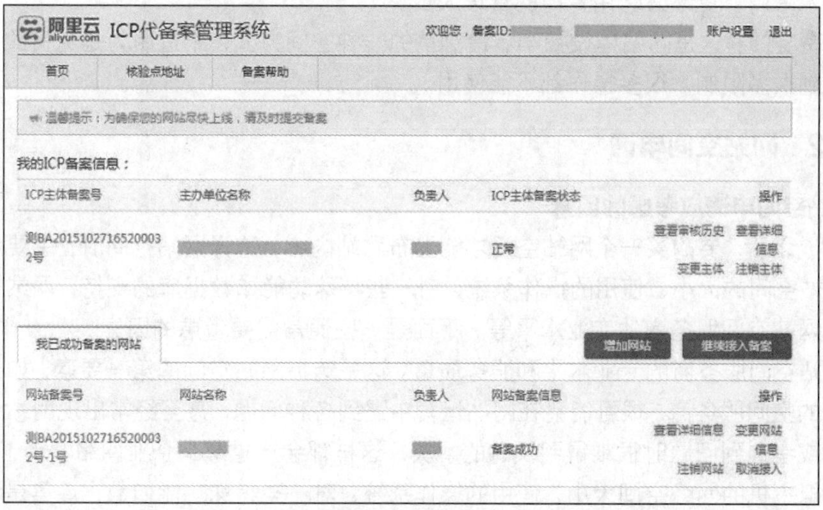

阿里云 aliyun.com ICP代备案管理系统　欢迎您，备案ID:　账户设置　退出

首页　核验点地址　备案帮助

温馨提示：为确保您的网站尽快上线，请及时提交备案

我的ICP备案信息：

ICP主体备案号	主办单位名称	负责人	ICP主体备案状态	操作
浙BA20151027165200032号			正常	查看审核历史 查看详细信息 变更主体 注销主体

我已成功备案的网站　增加网站　继续接入备案

网站备案号	网站名称	负责人	网站备案信息	操作
浙BA20151027165200032号-1号			备案成功	查看详细信息 变更网站信息 注销网站 取消接入

图10.24　备案成功

10.3 网站空间申请

10.3.1 网站空间概述

给网站申请完域名后，就需要为网站在网络上申请相应的空间，建立一个自己的网上站点。

目前有五种主流的网站空间选择形式。

（1）自建主机：指购置专业的服务器，并向当地的 Internet 接入商租用价格不菲的专线来建立独立的主机服务器。不仅如此，还要给服务器配备专门的管理和维护人员。因为费用昂贵，这种方式只适合一些有实力的大中型企业和专门的互联网服务提供商（Internet Service Provider，ISP）。

（2）服务器托管：与自建主机方式不同的是，在自己购置服务器之后，将它托付给专门的 Internet 服务商，由他们负责为你进行 Internet 接入、提供服务器硬件管理和维护等服务，你只需要按年支付给接入商一定的服务器托管费用就可以了。这种方式费用较贵，适合一些中小型企业和 ISP 使用。

（3）服务器租用：用户无须自己购置主机，可以按照自己的业务需要，向 Internet 服务商提出服务器软、硬件配置要求，然后由服务商配备符合需求的服务器和提供相关的管理和维护服务。相比前两种方式，服务器租用方式的费用有所降低，特别适合中小型企业和一些经济基础比较好的个人使用。

（4）虚拟主机：这是目前最常见的网站空间方式，它采用特殊的硬件技术，把一台 Internet 上的服务器主机分成多个“虚拟”的主机，供多个用户共同使用。每一台虚拟主机都具有独立的域名或 IP 地址，具有完整的互联网服务器（WWW、FTP、E-mail 等）功能；虚拟主机之间完全独立，并可由访问者自行管理。因此，在外界看来，每一台虚拟主机和一台独立的主机完全一样。由于多台虚拟主机共享一台真实主机的资源，每个用户承担的硬件费用、网络维护费用和通信线路费用均大幅降低。同时，网站使用和维护服务器的技术问题也由 ISP 服务商负责，企业就可以不用担心技术障碍，更不必聘用专门的管理人员。

（5）免费空间：这是网站建设初学者最钟情的一种空间方式，不过因为是免费的，在使用过程中就会受到很多限制，很多操作都不能使用。

10.3.2 网站空间申请

1. 网站空间申请应考虑的因素

网站建成之后，要购买一个网站空间才能发布网站内容。选择网站空间时，主要应考虑的因素包括：网站空间的大小、使用的操作系统、对一些特殊功能如数据库的支持，网站空间的稳定性和速度，网站空间服务商的专业水平等。下面是一些通常需要考虑的因素。

（1）网站空间服务商的专业水平和服务质量。这是选择网站空间的第一要素，如果选择了质量比较低下的空间服务商，很可能会在网站运营中遇到各种问题，甚至经常出现网站无法正常访问的情况，或者遇到问题时很难得到及时的解决，这样都会严重影响企业网络营销工作的开展。

（2）虚拟主机的网络空间大小、使用的操作系统、对一些特殊功能如数据库等是否支持。可根据网站程序所占用的空间，以及预计今后运营中所增加的空间来选择虚拟主机的空间大小，应该留有足够的余量，以免影响网站正常运行。一般来说虚拟主机空间越大价格也相应越高，因此需要在一定范围内权衡，也没有必要购买过大的空间。虚拟主机可能有多种不同的配置，如操作系统和数据库等，需要根据自己网站的功能来选择。如果可能，最好在网站开发之前先了解一下虚拟主机产品的情况，以免在网站开发之后找不到合适的虚拟主机提供商。

（3）网站空间的稳定性和速度等。这些因素都会影响网站的正常运行，需要有一定的了解。如果可能，在正式购买之前，先了解一下同一台服务器上其他网站的运行情况。

（4）网站空间的价格。现在提供网站空间服务的服务商很多，质量和服务也千差万别，价格同样有很大差异。一般来说，著名的大型服务商的虚拟主机产品价格要贵一些，而一些小型公司价格可能比较便宜，可根据网站的重要程度来决定选择何种层次的虚拟主机提供商。

（5）网站空间出现问题后主机托管服务商的响应速度和处理速度，如果这个网站空间提供商有全国的 400 免费电话，对其空间质量就能增加几分信任。

2. 网站空间申请流程

网站空间可以由同样的域名和主机服务商提供，当然也可以不同。同域名申请一样，也是通过几个步骤来进行：进入服务提供商的网站选择虚拟主机服务，根据需要选择申请空间大小以及填写申请信息，付费开通。下面以在代理商中国万网（https://wanwang.aliyun.com/）申请网站空间为例，介绍一下具体的步骤。

（1）进入万网，单击“主机服务”，如图 10.25 所示。

图10.25　单击“主机服务”

（2）选择一款满足需求的虚拟主机，主要关注网页空间、数据库、内存、流量、带宽等方面的数据，比如独享专业版，单击“立即购买”，如图 10.26 所示。

图10.26　单击“立即购买”

（3）进一步选择主机参数，比如机房、服务器操作系统、性能、购买年限等，再次单击“立即购买”按钮，如图 10.27 所示。

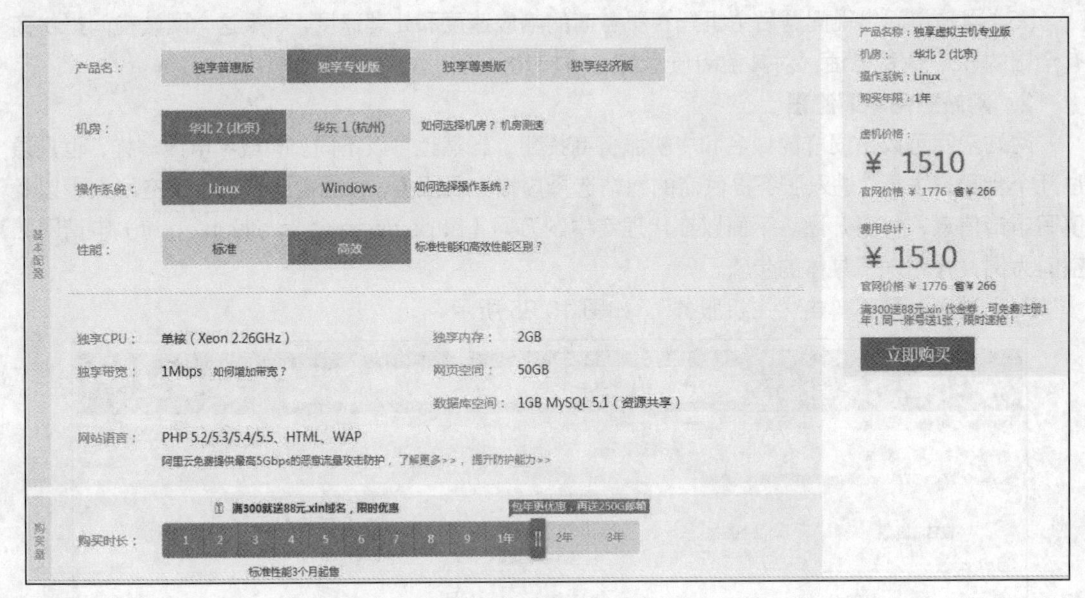

图10.27　选择主机参数

（4）登录阿里云，如图 10.28 所示。

图10.28　登录阿里云

（5）确认订单准确无误后，单击“去支付”按钮，如图 10.29 所示。

（6）选择合适的付款方式，单击“立即支付”，完成整个空间申请流程，如图 10.30 所示。

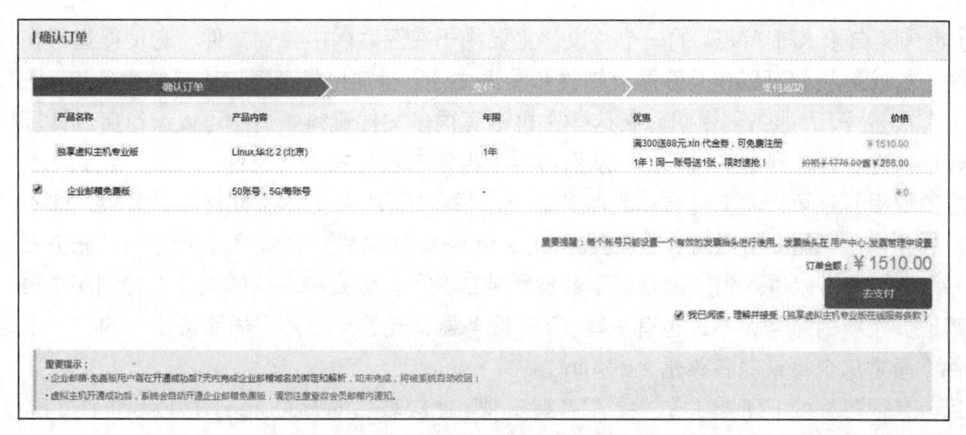

图10.29　确认订单

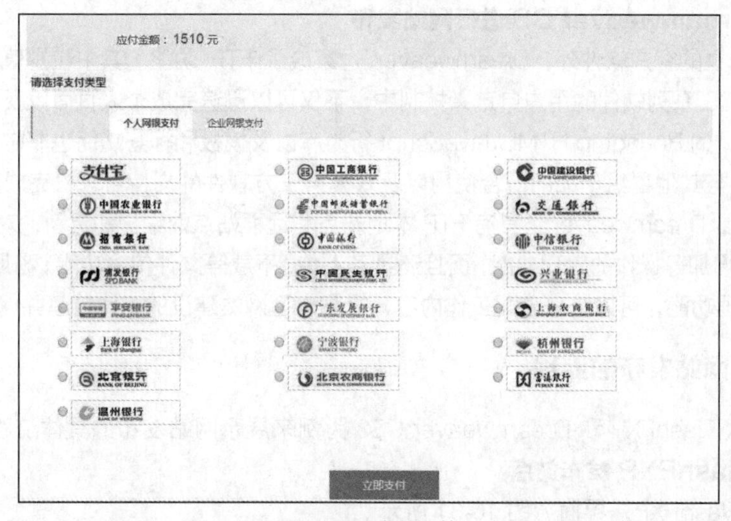

图10.30　支付订单

10.4 网站发布

10.4.1　网站发布的概念

申请好域名和网站空间，并对网页程序进行测试和调试后，就需要将站点中的所有文档上传到自己的网站空间内，让网友们浏览你的网页了，这个过程就是网站的发布，即把制作好的网站内容上传到服务器中，供人们通过互联网或者企业内部网访问。

10.4.2　网站发布的方法

发布站点时，可以使用 FTP 软件进行上传，如 LeapFTP、CuteFTP 以及 FlashFXP 等，也可以直接使用 Dreamweaver CS3 提供的上传/下载功能对网站进行发布。

1．利用 FTP 软件进行网站发布

将网站发送到 Web 服务器通常需要使用 FTP 软件。文件传输协议（File Transfer Protocol,

FTP）也是源自于ARPANET的一个协议，主要用于在互联网中传输文件，它使得运行在任何操作系统上的计算机都可以在互联网上接收和发送文件。通常也将遵循该协议的服务称为FTP。互联网上有很多FTP服务器主机，在这些主机中有很多文件资料。用户可以运行自己计算机上的FTP客户软件，登录到这些服务器，从服务器上搜索自己感兴趣的文件，然后下载到本机。如果有相应的权限，还可以将文件传输到服务器上。很多FTP服务器都允许匿名登录，即不必经过管理员的允许、不需要有账号，只需要用anonymous作为用户名就可登录到FTP服务器。登录服务器之后，就可以进入相应的目录下载你需要的文件。但要将本地的文件上传到服务器，往往需要管理员授权的账号，不过也有一些FTP服务器，允许用户匿名向服务器中的某一个目录上传文件（通常这个目录的名称是incoming）。

目前有很多好的FTP客户软件，都各有千秋。比较著名的有CuteFTP、LeapFTP、FlashFXP以及网络蚂蚁NetAnt等，在执行网站发布的时候可以任意选择一款。

2. 利用Dreamweaver CS进行网站发布

除了这些独立的客户软件外，Dreamweaver也集成了FTP功能。其中特别值得一提的是，在Dreamweaver CS系列软件的用户自定义控制中，不仅可以迅速完成个人页面以及站点的设计，而且Dreamweaver的Roundtrip HTML/JavaScript行为库以及模板和标签功能也非常适合大型网站的合作开发，通过与其他群组产品的配合使用以及众多第三方软件的支持可轻松完成动态电子商务网站的构建。同时，Dreamweaver还具有FTP本地站点和远程站点的维护和更新，对站点内的文件、链接完成删除、增加等操作的管理功能，而且还具备上传、下载等文件传输功能。利用Dreamweaver CS中的站点管理功能，可以统一分配工作内容，提高大型网站建设的工作效率并保护文件的安全。

10.4.3 网站发布的流程

下面分别以FlashFXP和Dreamweaver CS3为例来展示网站发布的具体流程。

1. 利用FlashFXP发布站点

（1）启动FlashFXP，界面如图10.31所示。

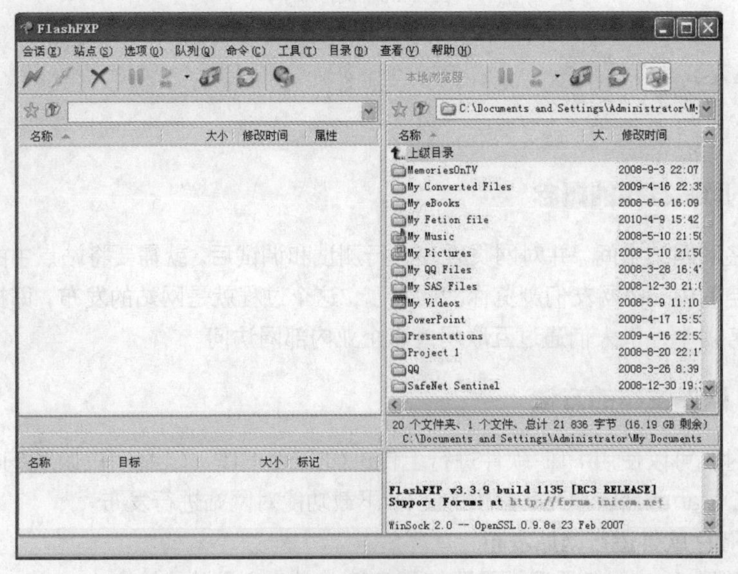

图10.31 FlashFXP界面

（2）单击“站点”→“站点管理器”，在“站点管理器”窗口中单击“新建站点”按钮，创建一个名为“阳春白雪”的站点，在“常规”选项卡配置好 IP 地址、用户名称和密码等参数，必要时还可以配置“选项”“传输”等其他选项卡中的参数，这些参数在申请空间时服务商会通过发送邮件等方式告诉空间申请者，如图 10.32 所示。

（3）站点创建完毕后直接单击图 10.32 中的“连接”按钮或者单击图 10.33 中的“连接”工具，选择“阳春白雪”站点进行连接。连接成功后如图 10.34 所示，默认状态下左侧为服务器端空间目录，右侧为本地硬盘目录，二者可以相互转换。

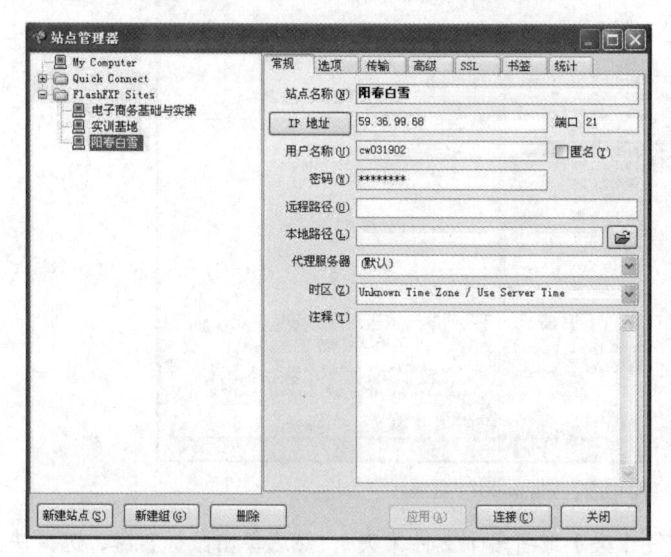

图10.32　FlashFXP中创建新的站点

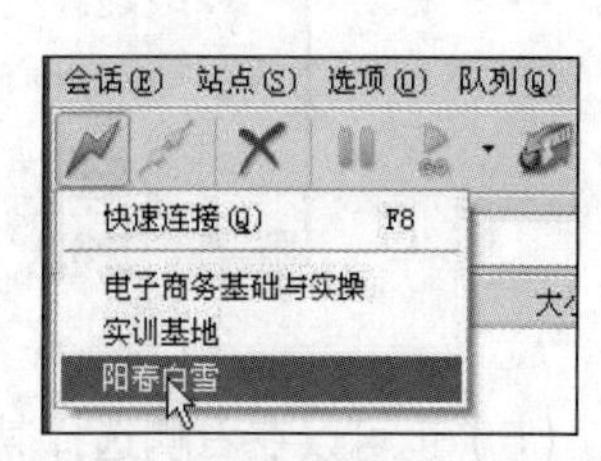

图10.33　FlashFXP连接快捷键

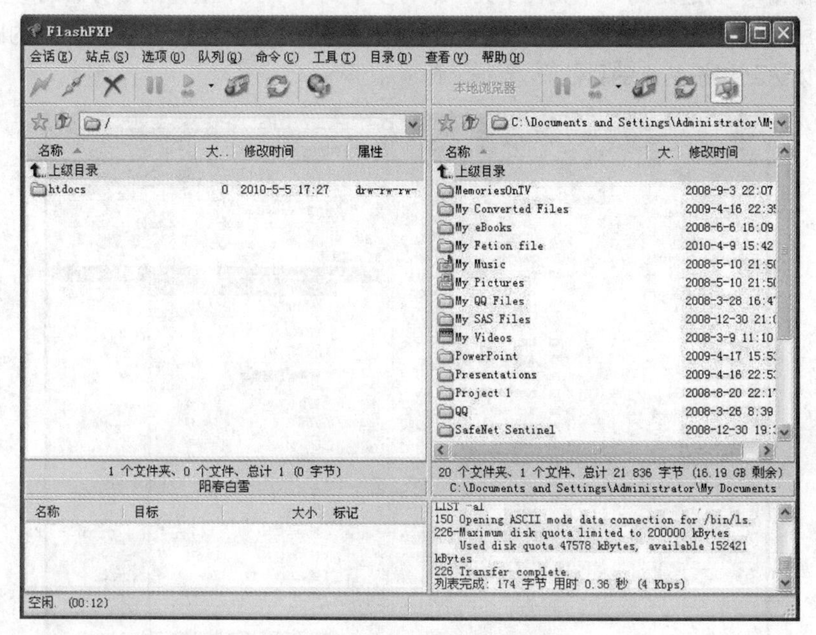

图10.34　FlashFXP连接成功画面

（4）单击左侧的服务器端目录“htdocs”将其展开，可以看到该目录下所有的文件和文件夹，同时在本地 D 盘建立名为“sunnysnow”的文件夹，用于和服务器端交互。在 FlashFXP 界面的右侧指向“D:\sunnysnow”，在左侧选择某个文件（夹）或者多个文件（夹），然后单击鼠标右键，选择快捷菜单中的“传输”，就可以将选定的一个文件（夹）或者多个文件（夹）下载到本地，如图 10.35 所示。

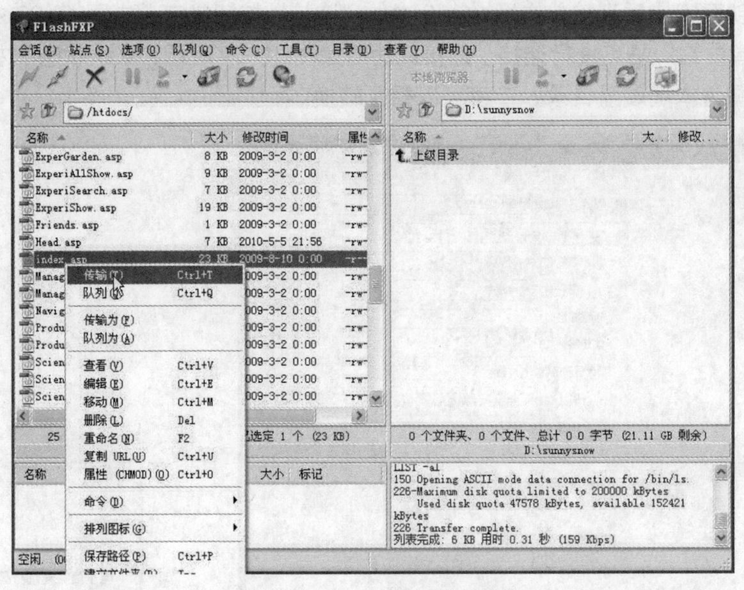

图10.35　FlashFXP下载操作

（5）也可以在右侧选择某个文件（夹）或者多个文件（夹），然后单击鼠标右键，选择快捷菜单中的“传输”，将选定的一个文件（夹）或者多个文件（夹）上传到服务器端对应的目录中，如图 10.36 所示。更新服务器端文件（夹）时经常采用这一上传方式，对服务器端的旧文件（夹）进行替换，以达到维护站点的目的。

图10.36　FlashFXP上传操作

2. 利用 Dreamweaver 发布站点

（1）启动 Dreamweaver CS3，单击“站点”→“管理站点”，打开如图 10.37 所示的“管理站点”对话框，然后单击“新建”→“FTP 与 RDS 服务器”，新建 FTP 站点，输入相关参数，如图 10.38 所示。

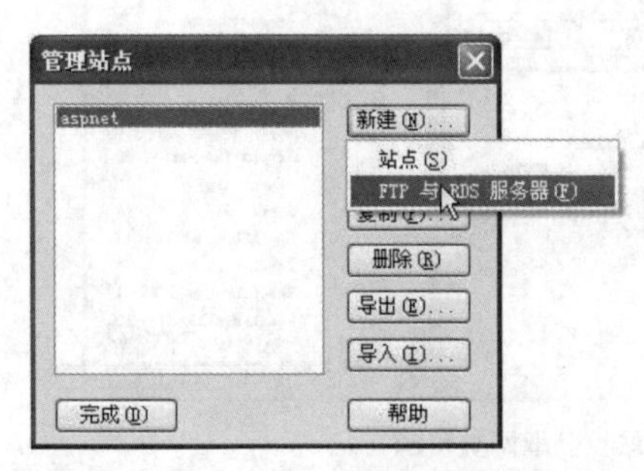

图10.37 Dreamweaver CS3管理站点界面

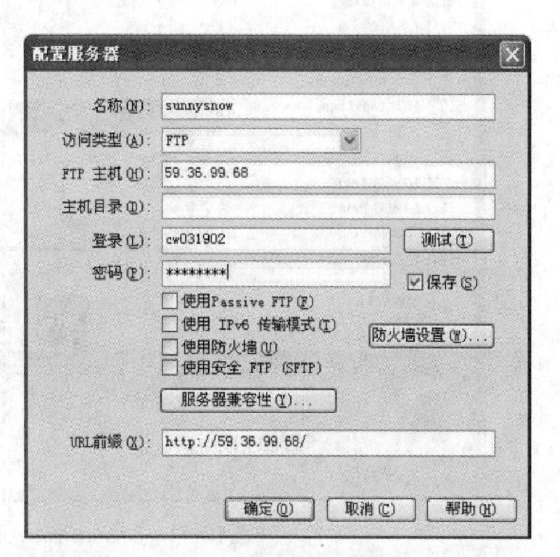

图10.38 Dreamweaver CS3配置FTP服务器

（2）新建 FTP 站点完成后如图 10.39 所示，如果还需要对站点参数进行修改，可以单击“编辑”按钮，修改好之后单击“完成”按钮。

（3）FTP 站点配置完成后 Dreamweaver CS3 会从服务器中获得网页文件（夹），并在面板组的文件面板中的“文件”选项卡下对 FTP 站点的文件（夹）进行显示，如图 10.40 所示。

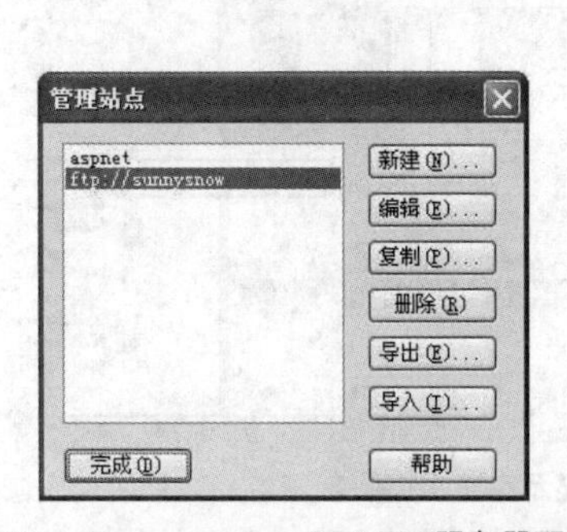

图10.39 Dreamweaver CS3 FTP服务器配置完成

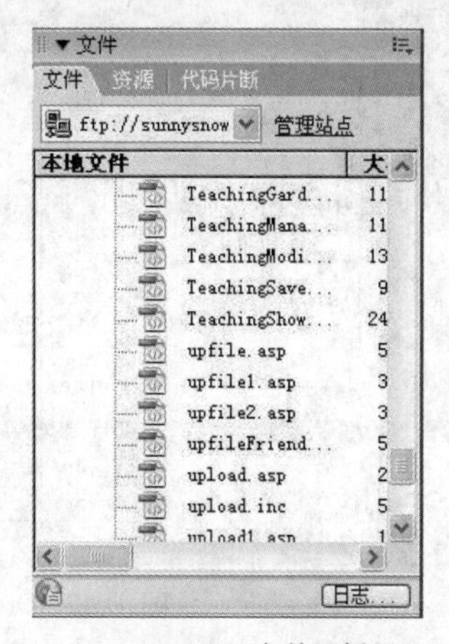

图10.40 Dreamweaver CS3文件面板显示FTP站点

（4）如果需要对 FTP 站点中的文件进行修改，可以双击右侧文件面板中的具体文件，如 index.asp，Dreamweaver CS3 会从服务器端自动下载与该网页相关的资源，如图 10.41 所示。最终在 Dreamweaver CS3 中完整显示该网页，如图 10.42 所示。如果需要对网页进行修改，可以使用 Dreamweaver CS3 直接进行编辑，完成后只需单击“文件”→“保存”即可，由 Dreamweaver CS3 通过 FTP 站点对服务器端文件进行更新。

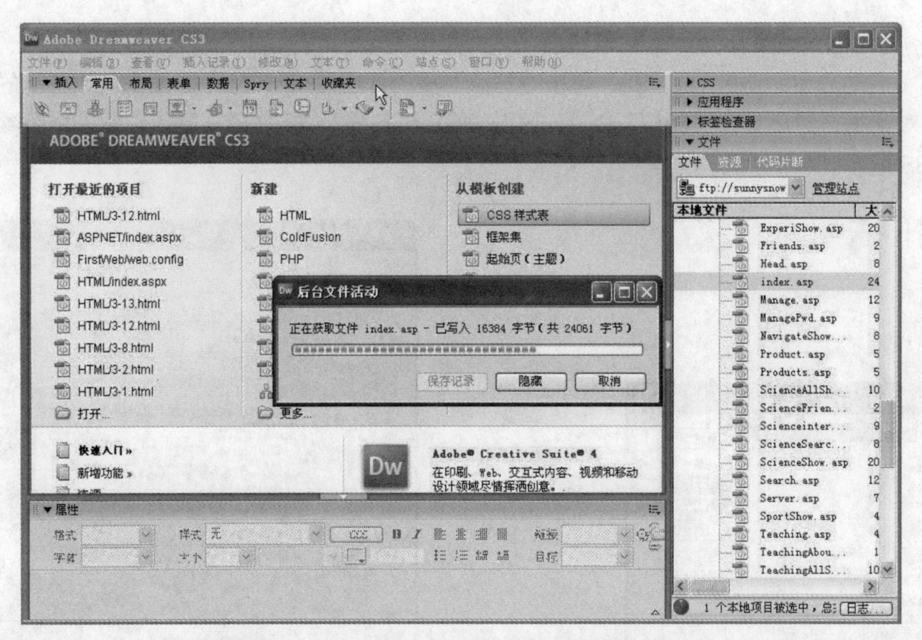

图10.41　Dreamweaver CS3 FTP站点获取网页资源

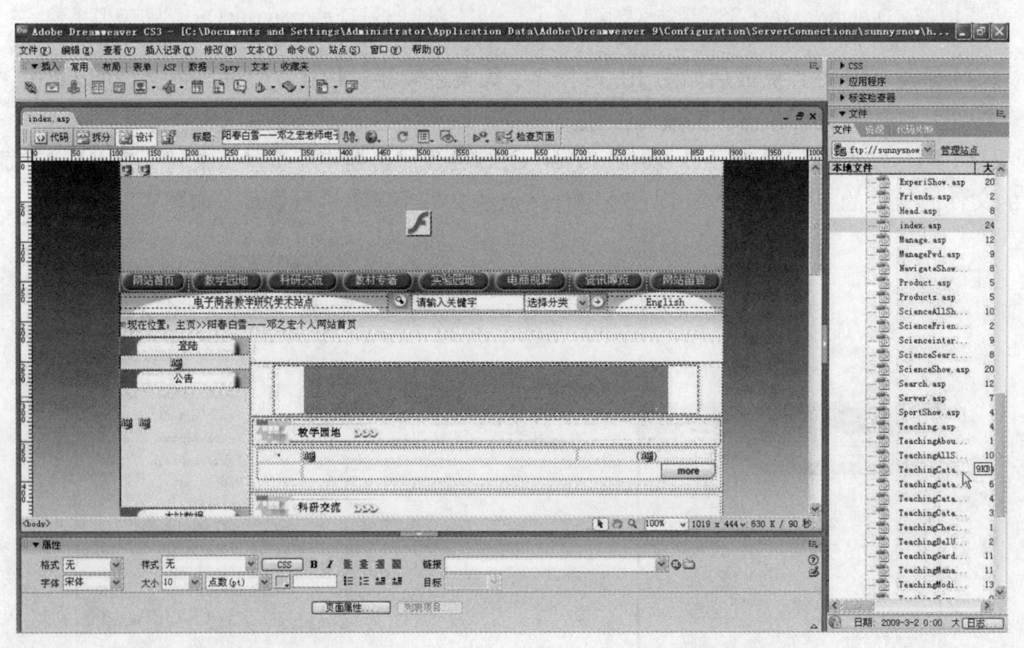

图10.42　Dreamweaver CS3 FTP站点显示完整网页信息

10.5　任务实现：申请和使用免费空间

三维主机免费空间（http://free.3v.do/，首页如图 10.43 所示）是国内一家免费空间提供商，提供 100MB 永久免费空间申请，支持 HTML、ASP、FTP 上传，高速稳定，实时注册、实时开通、永久有效。下面以在三维主机免费空间申请和使用免费空间为例来介绍具体流程。

图10.43 free.3v.do免费空间首页

（1）在图 10.43 中单击上方 Banner 中的“免费注册”，启动用户注册界面，如图 10.44 所示，填写相关注册信息。

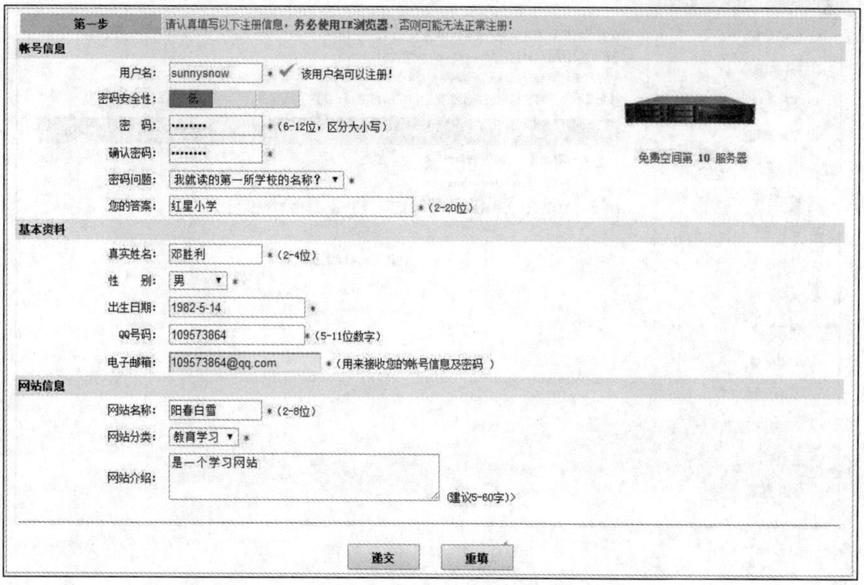

第一步 请认真填写以下注册信息，务必使用IE浏览器，否则可能无法正常注册！

帐号信息

用户名: sunnysnow * 该用户名可以注册！

密码安全性: 低

密 码: •••••••• *（6-12位，区分大小写）

确认密码: •••••••• *

密码问题: 我就读的第一所学校的名称？ *

您的答案: 红星小学 *（2-20位）

免费空间第 10 服务器

基本资料

真实姓名: 邓胜利 *（2-4位）

性 别: 男 *

出生日期: 1982-5-14 *

QQ号码: 109573864 *（5-11位数字）

电子邮箱: 109573864@qq.com *（用来接收您的帐号信息及密码）

网站信息

网站名称: 阳春白雪 *（2-8位）

网站分类: 教育学习 *

网站介绍: 是一个学习网站 (建议5-60字)

递交 重填

图10.44 填写注册信息

（2）注册完成后进入空间管理首页，如图 10.45 所示，可以看到空间的基本信息，如空间资源使用情况、有效期、系统自动分配的域名、FTP 账号信息等。

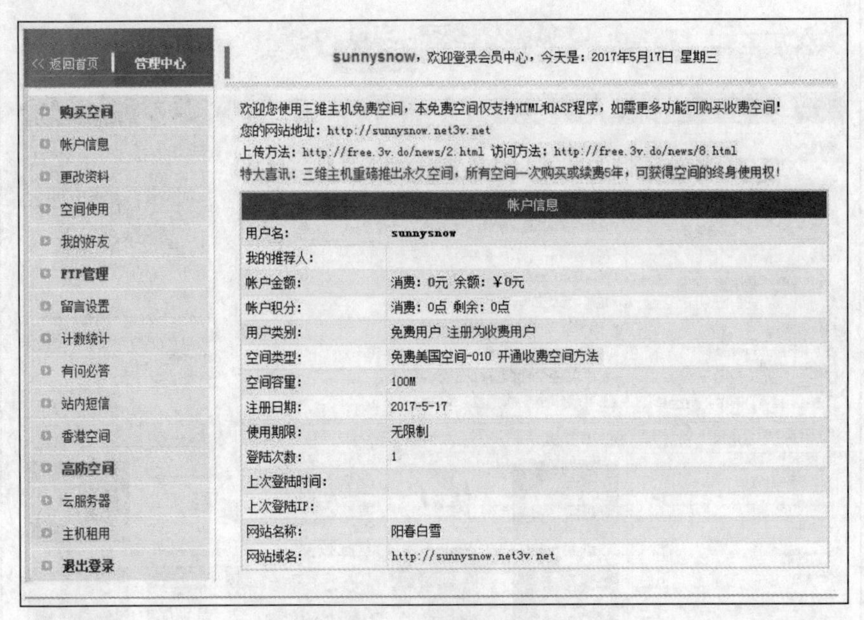

图10.45 管理首页

（3）单击左侧的“FTP 管理”，可以查看 FTP 的配置信息，比如 FTP 地址、FTP 账号等，如图 10.46 所示。

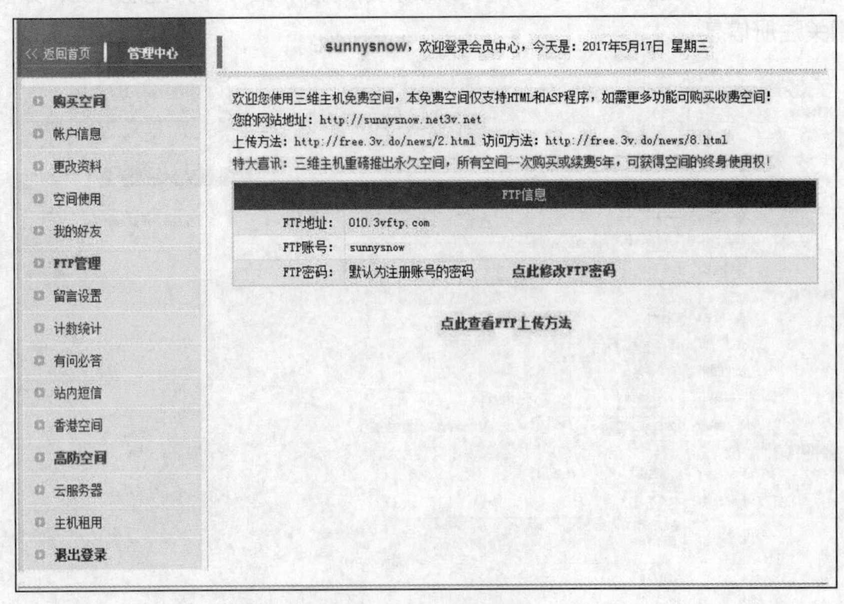

图10.46 FTP信息管理

（4）按照图 10.46 中的 FTP 配置信息在 FlashFXP 中单击“站点”菜单中的“站点管理器”，然后新建名为“free.3v.do”的站点，如图 10.47 所示，单击“应用”按钮完成配置，然后单击“连接”按钮登录免费空间，如图 10.48 所示。

图10.47　新建FTP站点

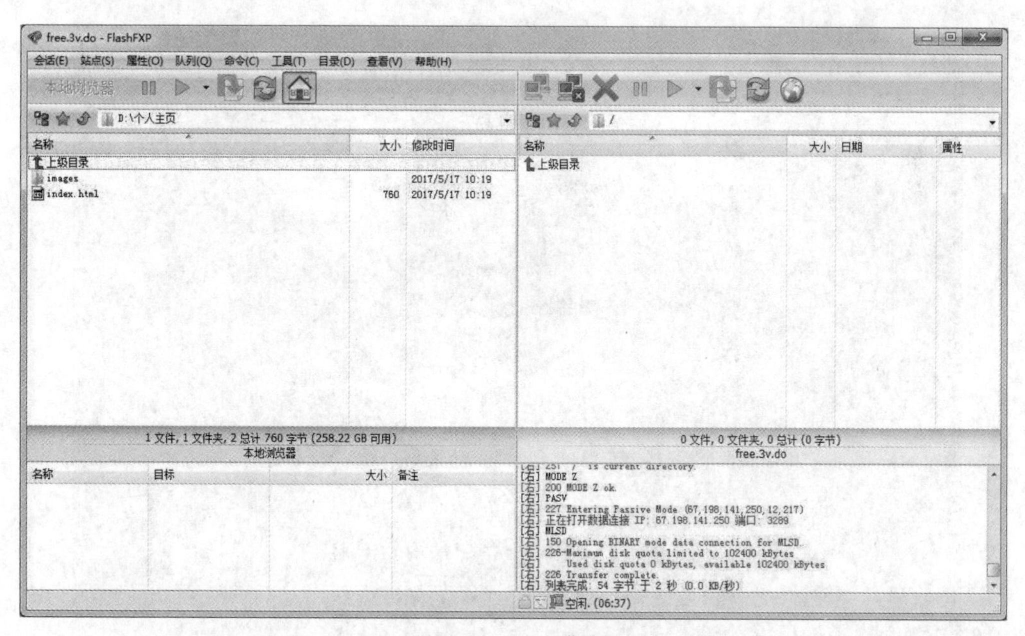

图10.48　登录免费空间

（5）下面演示站点上传的操作。在 FlashFXP 左侧指向 D:/个人主页文件夹，该文件夹中存放着个人静态网站程序，全选这一目录下的所有文件（夹），单击鼠标右键，选择快捷菜单中的“传输”，即可进行站点上传操作，如图 10.49 所示。

（6）站点上传完毕后，在图 10.45 所示的管理首页中单击系统分配的域名：http://sunnysnow.net3v.net，就可以在浏览器中查看到站点的首页，如图 10.50 所示。

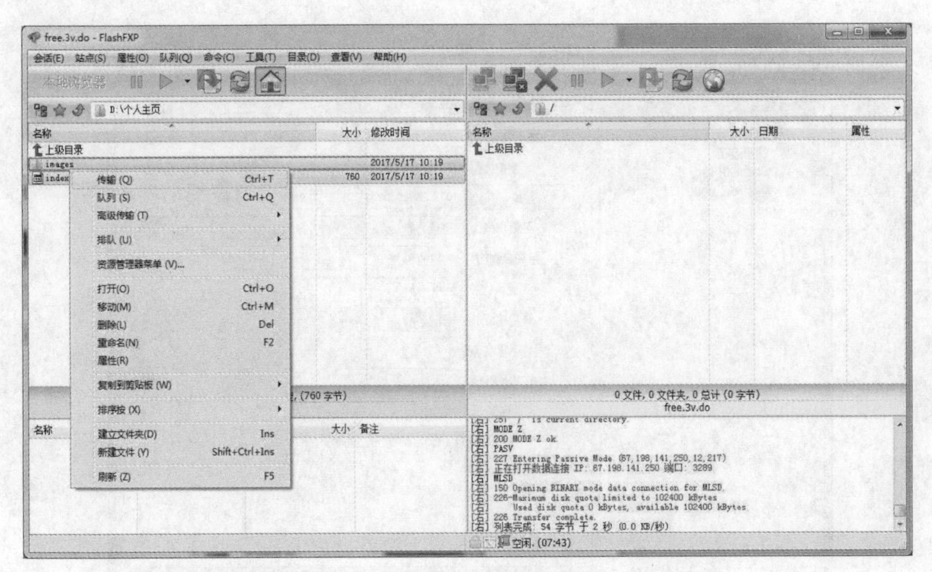

图10.49　上传站点

图10.50　浏览个人网站首页

实训

1. 浏览中国互联网络信息中心网站并阅读网站中关于域名管理的内容。

2. 上网申请免费域名。

3. 上网申请免费空间，制作个人主页并上传到该空间中，将该空间绑定到免费域名，输入免费域名，看看能否正常访问。

习题

1. 什么是域名?
2. 简述域名和 IP 地址的区别。
3. 简述域名的结构。
4. 简述域名的常见类型。
5. 简述国内域名和国际域名注册流程有何不同。
6. 简述网站空间的概念。
7. 简述网站空间的常见形式。
8. 什么是虚拟主机?
9. 什么是服务器托管? 它适合什么样的情况?
10. 网站发布的常用工具有哪些?
11. FlashFXP 作为网站发布工具软件有什么特点?
12. 通过网络了解断点续传的含义。

Chapter 11

第 11 章 网站优化与推广

本章导读：

截至 2016 年 12 月底，中国的域名注册总量为 4228 万个，网站数量已达 482 万个。在如此众多的网站中，除了门户网站及知名企业等大型网站之外，普通中小企业的网站要在用户搜索中脱颖而出是非常困难的，网站的优化和推广是一直困扰企业的问题。每个网站的设计者都很关心自己的网站在搜索引擎上的排名，其实原因很简单，大家都希望在用户通过搜索引擎查找与某一内容相关的站点时，自己的站点能名列其中，而且最好能优先出现、排名靠前，这样才能带来访问量，进而吸引用户购物。搜索引擎优化技术可以提升网站在搜索引擎的自然排名，对企业网站的推广有巨大价值。同时，网站发布后还需要进行网站推广，吸引客户浏览访问，最终实现企业网络营销的目标。

本章要点：

- 搜索引擎优化的概念
- 搜索引擎工作原理
- 网站结构优化
- 网站页面优化
- 网站外部链接优化
- SEO 的基本工具
- 网站推广策略

11.1 任务概述：将网站提交给百度等搜索引擎免费登录

大部分的搜索引擎都提供了免费的登入方式，如百度、Google 以及搜狐等。只要我们找到免费的登录入口，并对网站信息进行登录就能使其免费收录该网站。本章的任务是将建好的网站提交给百度免费登录，让百度收录你的网站。

11.2 搜索引擎优化

11.2.1 搜索引擎优化概述

1. 搜索引擎优化的概念

搜索引擎是人们获取网络资源的主要工具，随着 Baidu、Google 等著名搜索引擎的出现，搜索引擎优化技术（Search Engine Optimization，SEO）也逐渐发展起来。从最初意识到网站首字母靠前的网站在搜索引擎中的排名也相对靠前，到 Google 提出 PageRank 排序算法，人们开始系统研究 SEO 技术。研究发现，搜索引擎的用户往往只会留意搜索结果最前面的几个条目，所以不少网站都希望通过各种形式来影响搜索引擎的排序。简单地说，SEO 是指从自然搜索结果中获得网站流量的技术和过程，利用搜索引擎的搜索规则来提高网站在有关搜索引擎内的排名。更严谨的定义为，SEO 是指在了解搜索引擎自然排名机制的基础上，对网站进行内部及外部的调整优化，改进网站在搜索引擎中的关键词自然排名，获得更多的流量，从而达成网站销售及品牌建设的目标。

从某种意义上来说，SEO 是和搜索引擎博弈的过程，必须深入了解搜索引擎的基本工作原理。网站的优化包括站内和站外两部分。站内优化是指针对网站本身的调整，如网站结构、HTML 代码。站外优化是指外部链接建设及行业社群的参与互动，这些活动不是在网站本身进行的。获得和提高关键词的自然排名是 SEO 效果的表现之一，但终极目标是获得搜索流量，完成转化，达到直接销售或品牌建设的目的。

搜索引擎营销专家冯英健博士认为，搜索引擎优化主要是指针对各种搜索引擎的检索特点，让网站建设和网页设计的基本要素适合搜索引擎的检索原则，以被搜索引擎收录并在检索结果中排名靠前。搜索引擎优化是搜索引擎营销（Search Engine Marketing，SEM）的常见形式之一。通过 SEO 这样一套基于搜索引擎的营销思路，能为网站提供生态式的自我营销解决方案，让网站在行业内占据领先地位，从而获得品牌收益。

2. 搜索引擎优化的目的

（1）提高网站在搜索引擎上的曝光率。SEO 就是为了让网站在搜索引擎上的曝光率达到最高，在亿万的搜索结果中能第一个看到自己的网站，那么就有可能产生订单或者单击广告，从而产生盈利。

（2）从搜索引擎获得的流量质量高。从搜索引擎过来的用户都是主动找寻的，目标非常精准，转化率高。如果你的网站在用户需要的时候刚好出现，那么用户访问的概率以及转化率都将大大增高。

（3）性价比高，可扩展性好。SEO 绝不是免费的，但成本确实相对较低。只要掌握了关键词研究和内容扩展方法，网站就可以不停地增加目标关键词及流量。

（4）长期有效的推广手段。竞价排名、网络广告、PPC 等一旦停止投放，从这些渠道获取的流量也将停止。而网站 SEO 优化只要通过非作弊的手段把排名拉上去了，就能维持相当长一段时间。

（5）提高网站易用性，改善用户体验。SEO 是很少的必须通过修改网站才能实现的推广方法之一，而 SEO 对页面的很多要求是与易用性相通的。

3. 搜索引擎优化的类别

（1）白帽 SEO

白帽 SEO 是一种公正的手法，是使用符合主流搜索引擎发行方规定的 SEO 优化方法。白帽 SEO 一直被业内认为是最佳的 SEO 手法，它是在避免一切风险的情况下操作的，同时也避免了与搜索引擎发行方发生任何的冲突，它也是 SEO 从业者的最高职业道德标准。白帽 SEO 关注的是长远利益。如果坚持不使用作弊手段并坚持几年，不出意外的话，白帽 SEO 运营的网站应该可以得到好的流量和排名，也就有了赢利点。而且无需担心被搜索引擎惩罚，排名持久甚至永远有效，后续对搜索引擎的依赖度也更小。从长远的利益来看，建议进行网站优化还是通过白帽手法。

（2）黑帽 SEO

所有使用作弊手段或可疑手段进行搜索引擎优化的，都可以称为黑帽 SEO。比如说垃圾链接、隐藏网页、刷 IP 流量、桥页、关键词堆砌等。黑帽 SEO 不同于白帽 SEO 那种放长线钓大鱼的策略，更注重的是短期内的利益，在利益的驱使下不惜通过作弊手法获得很大的利益。黑帽 SEO 采用搜索引擎禁止的方式优化网站，影响搜索引擎对网站排名的合理性和公正性，但随时会因为搜索引擎算法的改变而面临惩罚。黑帽 SEO 是一种不被搜索引擎所支持的违规行为，因为黑帽 SEO 挑战了行业的道德底线，因此被广大白帽 SEO 所不齿。

（3）灰帽 SEO

灰帽 SEO 是指介于白帽与黑帽之间的中间地带。对于白帽而言，会采取一些取巧的手法，这些手法因为不算违规，但同样也未遵守规则，是为灰色地带，但它注重了优化的整体与局部的方方面面。灰帽 SEO 追求的是某种程度上的中庸之策。灰帽 SEO 是白帽和黑帽手法的结合体，既考虑长期利益，又考虑短期收益。但灰帽 SEO 是把双刃剑，处理得好，为整个网站带来的不仅仅有短线的效益还有利益的持续性，反之亦然。灰帽 SEO 只可作为前期的一个过渡阶段，后期依然要坚持白帽 SEO 的技术才是正道。

11.2.2 搜索引擎工作原理

搜索引擎的工作过程非常复杂，接下来我们简单介绍搜索引擎是怎样实现网页排名的。搜索引擎的工作过程大体上可以分成四个阶段，如图 11-1 所示。

（1）页面抓取（信息收集）：搜索引擎蜘蛛通过跟踪链接访问网页，获得页面 HTML 代码存入数据库。

（2）页面分析（预处理）：索引程序对抓取来的页面数据进行文字提取、分词等预处理。

（3）建立索引（预处理）：在分词处理后，形成了关键词列表。根据一定的相关度算法，建立网页索引数据库，对抓取回来的网页建立索引。

（4）页面排序（排名）：用户输入关键词后，排名程序调用索引数据库，计算相关性，然后按照一定格式生成搜索结果页面。

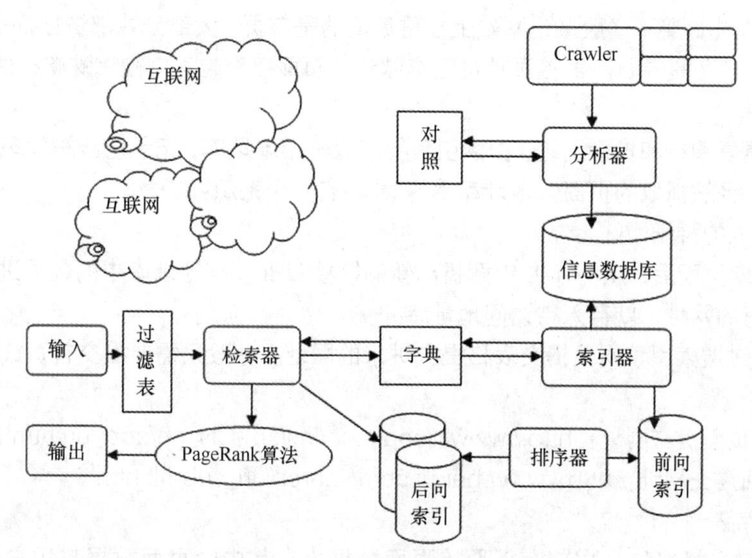

图11.1　搜索引擎工作原理示意图

1. 页面抓取（信息收集）

页面抓取是搜索引擎工作的第一步，主要完成数据收集的任务。

（1）蜘蛛

搜索引擎用来爬行和访问页面的程序被称为“机器人（robot）”“爬虫（crawler）”或者“蜘蛛（spider）”。搜索引擎蜘蛛访问网站页面时类似于普通用户使用的浏览器。蜘蛛程序发出页面访问请求后，服务器返回 HTML 代码，蜘蛛程序把收到的代码存入原始页面数据库。

（2）跟踪链接

为了抓取网络上尽量多的页面，搜索引擎蜘蛛会跟踪页面上的链接，从一个页面爬到下一个页面，就好像蜘蛛在蜘蛛网上爬行一样，这也是搜索引擎蜘蛛这个名称的由来。

互联网是由相互链接的网站及页面组成的。从理论上说，蜘蛛从任何一个页面出发，顺着链接都可以爬行到网络上的所有页面。当然，由于网站及页面链接结构异常复杂，蜘蛛需要采取一定的爬行策略才能遍历网上所有页面。为了保证采集的资料最新，蜘蛛还会回访已抓取过的网页。

（3）吸引蜘蛛

由此可见，虽然理论上蜘蛛能爬行和抓取所有页面，但实际上并不能也不会这么做。SEO 专员要想让自己的更多页面被收录，就要想方设法吸引蜘蛛来抓取。既然不能抓取所有页面，蜘蛛所要做的就是尽量抓取重要页面。那么哪些页面会被认为比较重要呢？有以下几方面的影响因素。

1）网站和页面权重。质量高、资格老的网站被认为权重比较高，这种网站上的页面被爬行的深度也会比较高，所以会有更多内页被收录。

2）页面更新度。蜘蛛每次爬行都会把页面数据存储起来。如果页面内容经常更新，蜘蛛就会更加频繁地访问这些页面，页面上出现的新链接，也自然会被蜘蛛更快地跟踪，以抓取新页面。

3）导入链接。无论是外部链接还是同一个网站的内部链接，要被蜘蛛抓取，就必须有导入链接进入页面，否则蜘蛛根本没有机会知道页面的存在。高质量的导入链接也经常使页面上的导出链接被爬行的深度增加。

4）与首页单击距离。一般来说网站上权重最高的是首页，大部分外部链接都是指向首页的，蜘蛛访问最频繁的也是首页。离首页单击距离越近，页面权重越高，被蜘蛛爬行的机会也越大。

（4）地址库

为了避免重复爬行和抓取网址，搜索引擎会建立一个地址库，记录已经被发现但还没有抓取的页面，以及已经被抓取的页面。地址库中的 URL 有几个来源：

1）人工录入的种子网站。

2）蜘蛛抓取页面后，从 HTML 中解析出新的链接 URL，与地址库中的数据进行对比，如果是地址库中没有的网址，就存入待访问地址库。

3）站长通过搜索引擎网页提交表格提交进来的网址。一般只需要提交首页或者网站域名即可，比如：

Google 的页面提交网址：http://www.google.cn/intl/zh-CN_cn/add_url.html

百度的页面提交网址：http://www.baidu.com/search/url_submit.html

（5）文件存储

搜索引擎蜘蛛抓取的数据将存入原始页面数据库，其中的页面数据与用户浏览器得到的 HTML 是完全一样的。每个 URL 都有一个独特的文件编号。

（6）爬行时的复制内容检测

检测并删除复制内容通常是在下面介绍的预处理过程中进行的，但现在的蜘蛛在爬行和抓取文件时也会进行一定程度的复制内容检测。遇到权重很低的网站上有大量转载或抄袭内容时，很可能不再继续爬行。这也就是有的站长在日志文件中发现了蜘蛛，但页面从来没有被真正收录过的原因。

2. 页面分析（预处理）

搜索引擎蜘蛛抓取的原始页面并不能直接用于查询排名处理。搜索引擎数据库中的页面数都在数万亿级别以上，在用户输入搜索词后，仅靠排名程序实时对页面分析相关性，计算量太大，不可能在一两秒内返回排名结果。因此抓取来的页面必须经过预处理，为最后的查询排名做准备。

（1）提取文字

现在的搜索引擎还是以文字内容为基础。蜘蛛抓取到的页面中的 HTML 代码，除了用户在浏览器上可以看到的可见文字外，还包含了大量的 HTML 格式标签、JavaScript 程序等无法用于排名的内容。搜索引擎预处理首先要做的就是从 HTML 文件中去除标签和程序，提取出可以用于排名处理的网页文字内容。除了可见文字，搜索引擎也会提取出一些特殊的包含文字信息的代码，如 Meta 标签中的文字、图片替代文字、Flash 文件的替代文字、链接锚文字等。

（2）中文分词

分词是中文搜索引擎特有的步骤。搜索引擎存储和处理页面以及用户搜索都是以词为基础的。英语等语言的单词与单词之间有空格分隔，搜索引擎索引程序可以直接把句子划分为单词的集合。而中文的词与词之间没有任何分隔符，一个句子中的所有字和词都是连在一起的。搜索引擎必须首先分辨出哪几个字组成一个词，哪些字本身就是一个词。比如“生活水平”将被分词为“生活”和“水平”两个词。

（3）去停止词

无论是英文还是中文页面，内容中都会有一些出现频率很高，却对内容没有任何影响的词，如“的”“地”“得”之类的助词，“啊”“哈”“呀”之类的感叹词，“从而”“以”“却”

之类的副词或介词。这些词被称为停止词，因为它们对页面的主要意思没什么影响。英文中的常见停止词有 the，a，an，to，of 等。搜索引擎在索引页面之前会先去掉这些停止词，使索引数据主题更为突出，减少无谓的计算量。

（4）消除噪声

绝大部分页面上还有一部分内容对页面主题也没有什么贡献，比如版权声明文字、导航条、广告等。以常见的博客导航为例，几乎每个博客页面上都会出现文章分类、历史存档等导航内容，但是这些页面本身与“分类”“历史”这些词没有任何关系。所以这些区块都属于噪声，对页面主题只会起到分散作用。

搜索引擎需要识别并消除这些噪声，保证排名时不使用噪声内容。消噪的基本方法是根据 HTML 标签对页面分块，区分出页头、导航、正文、页脚、广告等区域，在网站上大量重复出现的区块往往属于噪声。对页面进行消噪后，剩下的才是页面主体内容。

（5）去重

搜索引擎还需要对页面进行去重处理。同一篇文章经常会重复出现在不同网站及同一个网站的不同网址上，搜索引擎并不喜欢这种重复性的内容。搜索引擎只希望返回相同文章中的一篇，所以在索引前还需要识别和删除重复内容，这个过程就称为“去重”。

去重的基本方法是对页面特征关键词计算指纹，也就是从页面主体内容中选取最有代表性的一部分关键词（经常是出现频率最高的关键词），然后计算这些关键词的数字指纹。这里的关键词选取是在分词、去停止词、消噪之后进行的。经验表明，通常选取 10 个特征关键词就可以达到比较高的计算准确性，再选取更多词对去重准确性提高的贡献并不大。

3. 建立索引（预处理）

对抓取回来的网页建立索引，以实现对页面的快速定位。

（1）前向索引

前（正）向索引也简称为索引。经过文字提取、分词、消噪、去重后，搜索引擎得到的就是独特的、能反映页面主体内容的、以词为单位的内容。接下来搜索引擎索引程序就可以提取关键词，按照分词程序划分好的词，把页面转换为一个关键词组成的集合，同时记录每一个关键词在页面上的出现频率、出现次数、格式（如出现在标题标签、黑体、H 标签、锚文字等）、位置（如页面第一段文字等）。这样，每一个页面都可以记录为一串关键词集合，其中每个关键词的词频、格式、位置等权重信息也都记录在案。

搜索引擎索引程序将页面及关键词形成词表结构存储进索引库。简化的索引词表形式如表 11.1 所示。

表 11.1　简化的索引词表结构

文件 ID	内容
文件 1	关键词 1，关键词 2，关键词 7，关键词 10，……，关键词 L
文件 2	关键词 1，关键词 7，关键词 30，……，关键词 M
文件 3	关键词 2，关键词 70，关键词 305，……，关键词 N
……	
文件 x	关键词 7，关键词 50，关键词 90，……，关键词 Y

每个文件都对应一个文件 ID，文件内容被表示为一串关键词的集合。实际上在搜索引擎索

引库中，关键词也已经转换为关键词 ID。这样的数据结构就称为正向索引。

（2）后向索引

前向索引还不能直接用于排名。假设用户搜索关键词 2，如果只存在前向索引，排名程序需要扫描所有索引库中的文件，找出包含关键词 2 的文件，再进行相关性计算。这样的计算量将无法满足实时返回排名结果的要求。

所以搜索引擎会将前向索引数据库重新构造为后向（倒排）索引，把文件对应到关键词的映射转换为关键词到文件的映射，如表 11.2 所示。

表 11.2　后向索引结构

关键词	文件
关键词 1	文件 1，文件 2，文件 10，文件 18，……，文件 L
关键词 2	文件 1，文件 3，文件 8，……，文件 M
关键词 3	文件 5，文件 200，文件 380，……，文件 N
……	
关键词 Y	文件 90，文件 100，文件 120，……，文件 x

在后向索引中关键词是主键，每个关键词都对应着一系列文件，这些文件中都出现了这个关键词。这样当用户搜索某个关键词时，排名程序在后向索引中定位到这个关键词，就可以马上找出所有包含这个关键词的文件。

4．页面排序（排名）

经过搜索引擎蜘蛛抓取页面，索引程序计算得到倒排索引后，搜索引擎就做好准备可以随时处理用户搜索了。用户在搜索框填入关键词后，排名程序就调用索引库数据，计算排名显示给用户，排名过程是与用户直接互动的。

（1）搜索词处理

搜索引擎接收到用户输入的搜索词后，需要对搜索词做一些处理，才能进入排名过程。搜索词处理包括如下几方面。

1）中文分词。与页面分析时一样，搜索词也必须进行中文分词，将查询字符串转换为以词为基础的关键词组合。分词原理与页面分词相同。

2）去停止词。和页面分析时一样，搜索引擎也需要把搜索词中的停止词去掉，以最大限度地提高排名相关性及效率。

3）指令处理。对查询词完成分词后，搜索引擎的默认处理方式是在关键词之间使用“与”逻辑。也就是说用户搜索“生活水平”时，程序会分词为“生活”和“水平”两个词。搜索引擎排序时默认认为，用户寻找的是既包含“生活”也包含“水平”的页面。另外用户输入的查询词还可能包含一些高级搜索指令，如加号、减号等，搜索引擎都需要做出识别和相应处理。

4）拼写错误矫正。如果用户输入了明显错误的字或英文单词拼错，搜索引擎会提示用户正确的用字或拼法。

5）整合搜索触发。某些搜索词会触发整合搜索，比如明星姓名就经常触发图片和视频内容，当前的热门话题又容易触发资讯内容。哪些词触发哪些整合搜索，也需要在搜索词处理阶段计算。

（2）文件匹配

搜索词经过处理后，搜索引擎得到的是以词为基础的关键词集合。文件匹配阶段就是找出含有所有关键词的文件。在索引部分提到的倒排索引将使得文件匹配能够快速完成。

（3）初始子集的选择

找到包含所有关键词的匹配文件后，还不能进行相关性计算，因为找到的文件经常会有几十万、几百万，甚至上千万。要对这么多的文件实时进行相关性计算，需要的时间还是比较长的。

实际上用户并不需要知道所有匹配的几十万、几百万个页面，绝大部分用户只会查看前两页，也就是前 20 个结果。搜索引擎也不需要计算这么多页面的相关性，而只要计算最重要的一部分页面就可以了。常用搜索引擎的人都会注意到，Google 搜索结果页面通常最多显示 100 个，百度通常返回 76 页结果。所以搜索引擎只需要计算前 1000 个结果的相关性就能满足要求。

（4）相关性计算

选出初始子集后，就可以对子集中的页面计算关键词相关性。计算相关性是排名过程中最重要的一步，也是搜索引擎算法中最令 SEO 感兴趣的部分。包括如下几方面：

1）关键词常用程度。经过分词后的多个关键词，对整个搜索字符串的意义贡献并不相同。越常用的词对搜索词的意义贡献越小，越不常用的词对搜索词的意义贡献越大。假设用户输入的搜索词是“我们冥王星”。“我们”这个词常用程度非常高，在很多页面上都会出现，它对“我们冥王星”这个搜索词的辨识程度和意义相关度贡献就很小。而“冥王星”这个词常用程度就比较低，对“我们冥王星”这个搜索词的意义贡献就要大得多。那些包含“冥王星”这个词的页面，对“我们冥王星”这个搜索词会更为相关。常用词的极致就是停止词，即对页面意义完全没有影响。所以搜索引擎对搜索词串中的关键词并不是一视同仁地处理，而是根据常用程度进行加权。不常用的词加权系数高，常用词加权系数低，排名算法对不常用的词会给予更多关注。

2）词频及密度。一般认为在没有关键词堆积的情况下，搜索词在页面中出现的次数多，密度越高，说明页面与搜索词越相关。当然这只是一个大致规律，实际情况也未必如此，所以相关性计算还要考虑其他因素。词频及密度只是因素的一部分，而且重要程度越来越低。

3）关键词位置及形式。就像在索引部分中提到的，页面关键词出现的格式和位置都被记录在索引库中。关键词出现在比较重要的位置，如标题标签、黑体、H1 等，说明页面与关键词越相关。这一部分就是页面 SEO 所要解决的。

4）关键词距离。切分后的关键词完整匹配地出现，说明与搜索词最相关。比如搜索“生活水平”时，页面上连续完整出现“生活水平”四个字是最相关的。如果“生活”和“水平”两个词没有连续匹配出现，出现的距离近一些，也被搜索引擎认为相关性稍微大一些。

5）链接分析及页面权重。除了页面本身的因素，页面之间的链接和权重关系也影响关键词的相关性，其中最重要的是锚文字。页面中有越多以搜索词为锚文字的导入链接，说明页面的相关性越强。链接分析还包括了链接源页面本身的主题、锚文字周围的文字等。

（5）排名过滤及调整

选出匹配文件子集、计算相关性之后，大体排名就已经确定了。搜索引擎可能还有一些过滤算法，对排名进行轻微调整，其中最主要的过滤就是施加惩罚。一些有作弊嫌疑的页面，虽然按照正常的权重和相关性计算排在前面，但搜索引擎的惩罚算法却可能在最后一步把这些页面调到后面去。典型的例子是百度的 11 位，Google 的负 6、负 30、负 950 等算法。

（6）排名显示

所有排名确定后，排名程序调用原始页面的标题标签、说明标签、快照日期等数据显示在页面上。有时搜索引擎还需要动态生成页面摘要，而不是调用页面本身的说明标签。

11.2.3 网站结构优化

网站结构是 SEO 的基础。网站结构的优化比页面优化更重要，掌握起来也更困难。搜索引擎优化需要围绕搜索引擎蜘蛛展开。搜索引擎蜘蛛只是一个简单的软件，它遍历整个 Internet，查找网页，并将信息传递给数据库。但它浏览网页的方式和人并不相同。所以，在做网站结构优化之前，必须首先了解自己的网站在蜘蛛眼中的样子。图 11.2 是我们熟悉的淘宝网（http://www.taobao.com/）首页，而图 11.3 是采用一款蜘蛛模拟工具（http://robot.ipmee.com/）访问淘宝网时看到的样子，两者完全不同。因此，如果我们从搜索引擎蜘蛛的角度去看待网站，就必须考虑在网站结构设计和页面设计时对搜索引擎友好，重点关注搜索引擎蜘蛛能不能找到网页、找到网页后能不能抓取页面内容，以及抓取页面后怎样提炼有用信息等关键问题。

图11.2 淘宝网首页

淘宝网 - 淘！我喜欢 亲，请登录 消息 手机逛淘宝 淘宝网首页 我的淘宝 已买到的宝贝 我的足迹 购物车 收藏夹 收藏的宝贝 收藏的店铺 商品分类 | 卖家中心 免费开店 已卖出的宝贝 出售中的宝贝 卖家服务市场 卖家培训中心 体检中心 联系客服 消费者客服 卖家客服 网站导航 淘宝网 淘宝网 高级搜索 宝贝 天猫 店铺 搜索 手持式洗衣机随身携带的洗衣机。好腻害的样子(⊙。⊙)啊! 新款连衣裙 四件套 潮流T恤 时尚女鞋 短裤 半身裙 男士外套 墙纸 行车记录仪 新款男鞋 耳机 时尚女包 沙发 更多➤ 手机淘宝 天猫 聚划算 天猫超市 | 淘抢购 电器城 司法拍卖 中国质造 特色中国 | 飞猪旅行 智能生活 苏宁易购 主题市场 女装 / 男装 / 内衣 ➤ 鞋靴 / 箱包 / 配件 ➤ 童装玩具 / 孕产 / 用品 ➤ 家电 / 数码 / 手机 ➤ 美妆 / 洗护 / 保健品 ➤ 珠宝 / 眼镜 / 手表 ➤ 运动 / 户外 / 乐器 ➤ 游戏 / 动漫 / 影视 ➤ 美食 / 生鲜 / 零食 ➤ 鲜花 / 宠物 / 农资 ➤ 房产 / 装修 / 建材 ➤ 家具 / 家饰 / 家纺 ➤ 汽车 / 二手车 / 用品 ➤ 办公 / DIY / 五金电子 ➤ 百货 / 餐厨 / 家庭保健 ➤ 学习 / 卡券 / 本地服务 ➤ 天猫必逛热门品牌,天天上天猫!1/6 [{"isAld":"true","id":"201602246","open":"false","share":"false","alds":
[{"link":"https://pages.tmall.com/wow/huanxin/act/refreshment-pc","img":"//img.alicdn.com/tps/i4/TB1pa4rMXXXXXbWaXXXee.i.VXX-346-402.png","tce_rule_count":"1"},
{"link":"https://pages.tmall.com/wow/huanxin/act/mustbuy","img":"//img.alicdn.com/tps/i3/TB13LNGMXXXXXcBXpXXlkjU.VXX-346-200.jpg","tce_rule_count":"1"},{"link":"https://shouji.tmall.com/","img":"//img.alicdn.com/tps/i2/TB1TaNBMXXXXXcBXFXXlkjU.VXX-346-200.jpg","tce_rule_count":"1"},{"link":"https://ku.tmall.com/","img":"//img.alicdn.com/tps/i4/TB1_1BLMXXXXXb3XXXXlkjU.VXX-346-200.jpg","tce_rule_count":"1"},{"link":"https://miao.m.tmall.com/","img":"//img.alicdn.com/tps/i3/TB1OK4CMXXXXXboXFXXlkjU.VXX-346-200.jpg","tce_rule_count":"1"}],"local":"false","isTanx":"false"},{"isAld":"true","id":"07085","open":"false","share":"true","start":"0","alds":
[{"link":"https://pages.tmall.com/wow/chaoshi/act/cszs-11","img":"https://gw.alicdn.com/imgextra/i3/92/TB2J9XZc71M.eBjSZFFXXc3vVXa_!!92-0-yamato.jpg","tce_rule_count":"1"},
{"link":"https://nanzhuang.tmall.com","img":"https://gw.alicdn.com/imgextra/i3/35/TB2y5XOcxuI.eBjyOFdXXXgbVXa_!!35-0-yamato.jpg","tce_rule_count":"1"},
{"link":"https://nvxie.tmall.com","img":"https://gw.alicdn.com/imgextra/i3/193/TB2Eq69cV5N.eBjSZFmXXboSXXa_!!193-0-

图11.3 蜘蛛模拟工具中的淘宝网首页

1. 网站结构优化的目的

从 SEO 角度来看，网站结构优化要达到以下几个目的。

（1）用户体验。用户访问一个网站必须能够不假思索地单击链接，找到自己想要的信息。这有赖于良好的导航系统、适时出现的内部链接和准确的锚文字。

（2）增加收录。网站页面的收录在很大程度上依靠于良好的网站结构。一个清晰的树型网站结构有利于搜索引擎蜘蛛顺利爬行。

（3）权重分配。除了外部链接能给内部页面带来权重外，网站本身的结构及链接关系也是内部页面权重分配的重要因素。

（4）锚文字。锚文字是排名算法中很重要的一部分。网站内部链接锚文字是站长自己能控制的，所以也是最主要的增强关键词相关性的方法。

2. 物理及链接结构优化

网站结构有两方面的意思，一是物理结构，二是链接结构。

（1）物理结构

网站物理结构指的是网站目录及其包含文件所存储的真实位置表现出来的结构，物理结构一般包含两种不同的表现形式：扁平式物理结构和树型物理结构。

对于小型网站来说，所有网页都存放在网站根目录下，这种结构就是扁平式物理结构。扁平式物理结构对搜索引擎而言是最为理想的，因为只要一次访问即可遍历所有页面。但如果网站页面比较多，太多的网页文件都放在根目录下的话，查找、维护起来就显得相当麻烦，所以，扁平式物理结构一般适用于只有少量页面的小型、微型站点。

对规模大一些的网站，往往需要二到三层甚至更多层子目录才能保证网页的正常存储，这种多层级目录也叫作树型物理结构，即根目录下再细分成多个频道或目录，然后在每一个目录下面再存储属于这个目录的终极内容网页。采用树型物理结构的好处是逻辑清晰，页面之间的隶属关系一目了然，维护也容易，但是搜索引擎的抓取将会相对困难。互联网上的网站，因为内容普遍比较丰富，所以大多是采用树型物理结构。

（2）链接结构

与网站的物理结构不同，网站的逻辑结构也称为链接结构，也就是由网站内部链接形成的网络图。逻辑结构和物理结构的区别在于，逻辑结构由网站页面的相互连接关系决定，而物理结构由网站页面的物理存放地址决定。对搜索引擎来说重要的是链接结构，而不是物理结构。

在网站的逻辑结构中，通常采用“链接深度”来描述页面之间的逻辑关系。“链接深度”指的是从源页面到达目标页面所经过的路径数量，比如某网站的网页 A 中，存在一个指向目标页面 B 的链接，则从页面 A 到页面 B 的链接深度就是 1。

和物理结构类似，网站的逻辑结构同样可以分为扁平式和树型两种。

扁平式逻辑结构的网站，网站中任意两个页面之间都可以相互连接，也就是说，网站中任意一个页面都包含有到其他所有页面的链接，网页之间的链接深度都是 1。网络上很少有单纯采用扁平式逻辑结构作为整站结构的网站。

树型逻辑结构是指用分类、频道等，对同类属性的页面进行链接地址组织的网站结构。在树型逻辑结构网站中，链接深度大多大于 1。树型链接结构使权重在网站各页面上均匀分布，深层内页可以从首页单击 4~5 次到达。但当网站规模比较大时，也会出现各种问题。

3. 内部链接及权重分配

网站结构优化要解决的最重要的问题包括收录及页面权重分配。每个网站都有自己的特殊问题需要解决，没有可以适用于所有网站的结构优化秘诀，必须具体问题具体分析。下面列举一些常见的问题及解决办法。

（1）重点内页

一般来说，网站首页获得的内外部链接最多，权重最高。分类页面链接首页，然后权重依次下降，权重最低的是最终产品页面。有时某些具体的页面需要比较高的权重，但却离首页有一定的距离，所以权重就不会太高。要想这种重点的页面获得较高的权重，最简单的办法就是在首页直接加上几个重点的链接，甚至可以在侧栏推荐、促销部分加上全站链接。

在很多电子商务网站上，首页展示的往往是最新产品、热门产品等。这些产品的选择其实是有学问的，并不一定真的是按发布时间列出最新产品，或真的是产生订单最多的产品。站长可以放上自己想重点推广的产品页面，使这些内页对应的产品名称排名提高。再把产品内页链接放在首页上，哪怕没有其他外部链接的支持，这些内页的排名也会有显著提高。

（2）非必要页面

每个网站都有一些在功能及用户体验方面很必要、但在 SEO 角度却没有必要的页面，比如隐私权政策、用户登录页面、联系我们或关于我们页面。从用户角度看，这些页面是必需的功能或有助于提高网站信任度。但从搜索引擎角度看，这些页面没有任何必要也不可能获得任何排名。它们在每个页面都有链接，它们的权重仅次于首页，不得不说这是一种权重浪费。所以为提高整体网站排名，应尽量在这些页面不设链接或使这些页面的链接不能被跟踪或传递权重。

（3）大二级分类

典型树型结构首页链接到一级分类，一级分类页面再列出二级分类，这样，只要二级分类数目相差不太悬殊，权重值在二级分类页面上是大致平均分配的。不过有时候某些二级分类下的产品数远远多于其他小一些的二级分类，甚至产品太多的二级分类下还可能再列出三级分类。平均分配权重的结果就是小分类充分收录，产品数量大的大分类往往有很多产品页面因为权重稀释而无法收录。

要解决这个问题，思路就是要提高大二级分类页面的权重，使它能带动的产品页面增多。比如在做网站导航系统时，一种方法是从用户体验出发，先选择热门二级分类。另一种方法是选择包含产品数量最多、要权重支持才能充分收录的二级分类，这两者有时候是重合的。这个原则同样适用于多层分类。如果网站有三层分类页面，应该计算出每个三级分类下有多少产品，想办法把这些大三级分类页面放在首页上，如果可能，还应放在尽量多的导航中。

（4）相关产品链接

在产品页面生成相关产品链接，不是写文章或发布产品信息时人工在正文中加进去的链接，而是系统通过某种机制自动生成的、连向其他产品页面的链接。好的相关产品链接应该具有比较强的随机性，与正常的分类入口区别越大越好。常见的相关产品链接生成方法包括以下几种。

1）购买这个产品的用户还购买了哪些其他产品。这种链接通常不会是同时上架、产品序号相连的页面，用户购买过的产品之间不一定有什么联系，往往横跨不同分类、品牌。

2）同一个品牌或生产商的其他产品。同一个生产商或品牌，常常有不同分类下的产品，最终产品页面列出同一个生产商提供的不同分类的产品链接，也为更多产品提供了较为随机的入口。

3）由标签生成的相似产品。标签由站长人工填写，或由程序自动提取关键词，得到的标签与分类名称并不相同。通过标签聚合相似产品，也具有比较大的随机性。

4. 网站导航

清晰的导航系统是网站设计的重要目标，对网站信息架构和用户体验影响重大。SEO 也越来越成为导航设计时需要考虑的因素之一。网站的导航功能对于帮助用户迅速找到他们想要的内容来说是很重要的，它对帮助搜索引擎理解该网站有哪些重要内容也同样非常重要。网站导航的主要目的是为了方便用户，但同时也有利于搜索引擎对整个网站页面更全面地抓取。站在 SEO 的角度，网站导航系统应该注意以下几点。

（1）文字导航

尽量使用最普通的 HTML 文字导航，不要使用图片作为导航链接，更不要使用 JavaScript 生成导航系统，也不要用 Flash 做导航。最普通的文字链接对搜索引擎来说是阻力最小的爬行抓取通道。导航系统链接是整个网站收录的最重要的内部链接，千万不要在导航上给搜索引擎设置任何障碍。

（2）单击距离及扁平化

良好导航的目标之一是使所有页面与首页的单击距离越近越好。权重普通的网站，内页离首页不要超过四五次单击。要做到这一点，通常应该在链接结构上使网站尽量扁平化。网站导航系统的安排对减少链接层次至关重要。但用户体验和页面链接总数都不允许主导航中有太多链接。SEO 人员需要在网站规模、用户体验中做好平衡。

（3）锚文字包含关键词

导航系统中的链接通常是分类页面获得内部链接的最主要来源，数量巨大，其锚文字对目标页面相关性也有相当大的影响，因此分类名称应尽量使用目标关键词。当然首先要顾及用户体验，导航中不能堆积太多关键词，分类名称以 2～4 个字为宜。

（4）面包屑导航

面包屑导航是指在网页顶端或者底部放置的一排内部链接，它使用户可以方便地回到上一层结构中的网页或者主页。面包屑导航对用户和搜索引擎来说，是判断页面在网站整个结构中的位置的最好方法。正确使用面包屑导航的网站通常都是架构比较清晰的网站，强烈建议使用，尤其是大中型网站。

5. URL 设计

设计网站结构时需要对目录及文件命名系统做好事先规划。总的原则是首先从用户体验出发，URL 应该清晰友好、方便记忆。然后才考虑 URL 对排名的影响。具体可以考虑以下几方面。

（1）URL 越短越好

这主要是为用户着想。对搜索引擎来说，只要 URL 不超过 1000 个字母，收录起来都没问题。不过真的使用几百个字母的 URL，用户看起来就费事了。曾经有人做过搜索结果单击实验，一个比较短的 URL 出现在一个比较长的 URL 下面时，短 URL 的点击率比长 URL 高 2.5 倍。另外，短的 URL 也利于传播和复制。

（2）避免参数太多

在可能的情况下尽量使用静态 URL。如果技术上不能实现，必须使用动态 URL，也要尽量减少参数。一般建议在 2～3 个参数之内。参数太多让用户看着眼花缭乱，也可能造成收录问题。

（3）物理目录层次尽量少

目录层次与网站整个分类结构相关。分类层数越多，目录层次也必然增多。在可能的情况下，尤其是静态化 URL 时，尽量使用比较少的目录层次。当然也不建议把页面全放在根目录下，那样超过几百页的网站就不容易管理了，不仅搜索引擎无法从目录层次了解归属关系，站长也不容易分清页面所隶属的分类。

（4）文件及目录名具有可读性

尤其对英文网站来说，目录及文件名应该具备一定的描述性和可读性，使用户在一瞥之下就能知道这个 URL 内容大致应该是什么，比如 http://www.abc.com /news/economy/就比 http://www.abc.com /cat-01/sub-a/要好得多。

（5）URL 中包含关键词

关键词出现在 URL 中，也能提高页面的相关性，在排名时也能贡献一些分数。关键词出现得越靠前越好，也就是说出现在域名中最好，其次是出现在目录名中，效果最小的是出现在文件名中。

（6）字母全部小写

这有两方面原因。一是全部小写容易人工输入，不会因大小写掺杂而犯错。二是有的服务器是区分大小写的。如 Linux 服务器，也就是说 http://www.abc.com/index.html 与 http://www.abc.com/Index.html 是两个不同的网址。

（7）连字符使用

目录或文件名中的单词间一般建议使用连字符（-）分隔，不要使用下划线或其他更奇怪的字符。搜索引擎把 URL 中的连字符当作空格处理，下划线则被忽略。所以文件名 seo-tools.html 将被正确读取出 seo 与 tools 两个单词，而文件名 seotools.html 就不能被分解成两个单词。

6. 网站地图

网站地图又称站点地图，它就是一个页面，一般存放在根目录下并命名为 sitemap，上面放置了网站上所有页面的链接。大多数人在网站上找不到自己所需要的信息时，可能会将网站地图作为一种补救措施。搜索引擎蜘蛛非常喜欢网站地图。网站地图为搜索引擎蜘蛛指路，增加网站重要内容页面的收录。

（1）网站地图的功能

大多数人都知道网站地图对于提高用户体验有好处，它们为网站访问者指明方向，并帮助迷失的访问者找到他们想看的页面。对于 SEO，网站地图的好处就更多了。

1）为搜索引擎蜘蛛提供可以浏览整个网站的链接，给蜘蛛爬行构造一个方便快捷的通道。

2）为搜索引擎蜘蛛提供一些链接，指向动态页面或者采用其他方法难以到达的页面。

3）网站地图中导入链接的增加会提高链接页面的权重，提高页面的收录率。

（2）网站地图构建技巧

网站地图的作用非常重要，它不仅要满足访问用户的需求，还要取悦搜索引擎蜘蛛。在设计上可以采用一些技巧来让用户和蜘蛛都获得满意。

1）网站地图要包含最重要的一些页面。如果网站地图包含太多链接，人们浏览的时候就会迷失。因此如果网站页面总数超过 100 个的话，就需要挑选出最重要的页面。建议挑选下面这些页面放到网站地图中去：

- 产品分类页面。
- 主要产品页面。
- FAQ 和帮助页面。
- 位于转化路径上的所有关键页面，访问者将从着陆页面出发，然后沿着这些页面实现转化。
- 访问量最大的前十个页面。
- 如果有站内搜索引擎的话，就挑选出从该搜索引擎出发单击次数最高的那些页面。

2）网站地图布局一定要简洁，所有的链接都是标准的 HTML 文本，并且要尽可能多地包含关键字。不要使用图片来做网站地图里的链接，这样蜘蛛就不能跟随了。一定要使用标准的 HTML 文本来做链接，链接中要包括尽可能多的目标关键字。比如：可以使用“绿色有机蔬菜”来代替

“我们的产品”作为标题。

3）尽量在站点地图上增加文本说明。增加文本会给蜘蛛提供更加有索引价值的内容，以及有关内容的更多线索。

4）在每个页面里面放置网站地图的链接。用户一般会期望每个页面的底部都有一个指向网站地图的链接，你可以充分利用这一点。如果网站有一个搜索栏的话，那么可以在搜索栏的附近也增加一个指向网站地图的链接，甚至可以在搜索结果页面的某个固定位置放置网站地图的链接。

5）确保网站地图里的每一个链接都是正确、有效的。如果在网站地图里出现的链接是断链或死链，对搜索引擎的影响是非常不好的。如果链接比较少，你可以把所有的链接都点一遍，以确保每一个链接都是有效的。如果链接比较多，可以使用一些链接检查工具来检测。

6）把网站地图写进 robots.txt 里。引擎爬虫进来抓取网页的时候，会首先查看 robots.txt，如果首先把网站地图写进 robots.txt 里，那么在效率上会大大提高，从而获得搜索引擎的好感。

（3）网站地图生成提交

网上有很多生成网站地图的方法，比如在线生成、软件生成等。生成以后，可以把地图提交给各大搜索引擎，从而使搜索引擎更好地对网站页面进行收录。可以在站长工具后台提交网站地图，也可以通过 robots.txt 来告诉搜索引擎地图的位置。

1）普通 html 格式的网站地图。它的目的是帮助用户对站点有个整体的把握。html 格式的网站地图根据网站结构特征制定，尽量把网站的功能结构和服务内容富有条理地列出来。一般来说，网站首页有一个链接指向该格式的网站地图。

2）XML 网站地图。简单来讲，XML 网站地图就是网站上链接的列表，由 XML 标签组成。制作 XML 网站地图并提交给搜索引擎可以使网站的内容完全被收录，包括那些隐藏比较深的页面。这是一种网站与搜索引擎对话的好方式。

11.2.4　网站页面优化

网站页面优化是对网页的程序、内容、版块以及布局等做优化调整，使其适合搜索引擎检索，满足搜索引擎排名的指标，从而在搜索引擎检索中获得排名的提升，增强搜索引擎营销的效果。下面主要从网站代码、标签、正文等几个方面来讲述网站的页面优化。

1. 网站重构

网站重构可以使网站的维护成本变得更低，运行得更好。遵循 HTML 结构化设计的标准，将网站页面的实际内容与它们呈现的格式相分离。简单来说，就是将所有的字体、样式等表现形式都写成 DIV+CSS 的方式，HTML 里面只有文字内容，而将 CSS 放在单独的文件里。凡是可以使用外部文件调用的，就使用外部文件调用。在页面正文中，全部以文字为主，不要出现 CSS 代码。这样做的好处是，HTML 文件的代码被精简，文件变小，搜索引擎在索引网站页面时，可以更好地索引和识别网站的内容信息，并能准确抓取页面正文的内容。

2. meta 标签优化

对于 meta 标签，主要有 title、description、keywords 三个，其余的 meta 标签不加也可以。就重要性而言，title 在页面优化中占据绝对重要的地位。

title 标题标签告诉用户和搜索引擎一个特定网页的主题是什么。<title>标签通常放在 HTML 文档的<head>标签内。理想情况下，应该为网站的每一个网页创建一个唯一的 title 页面标题。title 标签应该能准确描述网页的内容，尽量使用简短的但具描述性的标题标签。如果标题太长，搜索引擎只会在搜索结果里显示其部分内容。尽量不要堆积太多关键词，可以包含关键词 1～2 次，而且不用靠得太近。

description 描述标签提供了关于网页的总括性描述。网页的标题可能是由一些单词和短语组成的，而网页的描述标签则常常是由一两个语句或段落组成的。如果网页描述里的某个词语恰好出现在用户的查询里，那么这个词语将被高亮显示。因此描述标签写得好，可以提升页面的点击率。description 标签需要准确概括网页的内容，每一个网页应该创建各不相同的描述标签，避免所有的网页或很多网页使用千篇一律的 description 标签。

对于页面优化来说，keywords 关键词标签的重要性已经大不如前。不过就算搜索引擎已经不太考虑 keywords 标签，写一下 keywords 标签也有益无害。但 keywords 里面不要堆砌太多关键词，否则会适得其反，写上四五个核心关键词即可。

图 11.4 展示的是淘宝网的 title、description、keywords 等 meta 标签的设置。

```
1
2  <!DOCTYPE html>
3  <html lang="zh-CN">
4  <head>
5  <meta charset="utf-8" />
6  <meta http-equiv="X-UA-Compatible" content="IE=edge,chrome=1" />
7  <meta name="renderer" content="webkit" />
8  <title>淘宝网 - 淘！我喜欢</title>
9  <meta name="spm-id" content="a21bo" />
10 <meta name="description" content="淘宝网 - 亚洲较大的网上交易平台，提供各类服饰、美容、家居、数码、话费/点卡充值… 数亿优质商
   品，同时提供担保交易(先收货后付款)等安全交易保障服务，并由商家提供退货承诺、破损补寄等消费者保障服务，让你安心享受网上购物乐
   趣！" />
11 <meta name="aplus-xplug" content="NONE">
12 <meta name="keyword" content="淘宝,掏宝,网上购物,C2C,在线交易,交易市场,网上交易,交易市场,网上买,网上卖,购物网站,团购,网上贸易,安
   全购物,电子商务,放心买,供应,买卖信息,网店,一口价,拍卖,网上开店,网络购物,打折,免费开店,网购,频道,店铺" />
```

图11.4　淘宝网meta标签的设置

在运用 Dreamweaver CS6 进行网页设计的时候，可以为网页添加 description、keywords 等 meta 标签。如图 11.5 所示，单击右侧“插入”菜单中的“文件头”，在弹出菜单中有关键字和说明，分别单击即可为网页设置 keywords 和 description 标签。

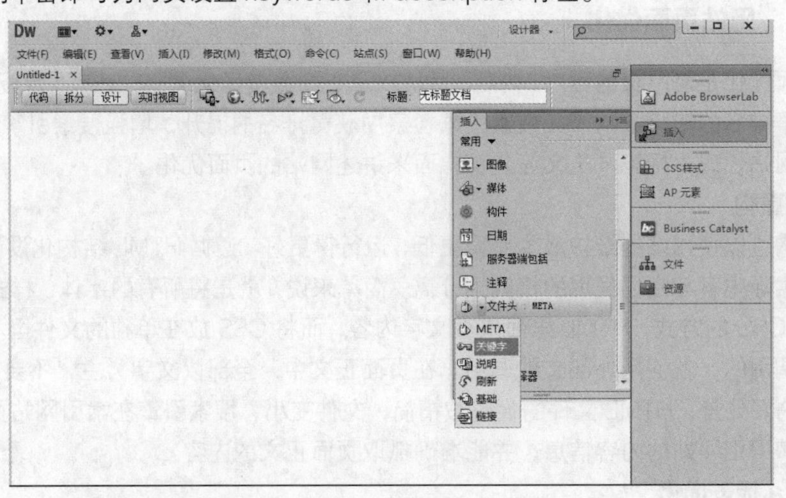

图11.5　Dreamweaver CS6插入meta标签

3. Heading 标签优化

Heading 标签（即 H 标签）通常用来为用户呈现网页的标题层次结构，提示用户这些标题文字的重要性，更方便用户浏览。HTML 语言里一共有六种大小的 H 标签，从<H1>到<H6>，权重依次降低。最常用的是 H1、H2 标签，H1 代表大标题，H2 代表小标题。可以把最重要的关

键词设置在 H1 标签中，和关键词相关的词组再放到 H2 标签中，依次类推。但对于网页内容页面的优化来讲，应该适度地使用 H 标签。文章的大标题就出现在 H1 标签中，小标题就出现在 H2 标签上。

4. Alt 优化

图片的优化对于网站页面来说也非常重要。所有的图片都拥有一个 Alt 属性，优化图片的 Alt 属性可以使图片搜索引擎更好地理解和读取图片。当图片因为一些原因不能显示的时候，系统会显示 Alt 属性指定的文字。Alt 属性应该使用简短但是描述性很强的 Alt 文本，当图片作为链接使用时，一定要提供 Alt 文本，这会有助于搜索引擎更好地理解它所链接的那个页面。

5. 链接锚文本优化

锚文本是链接上可以被单击的文字，它通常被放在锚标记 A 标签中间。锚文本的主要作用是描述链接页面的一些情况。锚文本写得越好，用户浏览网站就越容易，搜索引擎也能更容易地理解链接到的页面内容。锚文本尽量使用简短的描述性文字，避免使用与目标页面主题无关的文字，避免使用长句子或者短文等过长的锚文本。

6. 关键词优化

关键词布局时最重要的几个位置分别是：开头，特别是第一段开头的 50～150 个字，需要包含一次关键词；然后是中间正文中，出现 2～3 次关键词或者近义词；最后是文章的结尾，也包含一次关键词就可以了。

在关键词的布局中，要注重关键词密度。关键词密度（即关键词频率）是用来度量关键词在网页上出现的总次数与其他文字的比例，一般用百分比表示。简单地举个例子，如果某个网页共有 100 个字符，而关键词本身是两个字符并在其中出现 5 次，则可以说关键词密度为 10%。通常认为，页面的关键词密度应该保持在 2%～8%。合理的关键字密度可以使你获得较高的排名位置，但密度过大，反而会起到相反的效果。在正文里，要围绕关键词自然地写作，千万不要生硬地将需要优化的关键词直接插到正文中，尽量使用关键词的近义词、同义词。

7. 网页内容优化

对网站来说，提供高质量的、对用户有益的内容恐怕是各种要素里最重要的一部分。用户很容易分辨出网站提供的内容是否是高质量的，并且他们也乐于向自己的亲戚朋友推荐好的网站。拥有高质量内容的网站会提高网站在用户和搜索引擎中的声望。对于高质量内容的撰写也有一定规律可循，比如撰写容易阅读的内容，有条理地组织内容，段落清晰；提供原创的、独特新颖的内容，不要模仿甚至抄袭别人的内容。

11.2.5 外部链接优化

网站优化分为网站内优化和网站外优化两部分。网站内优化主要是指网站结构优化及页面相关性优化。网站外优化主要是指外部链接（外链）优化。网站外链一般称为导入链接、外部链接、网站反链或反向链接，通常称为外链和反链。外链就是指从别的网站导入到自己网站的链接。导入链接对于网站优化来说是一个非常重要的过程。导入链接的质量（即导入链接所在页面的权重）直接决定了网站在搜索引擎中的权重，可以给网站带来很好的流量。

1. 外部链接的意义

（1）提高网站相关性。相关性是搜索结果质量的最重要指标。导入链接内容相关性和锚文本已成为搜索引擎判断相关性和排名算法中最重要的因素之一。

（2）提高权重和信任度。除了域名年龄、网站规模、原创性等因素，形成权重的最重要一个因素就是外部链接。如果你的网站有高权重网站的导入链接，无疑你的网站权重会提高一个层次。

（3）促进网站收录。根据相关研究，外部链接数量和质量对一个域名所能带动收录的总页数有至关重要的作用，同时外部链接也是蜘蛛爬行频率的重要决定因素，可以促进网站的收录。

（4）带来流量和转化。一个好的友情链接，能够让你的产品和服务让更多人知道，提高了网站自身的知名度，也能为网站带来精准流量和转化。

2. 外部链接的质量判定标准

（1）单击流量：只要能获得单击流量，就是一个好的外部链接。网站 Alexa 排名是快速判断链接质量的标准之一。

（2）单向链接：最好的外部链接是对方站长主动给予的链接，而不需要链接回去。两个网站互相链接，如友情链接，权重比单向链接要低很多。

（3）内容的相关性：隔行如隔山，只有同行业之间的外部链接才比较有可信度。而这个内容相关性不仅适用于整站级别，也适用于页面级别。

（4）锚文本：外部链接锚文本中出现目标关键词是最好的外部链接。因此，来自重要页面的链接应尽量使用目标关键词做锚文本。权重不太高的页面，可适当混合使用各种各样的锚文本。

（5）链接位置：通常我们做的友情链接都是链接的首页，而且是专门的一个版块，真正最好的外部链接是正文中的链接，因为这是最有可能自发形成的外部链接。

（6）域名权重与排名：发出链接的域名注册时间、PR（Page Rank）值及网站首页目标关键词排名将直接影响链接的效果。排名越好，说明对方网站权重越高，链接来源质量越好。

（7）页面权重与排名：和一些大网站做外部链接的时候，在首页做外部链接非常困难，从内页获得链接就相对容易得多。有时候从一个内页发出的外部链接并不比首页的链接效果差多少。

（8）导出链接的数目：通常情况下，导出链接越多，每个链接获得的权重就越少。有实质内容的博客帖子、新闻页面等，通常导出页面要少得多。

（9）页面更新与快照：通常情况下，页面更新越快，权重越高，加上去的外部链接能很快被检测到，计入排名算法及收录。

（10）来源网站质量：寻找外部链接时，只需关注正规网站，不必考虑垃圾网站、色情赌博等违法内容网站。来自 edu、gov 这种不能随便注册的域名的链接效果最好。

3. 外部链接优化策略

（1）交换链接

交换链接，又称为友情链接，是具有一定资源互补优势的网站之间的简单合作形式，即分别在自己的网站上放置对方网站的图片或文字形式的网站名称，并设置对方网站的超链接，使得用户可以从合作网站中发现自己的网站，达到互相推广的目的，常常作为一种网站推广基本手段。通常来说，和内容相近的同类网站交换友情链接，不仅可以提升网站流量，完善用户体验，还可以提高网站的权重。

（2）分类目录

分类目录是将网站信息系统地分类整理，提供一个按类别编排的网站目录。在每个类别中，排列着属于这一类别的网站站名、网址链接、内容提要，以及子分类目录，可以在分类目录中逐级浏览寻找相关的网站。分类目录权重都很高，只要能够加入就能带来一条稳定的高质量外链。

（3）软文投稿

如果有一定写作能力，可以写一些高质量的软文发布到各大网站或博客，并在文章尾部留下链接地址。如果被采用的话，会有大量网站进行转载，从而获得可观的外链。

（4）第三方网站提交

在一些可以提交信息的第三方网站里发布链接，这种发外链的网站非常多，权重越高越好，例如社交网站、博客、论坛、知道、贴吧、百科等，发布信息的时候需要遵守各个网站的发布规则，以免发布的内容被管理员删除。

（5）购买链接

购买链接是通过购买大量高权重网站的外链，使自己的网站排名能在短时期内获得提升。这是一种带有一定风险的增加外链的方式，搜索引擎非常不欢迎这种行为，因为这有悖于网站排名的公平性，一旦那些有链接买卖的网站被发现，搜索引擎会对其进行相应惩罚，诸如降权或者从其数据库中删除网站数据。因此，购买链接应该是一种阶段性规划行为，不可在短时间内给网站购买大量链接，也不要在一些第三方链接平台购买，购买链接的网站最好在内容上有一定相关性。

（6）视频推广

在流量较大、权重较高的视频网站上发布视频。比如公司的产品视频、活动视频、宣传视频等都可以发布。视频的标题和内容很重要。标题可以加上关键词，而内容里面可以带企业网址。平时多做维护，多去留言，多点好评。

11.2.6　SEO 基本工具

网站优化的一个瓶颈是 SEO 的自动化。到目前为止，绝大部分网站优化工作还要人工去做。有一些 SEO 工具可以辅助，但还没办法取代人工操作。

1. SEO 工具的类型

SEO 工具软件大致可以分成四类。严格来说只有前两类可以算是真正的 SEO 工具，不过后两类讨论的也很多。

（1）SEO 信息查询工具

包括线上工具和可以下载运行于客户端的软件。主要是查询一些与 SEO 有关的数据，包括排名位置和网站基本信息，比如 PR 值、关键词密度、关键词排名、反向链接数等。这种查询工具对 SEO 的前期调查及效果监控是必不可少的，对提高工作效率无疑也很有帮助，而且准确性很高，与自己手动查询没什么大区别，又能节省很多时间。

不过搜索引擎并不喜欢大量工具自动查询，因为对它们的资源是个浪费。不过只要别太过分，限制一段时间内的查询次数，一般问题并不大。如果来自一个 IP 的自动查询过多，搜索引擎可能会暂时屏蔽这个 IP 地址。

（2）网站诊断工具

网站诊断工具很少见，目前还很不成熟，制作起来不容易，也很难达到准确。比如软件抓取目标网页，进行分析之后可能会告诉站长，需要把关键词密度提高到多少，标题中关键词重复两次或者三次。这些建议无非是对相关关键词排名前十位或前二十位的网站进行统计得出的。问题在于这些统计数字其实是有误导性的，它欠缺了一个好的 SEO 人员应有的全面观察、直觉和经验。所以，目前的网站诊断软件给出的建议最多只能作为参考，有些建议可以采纳，比如建议加上 H1 标签；有些建议则没什么意义，甚至可能有害。

（3）内容生成工具

给定关键词，由软件自动生成网页内容。可以想象，这种软件生成的内容要么是可读性很低的近乎胡言乱语，要么是自动抓取搜索引擎搜索结果或者其他网站上的内容。不建议使用这种软件，除了用户体验很差外，既可能侵犯他人版权，也可能存在内容复制问题。

（4）链接生成软件

主要是在留言本、论坛、博客评论中的群发。链接生成软件目前在黑帽 SEO 中很流行，不建议使用。有的搜索引擎对垃圾留言的判断已经相当准确，会把这种链接的权重传递降为零，更严重的是可能会对网站进行某种程度的惩罚。随着所有搜索引擎对垃圾链接判断力的提高，使用链接群发软件将越来越危险。最危险的是，一旦群发，证据就留在其他网站上了，很可能永远无法删除，这就变成一个随时可能引爆自己还无法拆除的炸弹。

2. Xenu

Xenu Link Sleuth 是一款功能强大的用来检查网站死链的软件。既可以检测一个本地网页文件的链接，也可以输入任何网址来检查。它可以分别列出网站的活链接以及死链接，连反向链接都能分析得一清二楚；支持多线程，可以把检查结果存储成文本文件或网页文件。

Xenu 从待测网站的根目录开始搜索所有的网页文件，并对所有网页文件中的超级链接、图片文件、包含文件、CSS 文件、页面内部链接等所有链接进行读取。如果是网站内文件不存在、指定文件链接不存在或者是指定页面不存在，则将该链接和处于什么文件的具体位置记录下来，一直到该网站所有页面中的所有链接都测试完后才结束测试，并输出测试报告。

如果发现被测网站内有页面既没有链接到其他资源也没有被其他资源链接，则可以判定该页面为孤立页面，将该页面添加到孤立页面记录，并提示用户。

测试链接目标是否存在和是否有孤立页面都可以通过程序自动完成，但是程序却不能判断目标页面与用户的用意是否相符。如果链接到不正确的页面，例如将公司介绍链接到产品介绍，则程序无法进行判断，因此链接页面的正确性需要人工进行判断。

Xenu 的使用非常简单，首先输入要扫描的网站地址，比如深圳信息职业技术学院的网址：http://www.sziit.edu.cn，如图 11.6 所示。

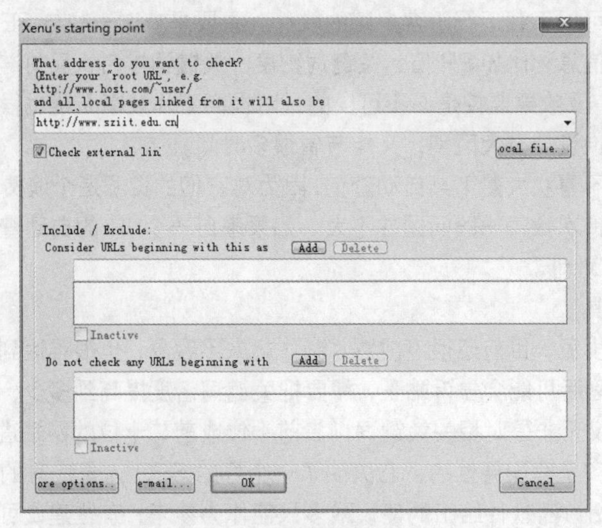

图11.6　Xenu输入需要查询的网站地址

单击“OK”后开始扫描，会显示当前链接的详细信息，包括地址、状态、类型、大小、标题、日期、层次、外部链接、内部链接、持续时间等，如图 11.7 所示。选择某条记录，单击鼠标右键，选择快捷菜单中的“属性”，可以查看该链接的信息，包括这个页面链接的信息和链接到这个页面的链接。

Xenu - [Xenu1]

File Edit View Options Window Help

Address	Status	Type	Size	Title	Date
http://www.sziit.edu.cn/	ok	text/html	42637	!!! Title too long !!!	
http://www.sziit.edu.cn/webcss/global.css	ok	text/css	887		11.05.2017 08:28:10
http://www.sziit.edu.cn/webcss/layout.css	ok	text/css	27203		11.05.2017 08:28:10
http://www.sziit.edu.cn/webjs/szzy.min.js	ok	application/j...	93586		11.05.2017 08:28:10
http://www.sziit.edu.cn/webjs/layout.js	ok	application/j...	9706		11.05.2017 08:28:10
http://www.sziit.edu.cn/_sitegray/_sitegray_d.css	ok	text/css	20		02.12.2016 18:06:15
http://www.sziit.edu.cn/_sitegray/_sitegray.js	ok	application/j...	95		02.12.2016 18:06:15
http://www.sziit.edu.cn/index.vsb.css	ok	text/css	5465		25.05.2017 10:57:47
http://www.sziit.edu.cn/system/resource/js/vsbscreen.mi...	ok	application/j...	3347		11.10.2016 20:39:45
http://www.sziit.edu.cn/system/resource/js/counter.js	ok	application/j...	1329		11.10.2016 20:39:44
http://www.sziit.edu.cn/webimages/img01.jpg	ok	image/jpeg	19298	深圳信息职业技术学院" title=	07.12.2016 17:48:45
http://www.sziit.edu.cn/system/resource/js/dynclicks.js	ok	application/j...	3504		11.10.2016 20:39:44
http://www.sziit.edu.cn/system/resource/js/openlink.js	ok	application/j...	648		11.10.2016 20:39:45
http://113.106.49.169/englishsziit/	no connection			English	
http://www.sziit.edu.cn/index/wzdt.htm	ok	text/html	20468	!!! Title too long !!!	25.05.2017 13:18:47
http://www.sziit.edu.cn/system/resource/js/base64.js	ok	application/j...	4749		11.10.2016 20:39:43
http://www.sziit.edu.cn/system/resource/js/formfunc.js	ok	application/j...	1356		11.10.2016 20:39:44
http://www.sziit.edu.cn/index.jsp	ok	text/html	42637	!!! Title too long !!!	

Ready　Threads: 0　13961 of 13961 URLs (100 %) done　0:05:20

图11.7　Xenu显示当前链接详细信息

Xenu 运行完毕后，会提供所有错误链接列表供你参考，如图 11.8 所示。还可以生成一个网站地图。

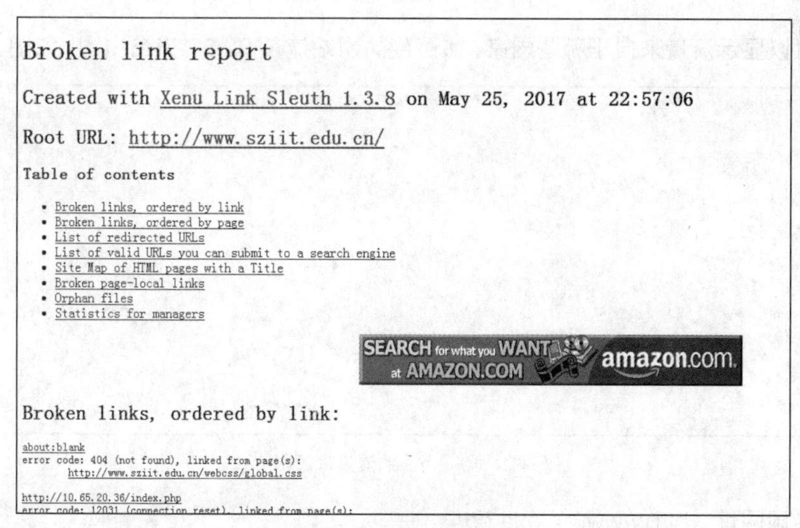

Broken link report

Created with Xenu Link Sleuth 1.3.8 on May 25, 2017 at 22:57:06

Root URL: http://www.sziit.edu.cn/

Table of contents

- Broken links, ordered by link
- Broken links, ordered by page
- List of redirected URLs
- List of valid URLs you can submit to a search engine
- Site Map of HTML pages with a Title
- Broken page-local links
- Orphan files
- Statistics for managers

Broken links, ordered by link:

about:blank
error code: 404 (not found), linked from page(s):
http://www.sziit.edu.cn/webcss/global.css

http://10.65.20.36/index.php
error code: 12031 (connection reset), linked from page(s):

图11.8　生成网站链接报告

Xenu 的下载地址为：http://home.snafu.de/tilman/xenulink.html。

3. Alexa

Alexa 公司是亚马逊公司的一家子公司，总部位于美国加利福尼亚州旧金山市。Alexa 是互联网界首屈一指的免费提供网站流量信息的公司，是一家专门发布网站世界排名的网站，创建于

1996 年，一直致力于开发网页抓取和网站流量计算的工具。Alexa 排名是常用来评价某一网站访问量的指标。

Alexa 每天在网上搜集超过 1000GB 的信息，不仅给出多达几十亿的网址链接，而且为其中的每一个网站进行了排名。可以说，Alexa 是当前拥有 URL 数量最庞大、排名信息发布最详尽的网站。

Alexa 中国免费提供 Alexa 中文排名官方数据查询，网站访问量查询，网站浏览量查询，排名变化趋势数据查询。图 11.9 为百度（www.baidu.com）的 Alexa 数据。

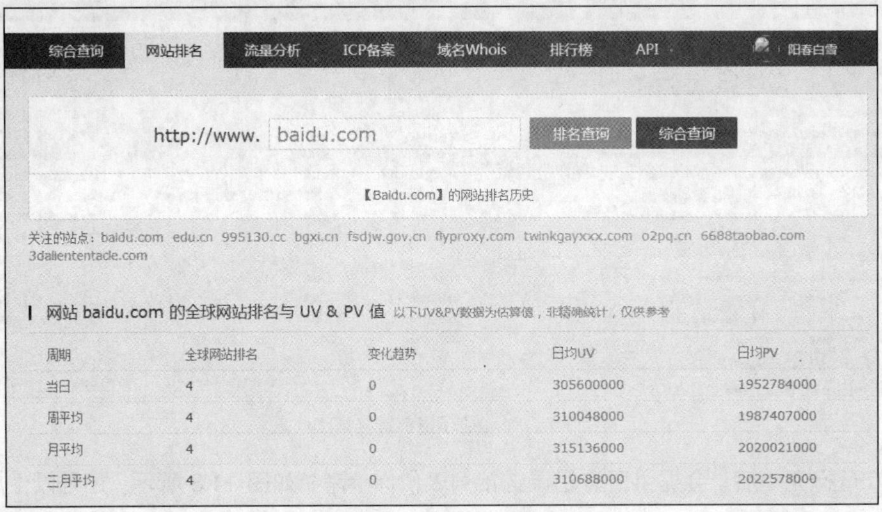

综合查询 网站排名 流量分析 ICP备案 域名Whois 排行榜 API 阳春白雪

http://www. baidu.com 排名查询 综合查询

【Baidu.com】的网站排名历史

关注的站点：baidu.com edu.cn 995130.cc bgxi.cn fsdjw.gov.cn flyproxy.com twinkgayxxx.com o2pq.cn 6688taobao.com 3daliententacle.com

网站 baidu.com 的全球网站排名与 UV & PV 值 以下UV&PV数据为估算值，非精确统计，仅供参考

周期	全球网站排名	变化趋势	日均UV	日均PV
当日	4	0	305600000	1952784000
周平均	4	0	310048000	1987407000
月平均	4	0	315136000	2020021000
三月平均	4	0	310688000	2022578000

图11.9　百度的Alexa数据

Alexa 可以显示流量来自于哪些国家，如百度的网站流量 92.6%来自中国，如图 11.10 所示。

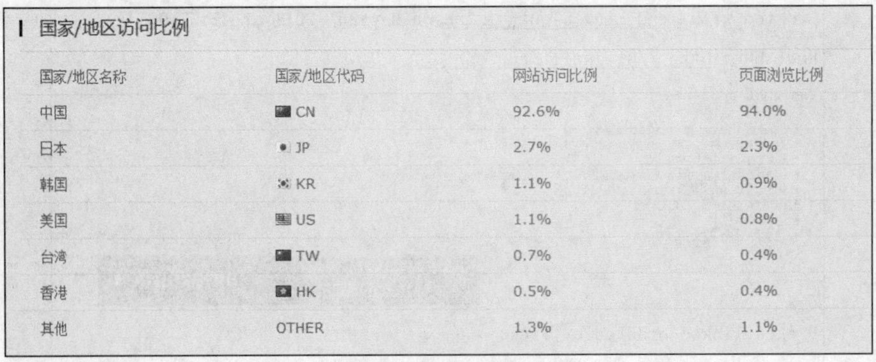

国家/地区访问比例

国家/地区名称	国家/地区代码	网站访问比例	页面浏览比例
中国	CN	92.6%	94.0%
日本	JP	2.7%	2.3%
韩国	KR	1.1%	0.9%
美国	US	1.1%	0.8%
台湾	TW	0.7%	0.4%
香港	HK	0.5%	0.4%
其他	OTHER	1.3%	1.1%

图11.10　百度的流量来源国

Alexa 中国网址：http://www.alexa.cn/。

4. 百度指数

百度指数是以百度海量网民行为数据为基础的数据分享平台，是当前互联网乃至整个数据时代最重要的统计分析平台之一，自发布之日起便成为众多企业制订营销决策的重要依据。百度指数能够告诉用户：某个关键词在百度的搜索规模有多大，一段时间内的涨跌态势以及相关的新闻舆论变化，关注这些词的网民是什么样的，分布在哪里，同时还搜索了哪些相关词，并能帮助用户优化数字营销活动方案。

（1）趋势研究——独家引入无线数据

“PC 趋势”积累了 2006 年 6 月至今的数据，“移动趋势”展现了从 2011 年 1 月至今的数据。用户不仅可以查看最近 7 天、最近 30 天的单日指数，还可以自定义时间查询，如图 11.11 所示。

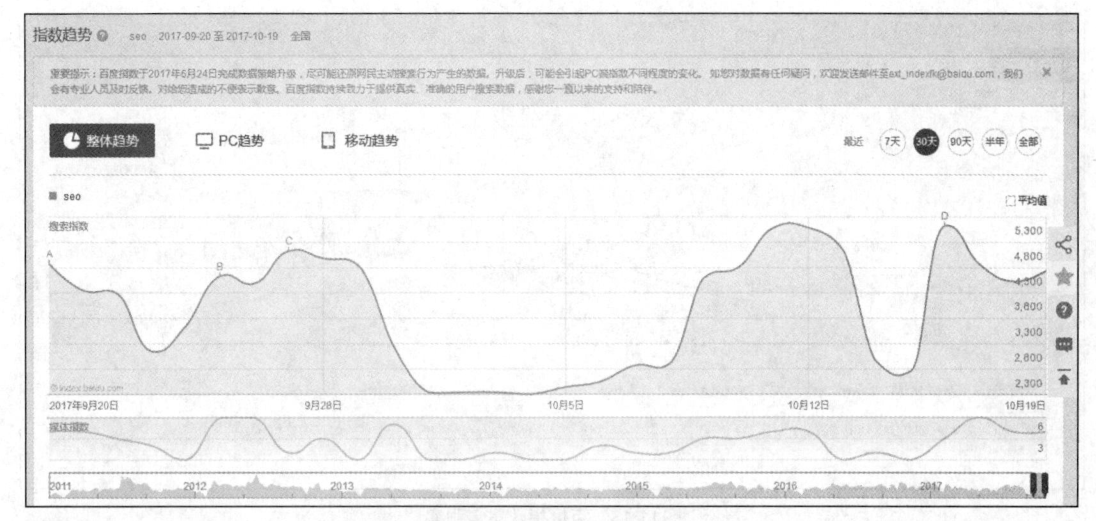

图11.11 百度指数趋势图

（2）需求图谱——直接表达网民需求

每一个用户在百度的检索行为都是主动意愿的展示，每一次的检索行为都可能成为该消费者消费意愿的表达。百度指数的需求图谱基于语义挖掘技术，向用户呈现关键词隐藏的关注焦点、消费欲望等，如图 11.12 所示。

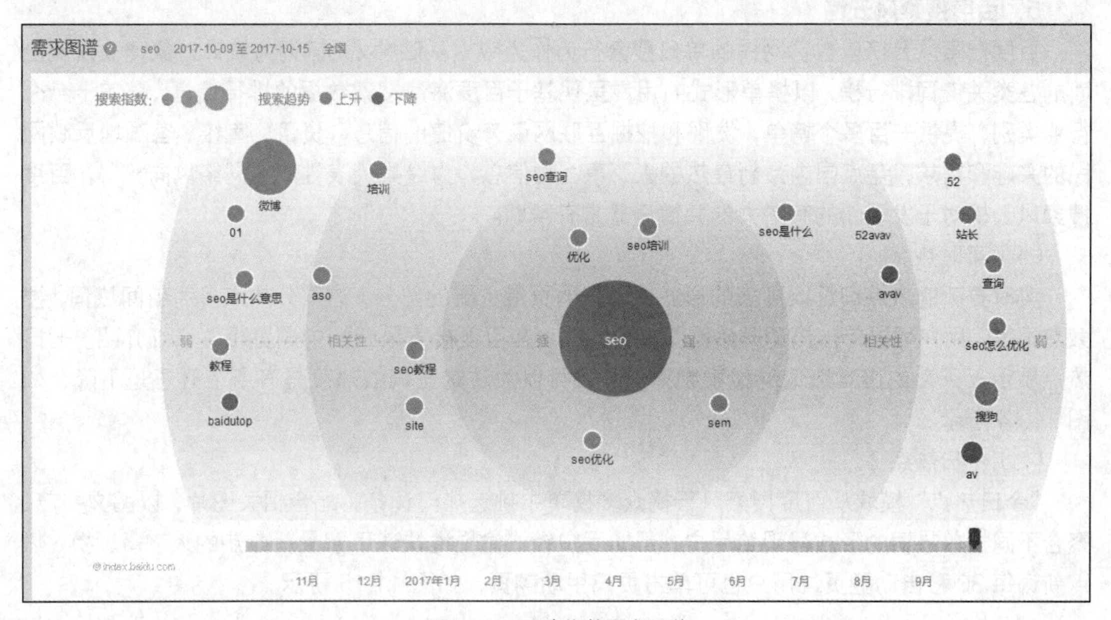

图11.12 百度指数需求图谱

（3）舆情洞察——媒体资源一网打尽

借助舆情管家的强大功能，百度指数可一站式呈现任意关键词最热门的相关新闻、微博、问题和帖子，营销活动的影响力不再“看不见、摸不着”。百度指数允许收藏最多 50 个关键词，对于市场、产品工作人员，需要长期监控自己的品牌名和竞争对手舆情的，不需要进行多次输入，而是通过一张列表呈现，如图 11.13 所示。

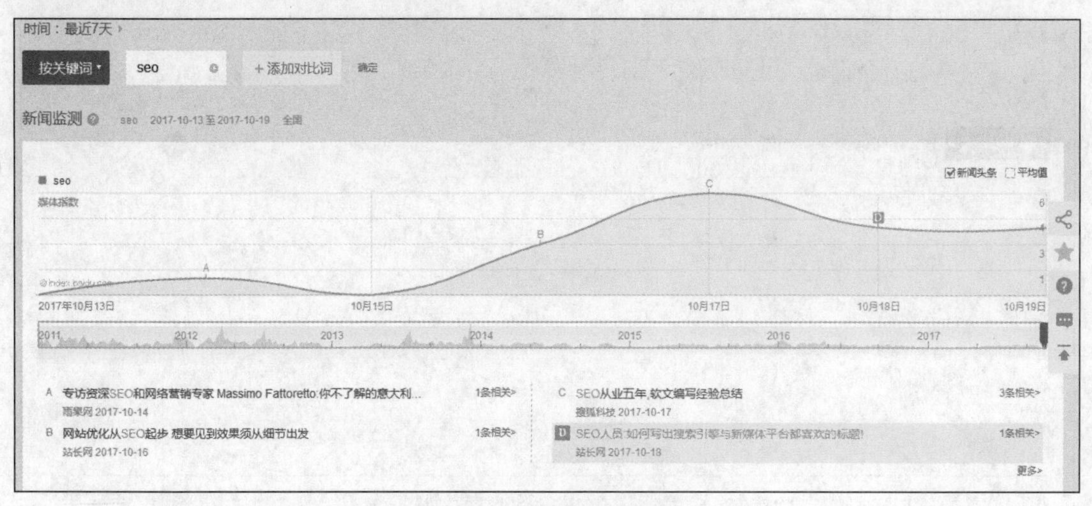

图11.13　百度指数舆情洞察

（4）人群画像——立体展现

通过人群画像，以往需要花费精力开展的调研，现在输入关键词即可获得用户年龄、性别、区域、兴趣的分布特点，真实并且比较客观。

百度指数网址：https://index.baidu.com/。

5. 百度搜索风云榜

百度搜索风云榜以数亿网民的单日搜索行为作为数据基础，以关键词为统计对象建立权威全面的各类关键词排行榜，以榜单形式向用户呈现基于百度海量搜索数据的排行信息，覆盖十余个行业类别，提供一百多个榜单，发现和挖掘互联网最有价值的信息、资讯，直接、客观地反映网民的兴趣和需求，盘点国内最新最热的人、事、物信息，为最具代表性的“网络风向标”。百度搜索风云榜对于发现新的有潜力的关键词非常有帮助。

（1）实时热点

实时更新的热点词汇以列表的形式展现在网页最主要的部分，这部分热点多为新闻热词、搜索热词等，用户可以单击热词开始网页搜索，或者在百度搜索风云榜中浏览相关详细介绍。七日热点展示七天之内搜索热词的搜索频率，并且可以关注这些词的热度是有所上升还是下降，如图 11.14 所示。

（2）今日热点

“今日热点”模块从百度搜索风云榜众多榜单中挑选热门词条，配合相关图片，以图文并茂、聚合不同榜单热词的形式呈现给用户，帮助用户轻松愉悦地快速了解最新最热的人、事、物。热点新词每 30 秒自动翻页，用户也可单击页码手动翻页，如图 11.15 所示。

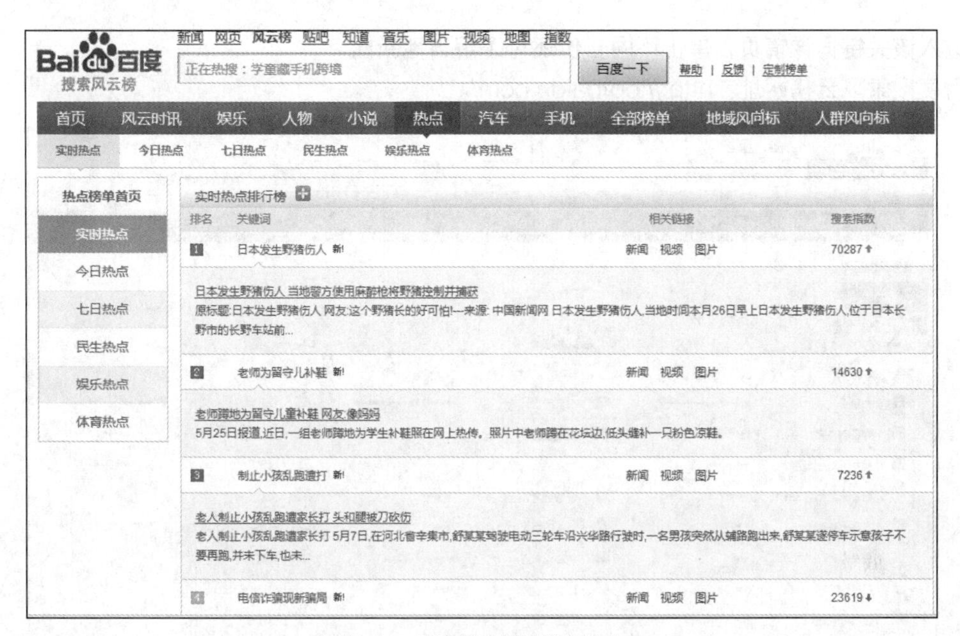

图11.14　百度搜索风云榜实时热点

图11.15　百度搜索风云榜今日热点

（3）人群风向标和地域风向标

人群风向标和地域风向标是根据百度用户搜索数据，采用数据挖掘方法，给出关键词在人群和地域方面的社会属性。“人群风向标”页面的榜单提供男性、女性、0～9 岁、10～19 岁、20～29 岁、30～39 岁、40～49 岁、50～59 岁、60～69 岁的细分人群关注的关键词排行，如图 11.16 所示。

“地域风向标”页面的榜单是全国各个省份人群关注的关键词排行。“地域风向标”地图模块，从百度风云榜众多榜单中挑选热门词条，以气泡不断冒出的形式呈现给用户，用户单击词条即可进入该关键词详情页，单击不同省份还可了解当地新闻。

百度搜索风云榜网址：http://top.baidu.com/。

新闻 网页 风云榜 贴吧 知道 音乐 图片 视频 地图 指数

Baidu百度 搜索风云榜

正在热搜：老师为留守儿补鞋 百度一下 帮助 | 反馈 | 定制榜单

首页 风云时讯 娱乐 人物 小说 热点 汽车 手机 全部榜单 地域风向标 人群风向标

性别风向标

娱乐 人物 小说 热点 生活 热搜

电影 电视剧 综艺 动漫

全部榜单 排名	关键词	男性关注榜 排名	关键词	女性关注榜 排名	关键词
1	白鹿原	1	白鹿原	1	我女朋友的男朋友
2	谁是你的菜	2	谁是你的菜	2	白鹿原
3	我女朋友的男朋友	3	我女朋友的男朋友	3	谁是你的菜
4	西游记之大圣归来	4	西游记之大圣归来	4	加勒比海盗
5	加勒比海盗	5	进击的巨人	5	微微一笑很倾城
6	进击的巨人	6	加勒比海盗	6	异星觉醒
7	异星觉醒	7	速度与激情8	7	愤怒的小鸟
8	速度与激情8	8	异星觉醒	8	朗读者
9	包小姐的包	9	包小姐的包	9	进击的巨人
10	天龙八部	10	天龙八部	10	美女与野兽

图11.16 百度搜索风云榜人群风向标

6. 站长帮手

站长帮手网成立于2008年，是国内知名的站长工具网站，与站长之家站长工具、爱站网并列为站长工具行业三巨头，其提供了国内最早、功能最强大的链接检查工具。首页如图11.17所示。

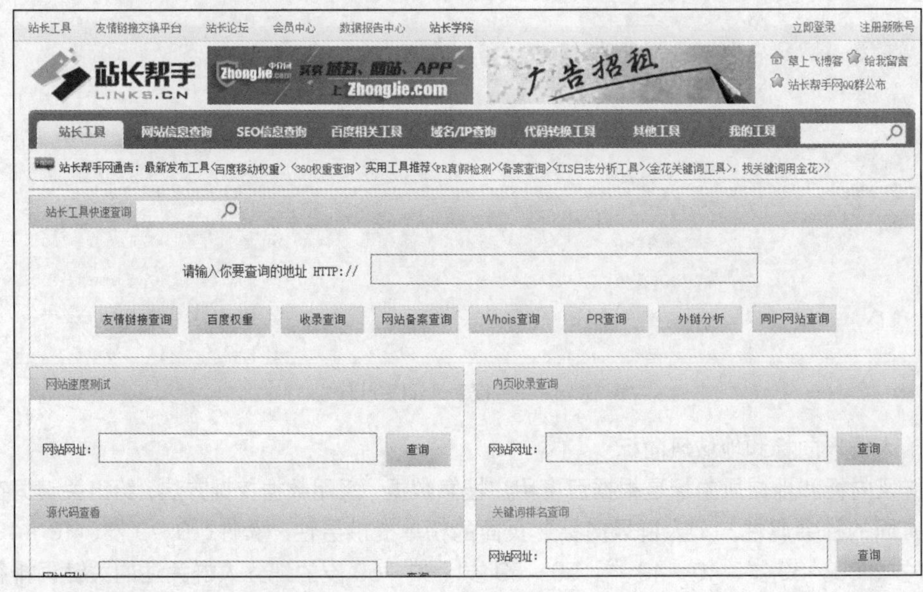

图11.17 站长帮手首页

站长帮手网站里面有很多富有特色的SEO工具，种类较为齐全，有网站信息查询、SEO信息查询、百度相关工具、域名/IP查询以及代码转换工具等，如图11.18所示。

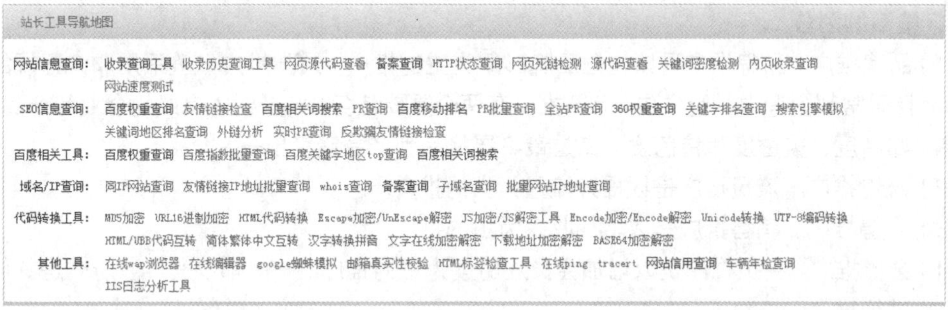

站长工具导航地图

网站信息查询：收录查询工具 收录历史查询工具 网页源代码查看 备案查询 HTTP状态查询 网页死链检测 源代码查看 关键词密度检测 内页收录查询 网站速度测试

SEO信息查询：百度权重查询 友情链接检查 百度相关词搜索 PR查询 百度移动排名 PR批量查询 全站PR查询 360权重查询 关键字排名查询 搜索引擎模拟 关键词地区排名查询 外链分析 实时PR查询 反欺骗友情链接检查

百度相关工具：百度权重查询 百度指数批量查询 百度关键字地区top查询 百度相关词搜索

域名/IP查询：同IP网站查询 友情链接IP地址批量查询 whois查询 备案查询 子域名查询 批量网站IP地址查询

代码转换工具：MD5加密 URL16进制加密 HTML代码转换 Escape加密/UnEscape解密 JS加密/JS解密工具 Encode加密/Encode解密 Unicode转换 UTF-8编码转换 HTML/UBB代码互转 简体繁体中文互转 汉字转换拼音 文字在线加密解密 下载地址加密解密 BASE64加密解密

其他工具：在线wap浏览器 在线编辑器 google蜘蛛模拟 邮箱真实性校验 HTML标签检查工具 在线ping tracert 网站信用查询 车辆年检查询 IIS日志分析工具

图11.18　站长帮手工具

站长帮手网址：http://www.links.cn/。

11.3 网站推广

建好一个网站只是企业进入网络营销的第一步。网站建设的真正目的是使网站能吸引众多的访问者，使目标客户能方便地找到自己的网站。这就是网站推广所肩负的任务。网站推广是以互联网为基础，借助平台和网络媒体的交互性来辅助营销目标实现的一种新型的市场营销方式。

11.3.1 网站推广的类型

1．按范围划分

（1）对外推广。对外推广是指针对站外潜在用户的推广。主要是通过一系列手段针对潜在用户进行营销推广，以达到增加网站 PV、IP、会员数或收入的目的。

（2）对内推广。对内推广是专门针对网站内部的推广。比如如何增加用户浏览频率、如何激活流失用户、如何增加频道之间的互动等。以百度知道举例，其旗下有几个不同域名的网站，如何让这些网站之间的流量相互转化、如何让网站不同频道之间的用户互动，这些都是对内推广的重点。

2．按投入划分

（1）付费推广。付费推广就是需要花钱才能进行的推广，比如各种网络付费广告、竞价排名、杂志广告、CPM、CPC 广告等。做付费推广，一定要考虑性价比，即使有钱也不能乱花，要让钱花出效果。

（2）免费推广。免费推广是指在不用额外付费的情况下就能进行的推广。这样的方法很多，比如论坛推广、资源互换、软文推广、邮件群发等。随着竞争的加剧、成本的提高，各大网站都开始倾向于此种方式了。

3．按渠道划分

（1）线上推广。线上推广指基于互联网的推广方式。比如网络广告、论坛群发等。越来越多的传统企业都开始认可线上推广这种方式了，和传统方式相比，其性价比非常有优势。

（2）线下推广。线下推广指通过非互联网渠道进行的推广。比如地面活动、户外广告等。由于线下推广通常投入比较大，所以一般线下推广都是以提升树立品牌形象或是增加用户黏性为主，如果是为了提升 IP 或是 PV，效果不一定很好，要慎重使用。

4．按目的划分

（1）品牌推广。品牌推广是以树立品牌形象为主的推广。这类推广一般采用非常正规的方法进行，而且通常都会考虑付费广告。品牌推广有两个重要任务，一是树立良好的企业和产品形象，提高品牌知名度、美誉度和特色度；二是最终要将品牌产品销售出去。

（2）流量推广。流量推广是以提升流量为主的推广。

（3）销售推广。销售推广是以增加收入为主的推广。

（4）会员推广。会员推广是以增加会员注册量为主的推广。一般都以有奖注册或是其他激励手段为主进行推广。

11.3.2 网站推广策略

1．搜索引擎推广策略

搜索引擎推广是指利用搜索引擎、分类目录等具有在线检索信息功能的网络工具进行网站推广的方法。由于搜索引擎的基本形式可以分为网络蜘蛛型搜索引擎（简称搜索引擎）和基于人工分类目录的搜索引擎（简称分类目录），因此搜索引擎推广的形式也相应地有基于搜索引擎的方法和基于分类目录的方法，前者包括搜索引擎优化、关键词广告、竞价排名、固定排名、基于内容定位的广告等多种形式，而后者则主要是在分类目录合适的类别中进行网站登录。随着搜索引擎形式的进一步发展变化，也出现了其他一些形式的搜索引擎，不过大都是以这两种形式为基础。从目前的发展趋势来看，搜索引擎在网络营销中的地位依然重要，并且受到越来越多企业的认可，搜索引擎营销的方式也在不断发展演变，因此应根据环境的变化来选择合适的搜索引擎营销方式。

搜索引擎推广的方法又可以分为多种不同的形式，常见的有登录免费分类目录、登录付费分类目录、搜索引擎优化、关键词广告、关键词竞价排名、网页内容定位广告等。以下重点介绍搜索引擎的登录、搜索引擎优化和竞价排名。

（1）搜索引擎的登录

大部分的搜索引擎都提供了免费的登入方式，如百度、搜狐等。只要我们找到免费的登录入口，并对网站信息进行登录就能使搜索引擎免费收录该网站。互联网中有一些网站收录了免费搜索引擎的登录入口，并通过列表一次性提供给用户使用。

（2）搜索引擎优化

客户在搜索引擎中输入网站关键词会得到相当多的结果，所以我们必须对网站关键词进行优化，这样才能使网站排名前移，并获得更多的商机。搜索引擎优化（SEO）主要针对网站结构、网站页面、网站外链等方面进行优化。网站的优化是一个长期的过程，只要实实在在做好以上几方面的优化工作，网站的排名一定会有质的飞跃。

（3）竞价排名

搜索引擎竞价排名是一种按效果付费的网络推广方式，也是目前比较流行的推广服务。它的主要目标是提升关键词排名，从而达到提升企业销售业绩的效果。有百度竞价排名、雅虎竞价排名等。其具体的操作流程是企业购买该项服务后注册一定数量的关键词，按照付费高低的原则，在用户搜索的结果中，付费高者排名靠前。当搜索用户单击推广链接后将扣除一次单击费用。搜索引擎 SEO 优化的排名效果不可完全控制，但是搜索引擎竞价排名只要肯投入，就可以保证企业永远出现在搜索结果的前三位，甚至是第一位；但优化的持久性不如 SEO，如果没有继续参与竞价排名，那么搜索引擎排名会马上降下来。

2. 电子邮件推广策略

电子邮件推广主要以发送电子邮件作为网站推广手段，定期向邮件列表用户发送企业的最新信息、产品动态、行业动态、调查问卷以及企业举办的一些活动信息等，通过这些可以与客户保持紧密联系，在建立信任、发展品牌及维持长期关系方面能起到很好的效果。常用的方法包括电子刊物、会员通讯、专业服务商的电子邮件广告等。

基于用户许可的 Email 营销与滥发邮件（Spam）不同，许可营销比传统的推广方式或未经许可的 Email 营销具有明显的优势，比如可以减少广告对用户的骚扰、增加潜在客户定位的准确度、增强与客户的关系、提高品牌忠诚度等。根据许可 Email 营销所应用的用户电子邮件地址资源的所有形式，可以分为内部列表 Email 营销和外部列表 Email 营销，或简称内部列表和外部列表。内部列表也就是通常所说的邮件列表，是利用网站的注册用户资料开展 Email 营销的方式，常见的形式如新闻邮件、会员通讯、电子刊物等。外部列表则是利用专业服务商的用户电子邮件地址来开展 Email 营销，也就是以电子邮件广告的形式向服务商的用户发送信息。许可 Email 营销是网络营销方法体系中相对独立的一种，既可以与其他网络营销方法相结合，也可以独立应用。

在进行电子邮件推广时需要注意邮件必须有主题且主题必须明确，要有正规的邮件格式，不要隐藏发件人姓名，邮件内容不要繁杂、不要采用附件形式，发送频率也不要过于频繁，只有这样才会达到更好的推广效果。

3. 网络广告推广策略

网络广告是一种收费的推广策略，它的市场发展速度惊人，成为传统四大媒体（电视、广播、报纸、杂志）之后的第五大媒体。网络广告是常用的网络营销策略之一，在网络品牌、产品促销、网站推广等方面均有明显作用。网络广告的常见形式包括 Banner 广告、关键词广告、分类广告、赞助式广告、Email 广告等。Banner 广告所依托的媒体是网页，关键词广告属于搜索引擎营销的一种形式，Email 广告则是许可 Email 营销的一种，可见网络广告本身并不能独立存在，需要与各种网络工具相结合才能实现信息传递的功能。因此也可以认为，网络广告存在于各种网络营销工具中，只是具体的表现形式不同。采用网络广告向用户推广网站，具有可选择网络媒体范围广、形式多样、适用性强、投放及时等优点，适合于网站发布初期及运营期的任何阶段。

企业根据自己的需要选择合适的网站平台进行推广。如果想提高企业的知名度、提升企业形象，就需要花费大笔广告费在知名的媒体网站上进行推广。如果只想获得更多的访问流量，建议选择网站知名度一般，但是访问流量很大的网站平台进行推广，这类网站收费相对较低，无疑是一种低投入高回报的推广。网络广告的投放需要具有针对性。电子商务网站平台不仅应保有相对较高的网站访问量，更需要有高质量的访问客户。所以在进行网络广告投放前要对目标客户进行分析，分析其上网习惯，选择目标客户经常访问的网站进行网络广告投入，做到有的放矢。

4. 信息发布类推广策略

将有关的网站推广信息发布在其他潜在用户可能访问的网站上，利用用户在这些网站获取信息的机会实现网站推广的目的。适用于这些信息发布的网站包括在线黄页、分类广告、论坛、博客网站、供求信息平台、行业网站等。信息发布是免费网站推广的常用方法之一，尤其在互联网发展早期，网上信息量相对较少时，往往通过信息发布的方式即可取得满意的效果。不过随着网上信息量爆炸式的增长，这种依靠免费信息发布的方式所能发挥的作用日益降低，同时由于更多更加有效的网站推广方法的出现，信息发布在网站推广的常用方法中的重要程度也有明显的下降，因此大量发送免费信息的方式已经没有太大价值，不过一些针对性、专业性的信息仍然可以引起人们极大的关注，尤其当这些信息发布在相关性比较高的网站上时。

（1）应用BBS推广

应用BBS进行推广时，首先要选择潜在客户访问量大或者人气超高的BBS。由于论坛中不可以发布广告，在论坛中进行网站推广需要具有一定的“软文营销”观念，就是不能机械地介绍企业的产品、服务信息等，如果这样管理员会毫不留情地删掉你的帖子，情节严重甚至会封杀你的账号。BBS 推广中可以采用自问自答的方式，多注册几个账号，问答过程中要讲求策略，要让人感觉自然、不生硬；也可以运用团队的力量，反复对当前的帖子进行评论及回复，提高帖子的点击率，把当前的帖子顶成热帖，甚至置顶，这样会进一步提高网站推广的效果。还可以在论坛的签名签上网站的网址及名称，这也是一种变相宣传网站的方式。论坛推广时，要注重每一个细节，充分把握每一个机会以达到推广的目的。

（2）应用博客推广

博客推广的通常做法是在博客中撰写相关专业的文章、介绍相关产品及服务的信息等，在文章中非常自然地为自己的网站及产品进行宣传。这种推广方式很容易被人接受，宣传的效果也非常不错。在博客中，可以看到来访者的网名，可以回访来访者，认真地对待来访者的每一个留言，在虚拟的网络空间中建立起良好的人际关系，同时还可以广泛地去访问其他在线的网友。 通过这样的交互过程， 博客的访问量会大大增加，从而提高网站推广的效果。

（3）百度贴吧推广

百度贴吧是一种基于关键词的网上主题交流社区。它与搜索引擎紧密集合，能够准确地把握用户的需求。贴吧的推广技巧与在BBS中的推广类似。

（4）问答类推广

问答类推广是基于百度的“知道”及腾讯的“问问”等提问平台的推广策略。问答过程应根据网站的产品及服务的内容设计，提问者可直接将网站地址附在提问中或采用自问自答的方式。为了吸引客户来完成问题，可以采用相应的奖励，比如百度中的财富值。当客户正确回答你所提出的问题时，客户就可以获得一定的奖励。

（5）百度百科推广

百度百科是一个创造性的网络平台，能充分调动互联网所有用户的力量，汇聚其头脑智慧，积极进行交流和分享，同时实现与搜索引擎的完美结合，从不同的层次上满足用户对信息的需求。将企业的名称注入百度百科并编辑企业的基本信息，其中包含企业的网站地址，不但可以提高企业的知名度，还可以提升企业网站的访问量。

5. IM（即时通讯软件）推广策略

IM（即时通讯软件）相当于网民的网络身份证。我国是世界最大的IM软件市场，具有数量庞大的IM用户。在我国应用最普遍的IM软件为QQ和微信。

腾讯QQ是8亿人都在用的即时通讯软件，不仅可以在各类通讯终端上通过QQ聊天交友，还可以进行免费的视频、语音通话，或者随时随地收发重要文件。利用QQ进行推广时，应用其群功能的推广效果最佳。首先要查找目标客户人群，自建或选择加入一些目标用户聚集的群，例如经营母婴用品的企业，可以加入婴儿妈妈的交流群，使推广更有针对性；其次，应当选择人数多、活跃度高的群进行推广；另外要与群友建立良好的关系，加强沟通与交流，只有在此基础上进行网站的推广才可以收到较好的效果。

微信（WeChat）是腾讯公司于2011年1月21日推出的一个为智能终端提供即时通讯服务

的免费应用程序。目前微信已经覆盖我国 94%以上的智能手机，月活跃用户超过 8 亿。微信营销推广是伴随着微信的火热而兴起的一种网络营销推广方式。微信不存在距离的限制，用户注册微信后，可与周围同样注册的“朋友”形成一种联系，订阅自己所需的信息；商家通过提供用户需要的信息，可以推广自己的产品，从而实现点对点的营销。商家通过微信公众平台，结合微信会员管理系统展示商家微官网、微会员、微推送、微支付、微活动，目前已经形成一种主流的线上线下微信互动营销推广方式。

6. 病毒式营销推广策略

病毒式营销推广并非是以传播病毒的方式开展营销推广，而是利用用户之间的主动传播，让信息像病毒那样扩散，从而达到推广的目的。病毒性营销方法实质上是在为用户提供有价值的免费服务的同时，附加上一定的推广信息。病毒性营销推广是一种营销思想和策略，在应用上没有固定模式，可以采用免费的方式。例如为用户提供免费资源或服务的同时附加上一定的推广信息，常用免费内容包括电子书、软件、Flash 作品、视频、贺卡、邮箱、即时聊天工具等。在用户应用服务获得资源的同时了解网站信息。病毒性营销推广还可以采用推荐返利的形式，让推荐者真正得到实惠。目前这种形式非常流行，很多 B2C 网站及团购网站都在采用，返利的推广形式较免费的推广形式更具吸引力。如果应用得当，病毒性营销推广方式往往可以以较低的代价取得比较显著的效果，适合大中型网站来使用。

7. 链接类推广策略

（1）交换链接推广

网站交换链接，也称为友情链接、互惠链接、互换链接等，是具有一定资源互补优势的网站之间的简单合作形式，即分别在自己的网站上放置对方网站的 Logo 或网站名称，并设置对方网站的超级链接，使得用户可以从合作网站中发现自己的网站，达到互相推广的目的。

交换链接的作用主要表现在几个方面：获得访问量、增加用户浏览时的印象、在搜索引擎排名中增加优势、通过合作网站的推荐增加访问者的信赖度等。在其他网站上放置自己的链接标志，一直是一种十分简单有效的网站推广方法，而且可以免费。国内外很多站点都提供链接标志交换服务，可以与其他会员互相交换链接标志。

（2）导航网站推广

导航网站是集合较多网址并按照一定条件进行分类的一种网站。网址导航方便网友们快速找到自己需要的网站，如果企业能被这类网站所收录，无疑将在很大程度上增加其访问量。这种推广方式的优点是省时省力，目标消费群准确，但这种推广方式是被动的推广，其效果主要依赖于消费群的主动性。

（3）行业网站推广

行业网站推广就是登录行业的网站，提供网站链接和公司信息，供消费者有目的地查找及登录。它的优缺点与登录网址导航类似，优点是目标客户群突出，针对性强，缺点是属于被动式推广。

8. 活动推广策略

网站举办活动进行推广，可以在较短的时间内迅速扩大自身的知名度和影响力。活动推广包括很多种类，下面重点介绍几种常见类型。

（1）大赛型：比如新浪博客刚推出时搞的博客大赛，超级女声火热的时候搜狗借势搞的网络搜狗超级女生等。中国人多，所以大家都需要搞排名；要获得排名，就需要搞比赛；有了比赛，就能吸引大家的眼球。

（2）年会型：DoNews 每年一度的年会活动都是超级火爆的，影响了 IT 圈好几年。大型专业网站搞年会活动，也是一种很好的推广手段。

（3）论坛型：每到年底，各种主题的论坛就多了起来，这是一种既赚钱又可以推广自身的手段。

（4）聚会型：聚会型的推广每次的规模虽然不大，但是频率高了效果也会非常得好。比如请客 800 网站每周都搞聚餐活动，只要参与了他们的活动，就可以免费享受美味。参与过他们线下活动的朋友都会帮他们宣传。

（5）促销型：大型电子商务网站的常用策略，每过一段时间就搞一次促销活动，吸引一下回头客，提高一下网站的知名度。

（6）抽奖型：在网站推出新产品之前，可以采取这种方式推广，有奖品，就能吸引不少网友。

11.4 任务实现：将网站提交给百度等搜索引擎免费登录

11.4.1 常见的搜索引擎免费登录入口

通过登录一些大型搜索引擎提供的免费登录入口，往往能收到不错的推广效果。表 11.3 列出了主要的搜索引擎提供的免费登录入口。

表 11.3 主要的搜索引擎提供的免费登录入口

搜索引擎名称	免费登录入口
百度	http://www.baidu.com/search/url_submit.html
Google	http://www.google.cn/intl/zh-CN_cn/add_url.html
Bing	https://www.bing.com/toolbox/submit-site-url
搜狗	http://fankui.help.sogou.com/index.php/web/web/index?type=1

11.4.2 将网站提交给搜索引擎之前的准备

首先，确保网站内容的整体性和合法性。这是目前所有搜索引擎登录的必要条件。搜索引擎喜欢的是绝对原创性内容，你的网站必须有价值。刚建好的网站很多时候内容缺乏，搜索引擎对此不感兴趣，也就不会收录网站。整体性还需要讲究内容的纯粹，也就是没有过多的垃圾广告，还有网站的框架对搜索引擎要友好。另外，不合法的网站建议就别妄想通过登录搜索引擎收录了。

其次，尽量不要使用域名转向以及提交过多的镜像站点。单域名策略才是最好选择。

11.4.3 将网站提交给百度免费登录入口步骤

下面以将深圳信息职业技术学院网站 www.sziit.edu.cn 提交给百度免费登录入口为例，来展示将网站提交给搜索引擎免费登录的主要流程。

（1）在浏览器中输入百度搜索引擎入口网址：http://www.baidu.com/search/url_submit.html。

（2）在网站登录的输入框输入网站：www.sziit.edu.cn，然后单击“提交网站”，即可完成网址向百度免费登录，如图 11.19 所示。

不过要特别注意，一个免费登录网站只需提交一页（首页），百度搜索引擎就会自动收录网页。如果提交的网址符合相关标准，会在 1 个月内按百度搜索引擎收录标准进行处理，但百度并不保证一定能收录您提交的网站。

图11.19 将网站提交给百度免费登录入口

实训

1. 试用 Xenu 检查一下某个网站的死链接情况。
2. 试用 Alexa 检查一下某个网站的流量信息。
3. 查看一下关键词为“手机”的百度指数情况。
4. 试将某一网站注册到百度和 Google 搜索引擎。

习题

1. 简述搜索引擎优化的目的。
2. 什么是黑帽 SEO?
3. 简述在搜索引擎工作原理中前向索引和后向索引的概念。
4. 简述网站物理结构和链接结构的含义。
5. 网站导航系统应该注意哪些方面?
6. 网站 URL 设计需要考虑哪些方面?
7. 简述网站地图构建技巧。
8. 简述 meta 标签优化包括哪些方面。
9. 简述外部链接的质量判定标准。
10. 简述外部链接优化的策略。
11. 简述 SEO 工具的类型。
12. 简述常见的网站推广策略。
13. 为什么要将网站域名注册到著名搜索引擎?
14. 什么是交换链接?
15. 我国有哪些著名的搜索引擎? 其各自的特点是什么?

参考文献

[1] 昝辉. SEO 实战密码[M]. 北京：电子工业出版社, 2011.

[2] 月光博客.网站页面优化策略.http://www.williamlong.info/archives/4213.html.

[3] 百度百科.百度指数.http://baike.baidu.com/item/百度指数.

[4] 百度百科.百度搜索风云榜.http://baike.baidu.com/item/百度搜索风云榜.

[5] 宋林林. 电子商务网站的推广策略解析[J]. 辽宁经济管理干部学院. 辽宁经济职业技术学院学报, 2011, (02):32–33.

[6] 新竞争力. 网站推广的八种基本方法（常规网站推广方法）.http://www.jingzhengli.cn/faq/2107.htm.